Otto Sterns Veröffentlichungen – Band 4

Horst Schmidt-Böcking · Karin Reich ·
Alan Templeton · Wolfgang Trageser ·
Volkmar Vill
Herausgeber

Otto Sterns Veröffentlichungen – Band 4

Sterns Veröffentlichungen von 1933 bis
1962 und Mitarbeiter von 1925 bis 1929

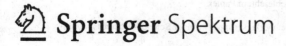

Springer Spektrum

Herausgeber

Horst Schmidt-Böcking
Institut für Kernphysik
Universität Frankfurt
Frankfurt, Deutschland

Karin Reich
FB Mathematik – Statistik
Universität Hamburg
Hamburg, Deutschland

Alan Templeton
Oakland, USA

Wolfgang Trageser
Institut für Kernphysik
Universität Frankfurt
Frankfurt, Deutschland

Volkmar Vill
Inst. Organische Chemie und Biochemie
Universität Hamburg
Hamburg, Deutschland

ISBN 978-3-662-46963-7   ISBN 978-3-662-46964-4 (eBook)
DOI 10.1007/978-3-662-46964-4

Die Deutsche Nationalbibliothek verzeichnet diese Publikation in der Deutschen Nationalbibliografie;
detaillierte bibliografische Daten sind im Internet über http://dnb.d-nb.de abrufbar.

Springer Spektrum
© Springer-Verlag Berlin Heidelberg 2016
Gedruckt auf säurefreiem und chlorfrei gebleichtem Papier.

Springer Berlin Heidelberg ist Teil der Fachverlagsgruppe Springer Science+Business Media
(www.springer.com)

Grußwort zu den Gesammelten Werken von Otto Stern (Präsident Kreuzer)

Als Präsident der Akademie der Wissenschaften in Hamburg freue ich mich sehr, dass es gelungen ist, die Werke Otto Sterns einschließlich seiner Dissertation und der von ihm betreuten Werke seiner Mitarbeiter mit dieser Publikation nunmehr einer breiten Öffentlichkeit zugänglich zu machen. Otto Sterns Arbeiten bilden die Grundlagen für bahnbrechende Entwicklungen in der Physik in den letzten Jahrzehnten wie zum Beispiel die Kernspintomographie, die Atomuhr oder den Laser. Sie haben ihm 1943 den Nobelpreis für Physik eingebracht. Viele seiner Werke sind in seiner Hamburger Zeit von 1923 bis 1933 entstanden. Ein Grund mehr für die Akademie der Wissenschaften in Hamburg, dieses Projekt als Schirmherrin zu unterstützen.

Wie lebendig und präsent die Erinnerung an Otto Stern und sein Wirken in Hamburg noch sind, zeigte auch das „Otto Stern Symposium", welches unsere Akademie in Kooperation mit der Universität Hamburg, dem Sonderforschungsbereich „Nanomagnetismus" und der ERC-Forschungsgruppe „FURORE" im Mai 2013 veranstaltete. Veranstaltungsort war die Jungiusstraße 9, Otto Sterns Hamburger Wirkungsstätte, Anlass die Verleihung des Nobelpreises an ihn. Gleich sieben Nobelpreisträger waren es denn auch, die auf diesem Symposium Vorträge über Arbeiten hielten, die auf den Grundlagenforschungen Sterns beruhen. Mehr als 800 interessierte Zuhörer zog es an den Veranstaltungsort. Der Andrang war so groß, dass die Vorträge des Festsymposiums live in zwei weitere Hörsäle übertragen werden mussten. Auch Mitglieder der Familie Otto Sterns, darunter sein Neffe Alan Templeton waren extra aus den USA zum Symposium angereist. Es ist sehr erfreulich, dass nun seine Publikationen aus den Archiven wieder an das Licht der Öffentlichkeit geholt wurden.

Möglich wurde dies alles durch das unermüdliche Engagement und die intensive Arbeit von Horst Schmidt-Böcking, emeritierter Professor für Kernphysik an der Goethe-Universität Frankfurt am Main und ausgewiesener Kenner Otto Sterns, dem ich dafür an dieser Stelle meine Anerkennung und meinen Dank ausspreche. Mein Dank gilt auch unserem Akademiemitglied Karin Reich, Sprecherin unserer Arbeitsgruppe Wissenschaftsgeschichte, die den Kontakt zwischen Herrn Schmidt-Böcking mit der Akademie der Wissenschaften in Hamburg hergestellt hat.

Möglich wurde dies aber auch durch das Engagement des Springer-Verlags in Heidelberg, der die Publikation entgegenkommend unterstützt hat, wofür wir dem Verlag sehr danken.

Ich wünsche dem Band eine breite Rezeption und hoffe, dass er die Forschungen zu Otto Stern weiter befruchten wird.

Hamburg, im Dezember 2014   Prof. Dr.-Ing. habil.
                                                        Prof. E.h. Edwin J. Kreuzer
                                          Präsident der Akademie der Wissenschaften
                                                                      in Hamburg

Grußwort Festschriftausgabe
Gesammelte Werke von Otto Stern

Otto Stern ist eine herausragende Persönlichkeit der Experimentellen Physik. Seine zwischen 1914 und 1923 an der Goethe-Universität durchgeführten quantenphysikalischen Arbeiten haben Epoche gemacht. In Frankfurt entwickelte er die Grundlagen der Molekularstrahlmethode, dem wohl bedeutendsten Messverfahren der modernen Quantenphysik und Quantenchemie. Zusammen mit Walther Gerlach konnte er mit dieser Methode erstmals die von Debye und Sommerfeld vorausgesagte Richtungsquantelung von Atomen im Magnetfeld nachweisen. 1944 wurde ihm für das Jahr 1943 der Nobelpreis für Physik verliehen.

Doch die Wirkung seiner Arbeiten auf die Physik ist noch weitaus größer: Mehr als 20 Nobelpreise bauen auf seiner Forschung auf. Wichtige Erfindungen wie Kernspintomografie, Maser und Laser sowie die Atomuhr wären ohne seine Vorarbeit nicht denkbar gewesen. Seine außerordentliche Stellung innerhalb der Scientific Community wird auch daran deutlich, dass er von seinen Kollegen, unter ihnen Max Planck, Albert Einstein und Max von Laue, 81 Mal für den Nobelpreis vorgeschlagen wurde – öfter als jeder andere Physiker. Seit 2014 trägt daher die ehemalige Wirkungsstätte Sterns in der Frankfurter Robert-Mayer-Str. 2 den Titel „Historic Site" (Weltkulturerbe der Wissenschaft), verliehen von der Europäischen und Deutschen Physikalischen Gesellschaft. Auch die Goethe-Universität ehrte Otto Stern: Das neue Hörsaalzentrum auf dem naturwissenschaftlichen Campus Riedberg trägt seit 2012 den Namen des Wissenschaftspioniers.

Otto Sterns Arbeiten sind Meilensteine in der Geschichte der Physik. Mit der vorliegenden Festschrift sollen alle seine wissenschaftlichen Werke wieder veröffentlicht und damit der heutigen Physikergeneration zugänglich gemacht werden. Zusammen mit der Universität Hamburg, an der Otto Stern von 1923 bis 1933 lehrte und forschte, übernimmt die Goethe-Universität Frankfurt die Schirmherrschaft für die Festschrift. Ich hoffe, dass diese einmaligen Dokumente eine Inspiration sind – für heutige und künftiger Physikerinnen und Physiker.

Frankfurt a. M., im März 2015   Prof. Dr. Birgitta Wolff
Präsidentin Goethe-Universität Frankfurt

Grußwort Alan Templeton

Otto Stern, my dear great uncle, was a remarkable man, though you might not have known it from his low-key manner. He never flaunted his accomplishments, scientific or otherwise. His attitude was quite simply this: the work can speak for itself, there is no need to brag. Many members of our family are of a similar mind. Very much a cultured gentleman with good manners and a wide knowledge of the world, he was nonetheless somewhat unconventional. He was the only adult I knew as a child who honestly did not care what his neighbors thought of him. Uncle Otto had no interest in gardening, therefore the backyard of his Berkeley home was allowed to grow wild, allowing me at times the pleasure of exploring it while the adults talked of less exciting things.

He also had a housekeeper who always addressed him as: "Dr. Stern" which seemed right out of a period movie. She was competent and able, but she was not allowed to truly clean up – let alone organize – the most important room in the house: Otto's study. This was clearly the most interesting place to be, and whenever I think of Otto, I see him in my mind's eye either enjoying a fine meal or thinking in his study while seated at the wonderful and massive desk designed expressly for him by his beloved and creative younger sister, Elise Stern. This wonderful hardwood desk, now visible and still in use at the Chemistry Library of U.C. Berkeley, was always covered with piles of papers, providing a profusion of ideas and equations, words and symbols. The whole room was filled with books, papers, correspondence, and notes whose order was unclear, perhaps even to Otto himself. Amid this colorful mess is where Otto did much of his insightful work and elegant writing.

But Otto was more than just a scientist with a clever mind who enjoyed proving conventional wisdom wrong. He was also a very kind, principled and caring human being who helped many people throughout his life in large and small ways. He had a fine sense of humor as well and loved a good conversation, often with a glass of wine in one hand and his trademark cigar in the other.

Oakland, California, 1 December 2014 Alan Templeton

Vorwort der Herausgeber

Otto Stern war einer der großen Pioniere der modernen Quantenwissenschaften. Es ist fast 100 Jahre her, dass er 1919 in Frankfurt die Grundlagen der Molekularstrahlmethode entwickelte, einem der bedeutendsten Messverfahren der modernen Quantenphysik und Quantenchemie. 1916 postulierten Pieter Debye und Arnold Sommerfeld die Hypothese der Richtungsquantelung, eine der fundamentalsten Eigenschaften der Quantenwelt schlechthin. 1922 gelang es Otto Stern zusammen mit Walther Gerlach diese vorausgesagte Richtungsquantelung und damit die Quantisierung des Drehimpulses erstmals direkt nachzuweisen. Stern und Gerlach hatten 1922 damit indirekt schon den Elektronenspin entdeckt sowie die dem gesunden Menschenverstand widersprechende „Verschränktheit" zwischen Quantenobjekt und der makroskopischen Apparatur bewiesen.

Ab 1923 als Ordinarius an der Universität Hamburg verbesserte Stern zusammen mit seinen Mitarbeitern (Immanuel Estermann (1900–1973), Isidor Rabi (1898–1988), Emilio Segrè (1905–1989), Robert Otto Frisch (1904–1979), u. a.) die Molekularstrahlmethode so weit, dass er sogar die innere Struktur von Elementarteilchen (Proton) und Kernen (Deuteron) vermessen konnte und damit zum Pionier der Kern- und Elementarteilchenstrukturphysik wurde. Außerdem gelang es ihm zusammen mit Mitarbeitern, die Richtigkeit der de Broglie-Impuls-Wellenlängenhypothese im Experiment mit 1 % Genauigkeit sowie den von Einstein vorausgesagten Recoil-Rückstoss bei der Photonabsorption von Atomen nachzuweisen. 1933 musste Stern wegen seiner mosaischen Abstammung aus Deutschland in die USA emigrieren. 1944 wurde er mit dem Physiknobelpreis 1943 ausgezeichnet. Er war bis 1950 vor Arnold Sommerfeld und Max Planck (1858–1947) der am häufigsten für den Nobelpreis nominierte Physiker. Kernspintomographie, Maser und damit Laser, sowie die Atomuhr basieren auf Verfahren, die Otto Stern entwickelt hat. Ziel dieser gesammelten Veröffentlichungen ist es, an diese bedeutende Frühzeit der Quantenphysik zu erinnern und vor allem der jetzigen Generation von Physikern Sterns geniale Experimentierverfahren wieder bekannt zu machen.

Wir möchten an dieser Stelle Frau Pia Seyler-Dielmann und Frau Viorica Zimmer für die große Hilfe bei der Besorgung und bei der Aufbereitung der alten Veröffentlichungen danken. Außerdem möchten wir den Verlagen: American Physical Society, American Association for the Advancement of Science, Birkhäuser Verlag, Deutsche Bunsen Gesellschaft, Hirzel Verlag, Nature Publishing Group, Nobel Archives, Preussische Akademie der Wissenschaften, Schweizerische Chemische Gesellschaft, Società Italiana di Fisica, Springer Verlag, Walter de Gruyter Verlag, und Wiley-Verlag unseren großen Dank aussprechen, dass wir die Original-Publikationen verwenden dürfen.

Frankfurt, den 31.3.2015   Horst Schmidt-Böcking, Alan Templeton,
                                   Wolfgang Trageser, Volkmar Vill und Karin Reich

Inhaltsverzeichnis

XIII

Band 3

Band 4

Band 5

Lebenslauf und wissenschaftliches Werk von Otto Stern

Abb. 1.1 Otto Stern. Geb. 17.2.1888 in Sohrau/Oberschlesien, gest. 17.8.1969 in Berkeley/CA. Nobelpreis für Physik 1943 (Bild Nachlass Otto Stern, Familie Alan Templeton)

© Springer-Verlag Berlin Heidelberg 2016
H. Schmidt-Böcking, K. Reich, A. Templeton, W. Trageser, V. Vill (Hrsg.), *Otto Sterns Veröffentlichungen – Band 4*, DOI 10.1007/978-3-662-46964-4_1

Mit der erfolgreichen Durchführung des sogenannten „STERN-GERLACH-Experimentes" 1922 in Frankfurt haben sich Otto Stern und Walther Gerlach weltweit unter den Physikern einen hohen Bekanntheitsgrad erworben [1]. In diesem Experiment konnten sie die von Arnold Sommerfeld und Pieter Debye vorausgesagte „RICHTUNGSQUANTELUNG" der Atome im Magnetfeld erstmals nachweisen [2]. Zu diesem Experiment hatte Otto Stern die Ideen des Experimentkonzeptes geliefert und Walther Gerlach gelang die erfolgreiche Durchführung. Dieses Experiment gilt als eines der wichtigsten Grundlagenexperimente der modernen Quantenphysik.

Die Entstehung der Quantenphysik wird jedoch meist mit Namen wie Planck, Einstein, Bohr, Sommerfeld, Heisenberg, Schrödinger, Dirac, Born, etc. in Verbindung gebracht. Welcher Nichtphysiker kennt schon Otto Stern und weiß, welche Beiträge er über·das Stern-Gerlach-Experiment hinaus für die Entwicklung der Quantenphysik geleistet hat. Um seine große Bedeutung für den Fortschritt der Naturwissenschaften zu belegen und um ihn unter den „Giganten" der Physik richtig einordnen zu können, kann man die Archive der Nobelstiftung bemühen und nachschauen, welche Physiker von ihren Physikerkollegen am häufigsten für den Nobelpreis vorgeschlagen wurden. Es ist von 1901 bis 1950 Otto Stern, der 82 Nominierungen erhielt, 7 mehr als Max Planck und 22 mehr als Einstein [3].

Otto Stern waren wegen des 1. Weltkrieges und der 1933 durch die Nationalsozialisten erzwungenen Emigration in die USA nur 14 Jahre Zeit in Deutschland gegeben, um seine bahnbrechenden Experimente durchzuführen [4]. Zwei Jahre nach seiner Dissertation 1914 begann der 1. Weltkrieg und Otto Stern meldete sich freiwillig zum Militärdienst. Erst nach dem Ende des ersten Weltkrieges konnte er 1919 in Frankfurt mit seiner richtigen Forschungsarbeit beginnen. 1933 musste er wegen der Diktatur der Nationalsozialisten seine Forschung in Deutschland beenden und Deutschland verlassen. In diesen 14 Jahren publizierte er 47 von seinen insgesamt 71 Publikationen (mit Originaldoktorarbeit (S1), ohne die Doppelpublikation seines Nobelpreisvortrages S72), 8 vor 1919 und 17 nach 1933[1]. Darunter sind 8 Konferenzbeiträge, die als einseitige kurze Mitteilungen anzusehen sind. Hinzu kommen noch 22 Publikationen (M1 bis M22) seiner Mitarbeiter in Hamburg und eine Publikation von Walther Gerlach (M0) in Frankfurt, an denen er beteiligt war, aber wo er auf eine Mit-Autorenschaft verzichtete. Seine wichtigsten Arbeiten betreffen Experimente mit der von ihm entwickelten Molekularstrahlmethode MSM. In ca. 50 seiner Veröffentlichungen war die MSM Grundlage der Forschung. Die Publikationen seiner Mitarbeiter basierten alle auf der MSM. Stern hat zahlreiche bahnbrechende Pionierarbeiten durchgeführt, wie z. B. die 1913 mit Einstein publizierte Arbeit über die Nullpunktsenergie (S5), die Messung der mittleren Maxwell-Geschwindigkeit von Gasstrahlen in Abhängigkeit der Temperatur des Verdampfers (sein Urexperiment zur Entwicklung der MSM) (S14+S16+S17), zusammen mit Walther Gerlach der Nachweis, dass Atome ein magnetisches Moment haben (S19), der Nachweis der Richtungsquantelung (Stern-Gerlach-Experiment) (S20),

---

[1] In der kurzen Sternbiographie von Emilio Segrè [5] und in der Sonderausgabe von Zeit. F. Phys. D [6] zu Sterns 100. Geburtstag 1988 werden jeweils nur 60 Publikationen Sterns aufgeführt.

die erstmalige Bestimmung des Bohrschen magnetischen Momentes des Silberatoms (S21), der Nachweis, dass Atomstrahlen interferieren und die direkte Messung
der de Broglie-Beziehung für Atomstrahlen (S37+S39+S40+S42), die Messung
der magnetischen Momente des Protons und Deuterons (S47+S52+S54+S55) und
der Nachweis von Einsteins Voraussage, dass Photonen einen Impuls haben und
Rückstöße bei Atomen (M17) bewirken können. Die von Otto Stern entwickelte
MSM wurde der Ausgangspunkt für viele nachfolgende Schlüsselentdeckungen der
Quantenphysik, wie Maser und Laser, Kernspinresonanzmethode oder Atomuhr. 20
spätere Nobelpreisleistungen in Physik und Chemie wären ohne Otto Sterns MSM
nicht möglich geworden.

Otto Stern begann seine beindruckende Experimentserie 1918 bei Nernst in Ber-
lin (Zusammenarbeit von wenigen Monaten mit Max Volmer) [4] und dann ab
Februar 1919 in Frankfurt. Dort in Frankfurt entwickelte er die Grundlagen der
MSM (S14+S16+S17), eine Messmethode, mit der man erstmals die Quantenei-
genschaften eines einzelnen Atoms untersuchen und messen konnte. Mit dieser
MSM gelang ihm 1922 in Frankfurt zusammen mit Walther Gerlach das sogenannte
Stern-Gerlach-Experiment (S20), das der eigentliche experimentelle Einstieg in die
bis heute so schwer verständliche Verschränkheit von Quantenobjekten darstellt.
Im Oktober 1921 nahm er eine a. o. Professor für theoretische Physik in Rostock
an und wechselte am 1.1.1923 zur 1919 neu gegründeten Universität Hamburg.
Hier in Hamburg gelangen ihm bis zu seiner Emigration am 1.10.1933 viele weitere bahnbrechende Entdeckungen zur neuen Quantenphysik. Zusammen mit seinen
Mitarbeitern Otto Robert Frisch und Immanuel Estermann konnte er in Hamburg
erstmals die magnetischen Momente des Protons und Deuterons bestimmen und
damit wichtige Grundsteine für die Kern- und Elementarteilchenstrukturphysik legen.

Otto Stern wurde am 17. Februar 1888 als ältestes Kind der Eheleute Oskar Stern
(1850–1919) und Eugenie geb. Rosenthal (1863–1907) in Sohrau/Oberschlesien ge-
boren. Sein Vater war ein reicher Mühlenbesitzer. Otto Stern hatte vier Geschwister,
den Bruder Kurt (1892–1938) und die drei Schwestern Berta (1889–1963), Lotte
Hanna (1897–1912) und Elise (1899–1945) [4].

Nach dem Abitur 1906 am Johannes Gymnasium in Breslau studierte Otto Stern
zwölf Semester physikalische Chemie, zuerst je ein Semester in Freiburg im Breis-
gau und München. Am 6. März 1908 bestand er in Breslau sein Verbandsexamen
und am 6. März 1912 absolvierte er das Rigorosum und wurde am Sonnabend,
dem 13. April 1912 um 16 Uhr mit einem Vortrag über „Neuere Anschauungen
über die Affinität" zum Doktor promoviert. Vorlesungen hörte Otto Stern u. a. bei
Richard Abegg (Breslau, Abegg führte die Elektronenaffinität und die Valenzre-
gel ein), Adolph von Baeyer (München, Nobelpreis in Chemie 1905), Leo Graetz
(München, Physik), Walter Herz (Breslau, Chemie), Richard Hönigswald (Breslau, Physik, Schwarzer Strahler), Jacob Rosanes (Breslau, Mathematik), Clemens
Schaefer (Breslau, Theoretische Physik), Conrad Willgerodt (Freiburg, Chemie)
und Otto Sackur (Breslau, Chemie) (siehe Dissertation, (S1)). In einigen Biogra-
phien über Otto Stern wird Arnold Sommerfeld als einer seiner Lehrer genannt.
Im Interview mit Thomas S. Kuhn 1962 erwähnt Otto Stern jedoch, dass er wäh-

rend seines Münchener Semesters wohl einige Male in Sommerfelds Vorlesungen gegangen sei, jedoch nichts verstanden habe [7].

Für Otto Stern stand fest, dass er seine Doktorarbeit in physikalischer Chemie durchführen würde. Dieses Fach wurde damals in Breslau u. a. von Otto Sackur vertreten, der auf dem Grenzgebiet von Thermodynamik und Molekulartheorie arbeitete. Der eigentliche „Institutschef" in Breslau war Eduard Buchner, der 1907 den Nobelpreis für Chemie (Erklärung des Hefeprozesses) erhielt. Da Buchner 1911 nach Würzburg ging, hat Otto Stern die Promotion unter Heinrich Biltz als Referenten der Arbeit abgeschlossen. Die Dissertation hat er seinen Eltern gewidmet.

In seiner Dissertation (S1) über den osmotischen Druck des Kohlendioxyds in konzentrierten Lösungen konnte Otto Stern sowohl seine theoretischen als auch seine experimentellen Fähigkeiten unter Beweis stellen, ein Zeichen bereits für seine späteren Arbeiten, in denen er Experiment und Theorie in exzellenter Weise miteinander verband.

Sterns Doktorarbeit (S1) wurde in Zeit. Phys. Chem. 1912 (S2) als seine erste Zeitschriftenpublikation veröffentlicht. Diese Arbeit enthält sowohl einen theoretischen als auch einen längeren experimentellen Teil. Im theoretischen Teil hat Stern mit Hilfe der van der Waalschen Gleichungen den osmotischen Druck an der Grenzfläche einer Flüssigkeit (semipermeable Wand) berechnet. Die Arbeit enthält die vollständige theoretische Ableitung in hochkonzentrierter Lösung. Im experimentellen Teil beschreibt er im Detail seine sehr sorgfältigen Messungen. In dieser Arbeit hat er seine ersten Apparaturen entworfen und gebaut. Der junge a. o. Professor Otto Sackur betreute seine Dissertation. Sackur war zusammen mit Tetrode der erste, dem es gelang, die Entropie eines einatomigen idealen Gases auf der Basis der neuen Quantenphysik zu berechnen, in dem er zeigte, dass die minimale Phasenraumzelle pro Zustand und Freiheitsgrad der Bewegung genau gleich der Planckschen Konstante ist. Dem Einfluss Sackurs ist es zuzuschreiben, dass das Problem „Entropie" Otto Stern zeitlebens nicht mehr los lies. Die Größe der Entropie ist ein Maß für Ordnung oder Unordnung in physikalischen oder chemischen Systemen. Ihr Ursprung und Zusammenhang mit der Quantenphysik hat Stern stets beschäftigt. Otto Sackur hat damit Sterns Denken und Forschen tief geprägt.

Prag 1912

Nach der Promotion wechselte Otto Stern im Mai 1912 durch Vermittlung Fritz Habers zu Albert Einstein nach Prag. Sackur hatte ihm zugeredet, zu Einstein zu gehen, obwohl Stern selbst es als eine *„große Frechheit"* betrachtete, als Chemiker bei Einstein anzufangen. Im Züricher Interview schildert Otto Stern seine erste Begegnung so [8]: *Ich erwartete einen sehr gelehrten Herrn mit großem Bart zu treffen, fand jedoch niemand, der so aussah. Am Schreibtisch saß ein Mann ohne Krawatte, der aussah wie ein italienischer Straßenarbeiter. Das war Einstein, er war furchtbar nett. Am Nachmittag hatte er einen Anzug angezogen und war rasiert. Ich habe ihn kaum wiedererkannt.*

Abb. 1.2 Otto Stern und Albert Einstein (ca. 1925, Bild Nachlass Otto Stern, Familie Alan Templeton)

Stern betrachtete es als einen großen Glücksfall, dass er Diskussionspartner von Einstein werden konnte, denn Einstein war nach Aussage Sterns völlig vereinsamt, da er an der deutschen Karls Universität in Prag niemanden sonst hatte, mit dem er diskutieren konnte. Wie Stern sagte [8]: *"Nolens volens nur mit mir, die Zeit mit Einstein war für mich entscheidend, um in die richtigen Probleme eingeführt zu werden"*.

Die Diskussion zwischen Einstein und Stern ging meist über prinzipielle Probleme der Physik. Stern war wegen seiner Interessen an der physikalischen Chemie und speziell dem Phänomen der Entropie sehr an der Quantentheorie interessiert. Die Klärung der Ursachen der Entropie ist für Stern zeitlebens von großer Bedeutung gewesen. Die statistische Molekulartheorie Boltzmanns spielte folglich für Stern eine große Rolle. Bei den Arbeiten über Entropie, wie Stern in seinem Züricher Interview berichtet, konnte Einstein jedoch Stern wenig helfen.

Zürich 1912 -1914

Als Albert Einstein im Oktober 1912 an die Universität Zürich ging, folgte Otto
Stern ihm. Einstein stellte ihn als wissenschaftlichen Mitarbeiter an. Drei Semester blieben Einstein und Stern in Zürich. Aus dieser Zeit entstand eine mit Einstein
gemeinsame Veröffentlichung über die Nullpunktsenergie mit dem Titel: *Einige Argumente für die Annahme einer molekularen Agitation beim absoluten Nullpunkt.*
Diese Arbeit wurde 1913 in den Annalen der Physik (S5) publiziert. In dieser Arbeit
wird die spezifische Wärme in Abhängigkeit der absoluten Temperatur berechnet. Als Ausgangspunkt für die Energie und Besetzungswahrscheinlichkeit eines
einzelnen Resonators wird die Plancksche Strahlungsformel benutzt, einmal ohne und zum andern mit Annahme einer Nullpunktsenergie. Wenn die Temperatur
gegen Null geht, unterscheiden sich beide Kurven deutlich. Durch Vergleich mit
Messdaten für Wasserstoff konnten Einstein und Stern zeigen, dass die Kurve mit
Berücksichtigung einer Nullpunktsenergie sehr gut, ohne Nullpunkts-Energieterm
jedoch sehr schlecht mit den Daten übereinstimmt. Kennzeichnend für Einstein und
Stern ist noch eine Fußnote, die sie in der Publikation hinzugefügt haben; um die
Art ihrer „querdenkenden" Arbeitsweise zu charakterisieren: *Es braucht kaum betont zu werden, dass diese Art des Vorgehens sich nur durch unsere Unkenntnis der
tatsächlichen Resonatorgesetze rechtfertigen lässt.*
     Am 26. Juni 1913 stellte Otto Stern einen Antrag auf Habilitation im Fach Phy-
sikalische Chemie und auf „Venia Legendi" mit dem Titel Privatdozent [8, 9]. Seine
nur 8-seitige (Din A5) Habilitationsschrift hat den Titel (S4): *Zur kinetischen Theorie des Dampfdruckes einatomiger fester Stoffe und über die Entropiekonstante
einatomiger Gase.* Wie Stern ausführt, konnte man damals wohl die relative Temperaturabhängigkeit des Dampfdruckes mit Hilfe der klassischen Thermodynamik
berechnen, jedoch nicht dessen Absolutwert speziell bei niedrigen Temperaturen.
Erst die neue Quantentheorie gestattet, die absoluten Entropiekonstanten und damit das Verdampfungs- und Absorbtionsgleichgewicht zwischen Gasen und Fest-
körpern zu berechnen. Stern beschreibt in seiner Habilitationsschrift noch einen
zweiten Weg, um die absoluten Werte des Dampfdruckes zu erhalten, in dem man
für hohe Temperaturen die klassische Molekularkinetik nach Boltzmann anwendet.
Gutachter seiner Arbeit waren die Professoren Einstein, Weiss und Baur. Am 22.
Juli 1913 stimmt der „Schulrat" dem Habilitationsantrag zu und beauftragt Stern,
seine Antrittsvorlesung zu halten. Im WS 1913/14 hält Otto Stern eine 1-stündige
Vorlesung über das Thema: *Theorie des chemischen Gleichgewichts unter besonderer Berücksichtigung der Quantentheorie.* Im SS hält er eine 2-stündige Vorlesung
über Molekulartheorie.
     Hier in Zürich traf Stern Max von Laue. Zwischen Laue und Stern begann eine
tiefe, lebenslange Freundschaft, die auch den 2. Weltkrieg überdauerte. Der dritte in
diesem Bunde war Albert Einstein, denn Laue und Einstein kannten sich seit 1907,
als Laue den noch etwas unbekannten Einstein auf dem Patentamt in Bern besuchte.
Seit dieser Zeit hat Laue wichtige Beiträge zur Relativitätstheorie publiziert. Laue
war der einzige deutsche Wissenschaftler von Rang, der während der Nazizeit und

nach dem Krieg zu Einstein und Stern stets sehr freundschaftliche Bindungen unterhielt.

Die Zeit von Otto Stern in Zürich war, wie er selbst sagt, was seine experimentellen Arbeiten in der Physikalischen Chemie und Physik betrifft, nicht besonders erfolgreich [8]. Auf Einsteins Wunsch hatte er experimentell gearbeitet. Neben der gemeinsamen theoretischen Arbeit mit Einstein über die Nullpunktsenergie sowie seine veröffentlichte Habilitationsschrift hat Stern nur eine weitere Zeitschriftenpublikation in Zürich eingereicht. Zu dieser Arbeit hat ihn Ehrenfest angeregt. Diese theoretische Arbeit mit dem Titel *„Zur Theorie der Gasdissozation"* wurde im Februar 1914 eingereicht und in den Annalen der Physik 1914 publiziert (S4). Darin wird die Reaktion zwischen zwei idealen Gasen betrachtet und die Entropie sowie die Gleichgewichtskonstante der Reaktion mit Hilfe von Thermodynamik und der Quantentheorie berechnet.

Da Stern während des Studiums nur wenig Gelegenheit hatte, theoretische Physik zu lernen, obwohl er sich auf diesem Gebiet habilitiert hatte, hat er in Prag und Zürich die Einsteinschen Vorlesungen besucht. Otto Stern sagt, dass er bei Einstein das **Querdenken** gelernt hat. Immanuel Estermann [10], einer seiner späteren, engsten Mitarbeiter schreibt zu Sterns Beziehung zu Albert Einstein: *Stern hat einmal erzählt, daß ihn an Einstein nicht so die spezielle Relativitätstheorie interessierte, sondern vielmehr die Molekulartheorie, und Einstein's Ansätze, die Konzepte der Quantenhypothese auf die Erklärung des zunächst noch unverständlichen Temperaturverhaltens der spezifischen Wärmen in kristallinen Körpern anzuwenden. Eine der ersten Veröffentlichungen Sterns zusammen mit Einstein war der Frage nach der Nullpunktsenergie gewidmet, d. h. der Frage, ob sich die Atome eines Körpers am absoluten Nullpunkt in Ruhe befinden, oder eine Schwingung um eine Gleichgewichtsposition mit einer Mindestenergie ausführen. Der eigentliche Gewinn, den Stern aus der Zusammenarbeit mit Einstein zog, lag in der Einsicht, unterscheiden zu können, welche bedeutenden und weniger bedeutenden physikalischen Probleme gegenwärtig die Physik beschäftigen; welche Fragen zu stellen sind und welche Experimente ausgeführt werden müssen, um zu einer Antwort zu gelangen. So entstand aus einer relativ kurzen wissenschaftlichen Verbindung mit Einstein eine lebenslange Freundschaft.* Als Anfang August 1914 der erste Weltkrieg ausbrach, ließ Otto Stern sich in Zürich zum WS 1914/15 beurlauben, um als Freiwilliger seinen Wehrdienst für Deutschland zu leisten. Einstein war schon am 1. April 1914 als Direktor des Kaiser-Wilhelm-Instituts für Physik in Berlin ernannt worden.

Frankfurt und 1. Weltkrieg

Otto Sterns Freund Max von Laue war am 14. August 1914 von Kaiser Wilhelm II. zum ersten Professor für Theoretische Physik an die 1914 neu gegründete königliche Stiftungsuniversität Frankfurt berufen worden [11]. Stern nahm Laues Angebot an, bei Laue als Privatdozent für theoretische Physik anzufangen. Obwohl er schon am 10.11.1914 seine Umhabilitierung an die Universität Frankfurt beantragt hat [11], ist Otto Stern formal erst Ende 1915 aus dem Dienst der Universität Zürich ausgeschieden.

Die ersten zwei Jahre des Krieges diente Otto Stern als Unteroffizier und wurde meist auf der Kommandatur beschäftigt. Er war in einem Schnellkurs in Berlin als Metereologe ausgebildet worden. Stern hat im Krieg auch Berlin besuchen können, um mit Nernst daran zu arbeiten, wie dünnflüssige Öle dickflüssig gemacht werden könnten. Bei diesen Besuchen hat er sich regelmäßig mit seinen Vater getroffen. Ab Ende 1915 tat Otto Stern Dienst auf der Feldwetterstation in Lomsha in Polen. Da er dort nicht voll ausgelastet war und [8] *um seinen Verstand aufrechtzuerhalten*", hat er sich nebenbei mit theoretischen Problemen der Entropie beschäftigt und zwei beachtenswerte, sehr ausführliche Arbeiten über Entropie verfasst. 1. „Die Entropie fester Lösungen" (eingereicht im Januar 1916 und erschienen in Ann. Phys. 49, 823 (1916)) (S7) und 2. „Über eine Methode zur Berechnung der Entropie von Systemen elastisch gekoppelter Massenpunkte" (S8) (eingereicht im Juli 1916). In der zweiten dieser Arbeiten ist ein Gleichungssystem für n gekoppelte Massenpunkte zu lösen, das auf eine Determinante n-ten Grades zurückgeführt wird. In Erinnerung an den Entstehungsort dieser Arbeit hat Wolfgang Pauli diese Determinante immer als die Lomsha-Determinante bezeichnet. Zwischen Einstein und Stern wurden in dieser Zeit oft Briefe gewechselt, in denen thermodynamische Probleme diskutiert wurden. Offensichtlich waren beide jedoch oft unterschiedlicher Meinung und Einstein wollte die Diskussion dann später lieber in Berlin fortsetzen. Wie entscheidend Einsteins Beiträge zu den beiden Lomsha-Publikationen waren, ist nicht klar. Da jedoch in beiden Veröffentlichungen Stern seinem Freund Einstein keinen Dank ausspricht, kann Stern Einsteins Beitrag als nicht so wichtig angesehen haben.

Berliner Zeit im Nernstschen Institut 1918–9

Viele Physiker und Physiochemiker waren gegen Ende des ersten Weltkrieges mit militärischen Aufgaben betraut, vorwiegend im Labor von Walther Nernst an der Berliner Universität. In diesem Labor arbeitete Otto Stern mit dem Physiker und späteren Nobelpreisträger James Franck und mit Max Volmer zusammen, die beide ausgezeichnete Experimentalphysiker waren. Dieser Kontakt und die dortige Zusammenarbeit mit Max Volmer haben sicher dazu beigetragen, dass sich Otto Stern ab Beginn 1919 fast völlig experimentellen Problemen zuwandte. Volmers Arbeitsgebiet war die experimentelle Physikalische Chemie. Bei diesen Arbeiten wurden beide durch die promovierte Chemikerin Lotte Pusch (spätere Ehefrau von Max Volmer) unterstützt.

Zusammen mit Max Volmer entstanden in der kurzen Zeit von Ende 1918 bis Mitte 1919 drei Zeitschriftenpublikationen, die mehr experimentelle als theoretische Forschungsziele hatten. Die erste Publikation (S10) (Januar 1919 eingereicht) befasste sich mit der Abklingzeit der Fluoreszenzstrahlung, oder heute würde man sagen: der Lebensdauer von durch Photonen angeregter Zustände in Atomen oder Molekülen. Schnelle elektronische Uhren waren damals noch nicht vorhanden, also brauchte man beobachtbare parallel ablaufende Prozesse als Uhren. Da bot sich die

Molekularbewegung an. Wenn die Moleküle sich mit typisch 500 m/sec (je nach Temperatur kann man die Geschwindigkeit beeinflussen) bewegen und wenn man ihre Leuchtbahnen unter dem Mikroskop mit 1 Mikrometer Auflösung beobachten kann (Moleküle brauchen dann für diese Flugstrecke zwei Milliardestel Sekunde), dann kann man indirekt eine zeitliche Auflösung von nahezu einer Milliardestel Sekunde erreichen, unglaublich gut für die damalige Zeit direkt nach dem 1. Weltkrieg.

Stern und Volmer diskutieren in ihrer Arbeit verschiedene Wege, wie man Atome anregen kann und dann die Fluoreszenzstrahlung der sich schnell bewegenden Atome in Gasen mit unterschiedlichen Drucken und Temperaturen beobachten muss, um unter Berücksichtigung der Molekularbewegung mit sekundären Stößen eine Lebensdauer zu bestimmen. In ihrem Experiment erreichen sie eine Auflösung von ca. 2. Milliardestel Sekunde. Fokussiert durch eine Linse tritt ein scharf kollimierter Lichtstrahl in eine Vakuumapparatur mit veränderbaren Gasdruck und Temperatur ein, der die Gasatome zur Fluoreszenzstrahlung anregt. In dieser Arbeit wurde der sogenannte Stern-Volmer-Plot entwickelt und die danach benannte Stern-Volmer-Gleichung abgeleitet, die die Abhängigkeit der Intensität der Fluoreszenz (Quantenausbeute) eines Farbstoffes gegen die Konzentration von beigemischten Stoffen beschreibt, die die Fluorenzenz zum Löschen bringen. Die Veröffentlichung enthält jedoch noch einen visionären Gedanken, der das Prinzip der modernen „Beam Foil Spectroscopy" schon anwendet, d. h. ein extrem scharf kollimierter Anregungsstrahl (damals Licht, heute oft eine sehr dünne Folie) wird mit einem schnellen Gasstrahl gekreuzt und dann strahlabwärts das Leuchten gemessen. Aus der Geometrie des Leuchtschweifs kann man direkt die Lebensdauer bestimmen.

In der 2. Berliner Veröffentlichung (S11) von Stern und Volmer wurden die Ursachen und Abweichungen der Atomgewichte von der *Ganzzahligkeit* durch mögliche Isotopenbeimischungen und Bindungsenergieeffekte untersucht. Sie argumentieren: Weicht das chemisch ermittelte Atomgewicht von der Ganzzahligkeit ab, so kann das einmal daran liegen, dass die Kerne aus unterschiedlichen Isotopen gebildet werden. Für Stern und Volmer bestand ein Isotop aus einer unterschiedlichen Anzahl von Wasserstoffkernen (hier positive Elektronen genannt), die im Kern von negativen Elektronen (Bohrmodell des Kernes) umkreist werden (Proutsche Hypothese). Zum andern können Kerne abhängig von ihrer inneren Struktur auch unterschiedlich stark gebunden sein und damit nach Einstein (Energie gleich Masse) unterschiedliche Masse haben können.

Stern und Volmer berechnen auf der Basis eines „Bohrmodells" für die Kerne deren mögliche Bindungsenergien. Dabei berücksichtigten sie aber nur die Coulombkraft, aber nicht die damals noch unbekannte „Starke Kernkraft". Die so berechneten Bindunsgsenergie-Effekte waren daher viel zu klein und Stern und Volmer konnten die gemessenen Massenunterschiede damit nicht erklären. Sie schlossen daher Bindungsenergieeffekte als mögliche Ursachen für die unterschiedlichen Atomgewichte aus.

Um den Einfluss der Isotopie zu bestimmen, haben Stern und Volmer dann Diffusionsexperimente durchgeführt, um evtl. einzelne Isotopenmassen anzureichern. Sie kamen dann aber zu dem Schluss, dass Isotopieeffekte die nicht-ganzzahligen

Atomgewichte nicht erklären können. Daraus schlossen sie, dass das verwendete Kernkraftmodell falsch sein muss und Bindungsenergieeffekte vermutlich doch die Ursache sein könnten.

In der 3. gemeinsamen Arbeit (S13) wird der Einfluss der Lichtabsorption auf die Stärke chemischer Reaktionen untersucht. Ausgehend von der Bohr-Einsteinschen Auffassung über den Einfluss der Lichtabsorption auf das photochemische Äquivalenzprinzip wird die Proportionalität von Lichtmenge und chemischer Umsetzung am Beispiel der Zersetzung von Bromhydrid erforscht. Diese Arbeit wurde November 1919 eingereicht und ist 1920 in der Zeitschrift für Wissenschaftliche Photographie erschienen.

Zurück nach Frankfurt (Februar 1919–Oktober 1921)

Ab Frühjahr 1919 musste Stern wieder in Frankfurt sein, da er in einem zusätzlich eingeführten Zwischensemester, beginnend am 3. Februar und endend am 16. April, für Kriegsteilnehmer eine zweistündige Vorlesung „*Einführung in die Thermodynamik*" halten musste. Max von Laue hatte am Ende des Wintersemesters Frankfurt schon verlassen und hatte am Kaiser-Wilhelm-Institut für Physik in Berlin seine Tätigkeit aufgenommen. Max Born als Laues Nachfolger (von Berlin kommend, wo er eine a. o. Professur inne hatte) hat in diesem Zwischensemester schon in Frankfurt Vorlesungen gehalten (Einführung in die theoretische Physik). Sterns erste Forschungsarbeit in Frankfurt, die zu einer Publikation führte, gelang ihm zusammen mit Max Born. Diese Arbeit war theoretischer Art „*Über die Oberflächenenergie der Kristalle und ihren Einfluß auf die Kristallgestalt*". Sie erschien 1919 in den Sitzungsberichten der Preußischen Akademie der Wissenschaften (S9).

In der relativ kurzen Zeit (bis Oktober 1921), die Otto Stern in Frankfurt blieb, hat er dann Physikgeschichte geschrieben. Obwohl zwischen Krieg und Inflation die finanzielle Basis für Forschung extrem schwierig war, gelangen Otto Stern so bedeutende technologische Entwicklungen und bahnbrechende Experimente, dass sie ihm Weltruhm sowie 1943 den Nobelpreis einbrachten. Er war Privatdozent in einem Institut der theoretischen Physik. Max Born war der Institutsdirektor und Stern sein Mitarbeiter. Dieses theoretische Institut hatte noch eine wichtige erwähnenswerte Besonderheit zu bieten, die für Otto Stern, dem nun zur Experimentalphysik wechselnden Forscher, von größter Bedeutung war: zum Institut gehörte eine mechanische Werkstatt mit dem jungen, aber ausgezeichneten Institutsmechaniker Adolf Schmidt.

Max Born berichtet in seinen Lebenserinnerungen [12] über diese Zeit: *Mein Stab bestand aus einem Privatdozenten, einer Assistentin und einem Mechaniker. Ich hatte das Glück, in Otto Stern einen Privatdozenten von höchster Qualität zu finden, einen gutmütigen, fröhlichen Mann, der bald ein guter Freund von uns wurde. Diese Zeit war die einzige in meiner wissenschaftlichen Laufbahn, in der ich eine Werkstatt und einen ausgezeichneten Mechaniker zu meiner Verfügung hatte; Stern und ich machten guten Gebrauch davon.*

Die Arbeit in meiner Abteilung wurde von einer Idee Sterns beherrscht. Er wollte die Eigenschaften von Atomen und Molekülen in Gasen mit Hilfe molekularer Strahlen, die zuerst von Dunoyer [13] erzeugt worden, waren, nachweisen und messen. Sterns erstes Gerät sollte experimentell das Geschwindigkeitsverteilungsgesetz von Maxwell beweisen und die mittlere Geschwindigkeit messen. Ich war von dieser Idee so fasziniert, dass ich ihm alle Hilfsmittel meines Labors, meiner Werkstatt und die mechanischen Geräte zur Verfügung stellte.

Wie Born erzählt, Otto Stern entwarf die Apparaturen, aber der Mechanikermeister der Werkstatt, Adolf Schmidt, setzte diese Entwürfe um und baute die Apparaturen. Sterns erste große Leistung war das Ausmessen der Geschwindigkeitsverteilung der Moleküle, die sich in einem Gas bei einer konstanten Temperatur T bewegen. Diese Arbeit wurde die Grundlage zur Entwicklung der sogenannten Atom- oder Molekularstrahlmethode, die zu einer der erfolgreichsten Untersuchungsmethoden in Physik und Chemie überhaupt werden sollte. Der Franzose Louis Dunoyer hatte 1911 gezeigt, dass, wenn man Gas durch ein kleines Loch in ein evakuiertes Gefäß strömen lässt, sich bei hinreichend niedrigem Druck (unter 1/1000 millibar) die Atome oder Moleküle geradlinig im Vakuum bewegen. Der Atomstrahl erzeugt an einem Hindernis wie bei einem Lichtstrahl einen scharfen Schatten auf einer Auffangplatte (Atome oder Moleküle können auf kalter Auffangplatte kondensieren). Der Molekularstrahl besteht aus unendlich vielen, einzelnen und separat fliegenden Atomen oder Molekülen. In diesem Strahl hat man also einzelne, isolierte Atome zur Verfügung, an denen man Messungen durchführen kann. Niemand konnte vor Stern einzelne Atome isolieren und daran Quanteneigenschaften messen.

Um an den einzelnen Atomen des Molekularstrahls quantitative Messungen durchzuführen, musste Stern jedoch wissen, mit welcher Geschwindigkeit und in welche Richtung diese Atome bei einer festen Temperatur fliegen. Maxwell hatte diese Geschwindigkeit schon theoretisch berechnet, aber niemand vor Stern konnte Maxwells Rechnungen überprüfen. Otto Stern baute für diese Messung ein genial einfaches Experiment auf (S14+S16+S17). Als Quelle für seinen Atomstrahl verwendete er einen dünnen Platindraht, der mit Silberpaste bestrichen und dann erhitzt wurde. Bei ausreichend hoher Temperatur verdampfte das Silber und flog radial vom Draht weg nach außen. Der verdampfte, im Vakuum geradlinig fliegende Strahl wurde mit zwei sehr engen Schlitzen (wenige cm Abstand) ausgeblendet und auf einer Auffangplatte (wenige cm hinter dem zweiten Schlitz montiert) kondensiert. Der Fleck des Silberkondensates konnte unter dem Mikroskop beobachtet und in seiner Größe und Verteilung sehr genau vermessen werden. Vom Labor ausgesehen fliegen die Atome im Vakuum immer auf einer exakt geraden Bahn, im rotierenden System gesehen scheinen die Atome sich jedoch auf einer gekrümmten Bahn zu bewegen. Um das Prinzip dieser Geschwindigkeitsmessung verständlicher zu machen, erklärt Stern dies Messverfahren mit nur einem Schlitz. Setzt man nun Schlitz und Auffangplatte in schnelle Rotation mit dem Draht als Drehpunkt, dann dreht sich die Auffangplatte während des Fluges der Atome vom Schlitz zur Auffangplatte um einen kleinen Winkelbereich weiter, so dass der Auftreffort auf der Auffangplatte des geradlinig fliegenden Strahles gegen die Rotationsrichtung leicht versetzt (im Vergleich zur nicht rotierenden Apparatur) ist. Durch zwei Messungen bei stehender und drehender Apparatur erhält man zwei strichartige Verteilungen. Aus dieser gemessenen Verschiebung, aus der Geometrie der Apparatur und der Drehgeschwindigkeit kann man nun die mittlere radiale Geschwindigkeit der Atome oder Moleküle bestimmen.

Stern reichte diese Arbeit mit dem Titel: *„Eine Messung der thermischen Molekulargeschwindigkeit"* im April 1920 bei der Zeitschrift für Physik ein (S16). Stern war mit dem gemessenen Ergebnis dieser Arbeit nicht ganz zufrieden. Die Messung lieferte für eine gemessene Temperatur von 961° eine mittlere Geschwindigkeit von ca. 600 m/sec, wohingegen die Maxwelltheorie nur 534 m/sec voraussagte. Stern versuchte in dieser Arbeit, die Diskrepanz zwischen Messung und Theorie durch kleine Messfehler bei der Temperatur etc. zu erklären. Albert Einstein hatte sofort erkannt, dass diese Diskrepanz ganz andere Gründe hatte. Er machte Stern darauf aufmerksam, dass bei der Strömung von Gasen von einem Raum (hoher Druck) durch ein winziges Loch in einen anderen Raum (Vakuum) die schnelleren Moleküle eine merklich größere Transmissionsrate haben als langsamere (S17). Nach Berücksichtigung dieses Effektes erniedrigte sich die gemessene mittlere Molekulargeschwindigkeit und stimmte auf einmal gut mit der Maxwell-Theorie überein. Noch eine scheinbar nebensächliche Aussage Sterns in dieser Publikation ist von großer visionärer Bedeutung und sie ist der eigentliche Grund, dass diese Arbeit so bedeutsam ist und Stern dafür der Nobelpreis zu Recht verliehen wurde: *Die hier verwendete Versuchsanordnung gestattet es zum ersten Male, Moleküle mit einheitlicher Geschwindigkeit herzustellen.* Für die Physik heißt das: Atome oder Moleküle konnten nun in einem bestimmten Impulszustand hergestellt werden, was quantitative Messungen der Impulsänderung ermöglichte. Dies war ein wichtiger Meilenstein für die Quantenphysik!

Otto Stern hatte damit die Grundlagen geschaffen, um mit Hilfe der Impulsspektroskopie von langsamen Atomen und Molekülen ein nur wenige 10 cm großes Mikroskop zu realisieren, mit dem man in Atome, Moleküle oder sogar Kerne hineinschauen konnte. Dank dessen exzellenten Winkelauflösung gelang es ihm später in Hamburg, sogar die Hyperfeinstruktur in Atomen und den Rückstoßimpuls bei Photonenstreuung nachzuweisen. Dies waren bedeutende Meilensteine auf dem Weg in die moderne Quantenphysik. In zahllosen nachfolgenden Arbeiten bis zur Gegenwart wird Otto Sterns Methode der Strahlpräparierung angewandt. Mehr als 20 spätere Nobelpreisarbeiten in Physik und Chemie verdanken letztlich dieser Pionierarbeit Otto Sterns ihren wissenschaftlichen Erfolg.

Otto Stern war genial im Planen von bahnbrechenden Apparaturen, aber im Experimentieren selbst fehlte ihm das erforderliche Geschick. In Walther Gerlach fand er dann den Experimentalphysiker, der auch schwierigste Experimente erfolgreich durchführen konnte. Gerlach kam am 1.10.1920 als erster Assistent und Privatdozent ins Institut für experimentelle Physik an die Universität Frankfurt. Das Duo Stern-Gerlach experimentierte dann so erfolgreich, dass es in den nur zwei verbleibenden Jahren der gemeinsamen Forschung in Frankfurt ganz große Physikgeschichte geschrieben hat.

Abb. 1.3 1920 in Berlin v. l.: Das sogenannte „Bonzenfreie Treffen" mit Otto Stern, Friedrich Paschen, James Franck, Rudolf Ladenburg, Paul Knipping, Niels Bohr, E. Wagner, Otto von Baeyer, Otto Hahn, Georg von Hevesy, Lise Meitner, Wilhelm Westphal, Hans Geiger, Gustav Hertz und Peter Pringsheim. (Bild im Besitz von Jost Lemmerich)

Obwohl Otto Stern zahlreiche bedeutende Pionierexperimente durchgeführt hat, überragt das sogenannte Stern-Gerlach Experiment zusammen mit Walther Gerlach alle anderen an Bedeutung. Aus diesem Grunde sollen hier die Hintergründe zu diesem Experiment ausführlicher dargestellt werden, auch deshalb, weil bis heute in vielen Lehrbüchern die Physik dieses Experimentes nicht korrekt dargestellt wird. Stern und Gerlach begannen schon Anfang 1921 mit der Planung und Ausführung des Experiments zum Nachweis der Richtungsquantelung magnetischer Momente von Atomen in äußeren Feldern (S18+S20). Richtungsquantelung heißt, die Ausrichtungswinkel von magnetischen Momenten von Atomen im Raum sind nicht isotrop über den Raum verteilt, sondern stellen sich nur unter diskreten Winkeln ein, d. h. sie sind in der Richtung gequantelt. Ausgehend vom Zeeman-Effekt, der 1896 von Pieter Zeeman in Leiden (Nobelpreis für Physik 1902) durch Untersuchung der im Magnetfeld emittierten Spektrallinien entdeckt wurde, hatten zuerst Peter Debye (1916, Nobelpreis für Chemie 1936) und dann Arnold Sommerfeld (1916) gefordert [2], dass sich die inneren magnetischen Momente von Atomen in einem äußeren magnetischen Feld nur unter diskreten Winkeln einstellen können.

Jeder Physiker würde von der Annahme ausgehen, dass die Atome (z. B. in Gasen) und damit auch deren innere magnetischen Momente beliebig im kraftfreien Raum orientiert sein müssen. Es sei denn, es gäbe äußere Kräfte, die solche Atome ausrichten können. Wenn ein makroskopisches äußeres Magnetfeld **B** angelegt wird, dann könnte eine solche ausrichtende Kraft zwischen Magnetfeld und Atomen nur dann auftreten, wenn die Atome entweder eine elektrische Ladung tragen oder aber ein inneres magnetisches Moment haben. Da neutrale Atome perfekt ungeladen sind, könnte daher nur ein inneres magnetisches Moment als Kraftquelle in Frage kommen. Nach den Gesetzen der damals und heute gültigen klassischen Physik sollten die magnetischen Momente der Atome jedoch in einem äußeren Magnetfeld **B** nur eine Lamorpräzession (Kreiselbewegung) um die Richtung **B** ausführen können, d. h. der Winkel zwischen magnetischem Moment und äußerem Feld **B** kann dadurch aber nicht verändert werden. Die isotrope Winkel-Ausrichtung der atomaren magnetischen Momente relativ zu **B** sollte daher unbedingt erhalten bleiben. Da nach der klassischen Physik die magnetischen Momente der Atome im Raum völlig isotrop vorkommen sollten, muss der Winkel α und damit auch die Energieaufspaltung der Spektrallinien im Magnetfeld (Zeeman-Effekt) kontinuierliche Verteilungen (Bänderstruktur) zeigen.

Um aber die in der Spektroskopie beobachtete scharfe Linienstruktur der sogenannten Feinstrukturaufspaltung in Atomen und die scharfen Spektrallinien des Zeeman-Effektes zu erklären, mussten Debye und Sommerfeld daher etwas postulieren, das dem gesunden Menschenverstand völlig widersprach. Das „Absurde" an der Richtungsquantelung ist, dass diese Ausrichtung abhängig von der B-Richtung ist, die der Experimentator durch seine Apparatur zufällig wählt. Woher sollen die Atome „wissen", aus welcher Richtung der Experimentator sie beobachtet? Nach allem, was die Physiker damals wussten, ja selbst was wir bis heute wissen, gibt es keinen uns bekannten physikalisch erklärbaren Prozess, der diese Momente nach dem Beobachter ausrichtet und eine Beobachter-abhängige Richtungsquantelung erzeugt. Selbst Debye sagte zu Gerlach: *Sie glauben doch nicht, dass die Einstellung der Atome etwas physikalisch Reelles ist, das ist eine Rechenvorschrift, das Kursbuch der Elektronen. Es hat keinen Sinn, dass Sie sich abquälen damit.* Max Born bekannte später: *Ich dachte immer, daß die Richtungsquantelung eine Art symbolischer Ausdruck war für etwas, was wir eigentlich nicht verstehen.* Im Interview mit Thomas Kuhn und Paul Ewald [14] erzählte Born: *„Ich habe versucht, Stern zu überzeugen, dass es keinen Sinn macht, ein solches Experiment durchzuführen. Aber er sagte mir, es ist es wert, es zu versuchen."*

Wie Otto Stern im Züricher Interview erzählt [8], hat er überhaupt nicht an die Existenz einer solchen Richtungsquantelung geglaubt. In einem Seminarvortrag im Bornschen Institut wurde der Fall diskutiert und Otto Stern auf das Problem aufmerksam gemacht. Otto Stern überlegte: Wenn Debye und Sommerfeld recht haben, dann müssten die magnetischen Momente von gasförmigen Atomen in einem äußeren Magnetfeld sich ebenso ausrichten. Dies hat Otto Stern nicht in Ruhe gelassen. Er berichtete später: *Am nächsten Morgen, es war zu kalt aufzustehen, da habe ich mir überlegt, wie man das auf andere Weise experimentell klären könnte.* Mit seiner Atomstrahlmethode konnte er das machen.

Am 26. August 1921 reichte Otto Stern bei der Zeitschrift für Physik als alleiniger Autor eine Publikation (S18) ein, in der der experimentelle Weg zur experimentellen Überprüfung der Richtungsquantelung und die Machbarkeit, d. h. ob man die zu erwartenden kleinen Effekte auf die Bahn der Molekularstrahlen wirklich beobachten könne, diskutiert wurde. In dieser Arbeit bringt Otto Stern weitere Bedenken gegen das Debye-Sommerfeld-Postulat vor und führt aus: *Eine weitere Schwierigkeit für die Quantenauffassung besteht, wie schon von verschiedenen Seiten bemerkt wurde, darin, daß man sich gar nicht vorstellen kann, wie die Atome des Gases, deren Impulsmomente ohne Magnetfeld alle möglichen Richtungen haben, es fertig bringen, wenn sie in ein Magnetfeld gebracht werden, sich in die vorgeschriebenen Richtungen einzustellen. Nach der klassischen Theorie ist auch etwas* *ganz anderes zu erwarten. Die Wirkung des Magnetfeldes besteht nach Larmor nur darin, daß alle Atome eine zusätzliche gleichförmige Rotation um die Richtung der magnetischen Feldstärke als Achse ausführen, so daß der Winkel, den die Richtung des Impulsmomentes mit dem Feld B bildet, für die verschiedenen Atome weiterhin alle möglichen Werte hat. Die Theorie des normalen Zeeman-Effektes ergibt sich auch bei dieser Auffassung aus der Bedingung, daß sich die Komponente des Impulsmomentes in Richtung von B nur um den Betrag $h/2\pi$ oder Null ändern darf.*

Stern hatte sich zu dieser Vorveröffentlichung entschlossen, da Hartmut Kallmann und Fritz Reiche in Berlin ein ähnliches Experiment für die räumliche Ausrichtung von Dipolmolekülen in inhomogenen elektrischen Feldern (Starkeffekt, von Paul Epstein und Karl Schwarzschild theoretisch untersucht) gemacht hatten und kurz vor der Publikation standen. Otto Stern stand mit Kallmann und Reiche in Kontakt. Debye und Sommerfeld hatten für die auf der Bahn umlaufenden Elektronen eine Ausrichtung des magnetischen Momentes in drei Ausrichtungen vorausgesagt (analog der Triplettaufspaltung beim Zeeman-Effekt): parallel, antiparallel und senkrecht zum äußeren Magnetfeld, d. h. eine Triplettaufspaltung, und damit eine dreifach Ablenkung des Atomstrahles (parallel und antiparallel sowie keine Ablenkung zum Magnetfeld). Bohr hingegen erwartete nur eine Zweifachaufspaltung (Duplett) nach oben und unten, aber in der Mitte keine Intensität.

Otto Stern erhielt im Herbst 1921 einen Ruf auf eine a. o. Professur für theoretische Physik an der Universität Rostock. Schon im Wintersemester 1921/22 hielt er in Rostock Vorlesungen über theoretische Physik. Obwohl Otto Stern ab Herbst 1921 nicht mehr in Frankfurt war, gingen die gemeinsamen Arbeiten zur Messung der magnetischen Momente von Atomen mit Walter Gerlach in Frankfurt weiter. Wie Gerlach in seinem Interview mit Thomas Kuhn 1963 [15] berichtet, war die Apparatur erst im Herbst 1921 durch den Mechaniker Adolf Schmidt fertig gestellt worden. Schon bald danach konnte Gerlach in der Nacht vom 4. auf den 5. November 1921 den ersten großen Erfolg verbuchen. Ein Silberstrahl von 0,05 mm Durchmesser wurde in einem Vakuum von einigen 10^{-5} milli bar entlang eines Schneiden-förmigen Polschuhs geleitet und auf einem wenige cm entfernten Glasplättchen aufgefangen. Aus der Form des Fleckes des dort niedergeschlagenen Silbers wurde die Verbreiterung des Strahles bei eingeschaltetem Magnetfeld gemessen. Dies war der Beweis, dass Silberatome ein magnetisches Moment haben. Aus der Verbreiterung konnte eine erste Abschätzung für die Größe des magnetischen Momentes des Silberatoms gewonnen werden. Über eine mögliche Aufspaltung konnte wegen der schlechten Winkelauflösung noch keine verlässliche Aussage gemacht werden.

Gerlach hat in den folgenden Monaten versucht, die Apparatur weiter zu verbessern, ohne jedoch eine Aufspaltung zu sehen. In den ersten Februartagen 1922 (Wochenende 3.–5.2.1922) trafen sich Stern und Gerlach in Göttingen [15]. Nach diesem Treffen wurde eine entscheidende Änderung an der Ausblendung vorgenommen. In der bisher benutzten Apparatur wurde der Strahl durch zwei sehr kleine Rundblenden (wenige Mikrometer Durchmesser) begrenzt. Da der Strahl aus einer kleinen runden Öfchenöffnung emittiert wurde, mussten diese drei Punkte auf eine Linie gebracht werden, was offensichtlich nicht hinreichend präzise gelang.

Wie Gerlach in seinem Interview mit Thomas Kuhn berichtet (er bezieht sich auf den Brief von James Franck vom 15.2.1922) wurde eine der Strahlblenden durch einen Spalt ersetzt. Diese Änderung brachte umgehend den entscheidenden Fortschritt und die Richtungsquantelung wurde in der Nacht vom 7. auf 8.2.1922 in den Räumen des Instituts für theoretische Physik im Gebäude des Physikalischen Vereins Frankfurt zum ersten Male experimentell nachgewiesen. Das Stern-Gerlach-Experiment hatte damit eindeutig bewiesen: Die Richtungsquantelung der inneren magnetischen Momente von Atomen existierte wirklich. Das Postulat der Richtungsquantelung von Peter Debye und Arnold Sommerfeld entsprach einer reellen, physikalisch nachweisbaren Eigenschaft der Quantenwelt, obwohl es dem „gesunden Menschenverstand" völlig widersprach. Es gibt also die Fernwirkung zwischen Apparatur/Beobachter und Quantenobjekt. Egal in welcher Richtung der Experimentator zufällig sein Magnetfeld anlegt, die Atome „kennen" diese Richtung. Der Aufbau der Apparatur wurde später in zwei Publikationen im Detail beschrieben: W. Gerlach und O. Stern Ann. Phys. 74, 673 (1924) (S26) und Walther Gerlach, Über die Richtungsquantelung im Magnetfeld II, Annalen der Phys., 76, 163–197 (1925) (M0).

Viele der Physiker waren überrascht, dass es die Richtungsquantelung wirklich gab. Stern selbst hatte überhaupt nicht an sie geglaubt. Wolfgang Pauli schrieb in einer Postkarte an Gerlach: *Jetzt wird wohl auch der ungläubige Stern von der Richtungsquantelung überzeugt sein.* Arnold Sommerfeld bemerkte dazu: *Durch ihr wohldurchdachtes Experiment haben Stern und Gerlach nicht nur die Richtungsquantelung im Magnetfeld bewiesen, sondern auch die Quantennatur der Elektrizität und ihre Beziehung zur Struktur der Atome.* Albert Einstein schrieb: *Das wirklich interessante Experiment in der Quantenphysik ist das Experiment von Stern und Gerlach. Die Ausrichtung der Atome ohne Stöße durch Strahlung kann nicht durch die bestehenden Theorien erklärt werden. Es sollte mehr als 100 Jahre dauern, die Atome auszurichten.* Doch Stern war auch nach dem Experiment keineswegs von der Richtungsquantelung überzeugt. In seinem Züricher Interview 1961 [8] sagt er über das Frankfurter Stern-Gerlach-Experiment: *Das wirklich Interessante kam ja dann mit dem Experiment, das ich mit Gerlach zusammen gemacht habe, über die Richtungsquantelung. Ich hatte mir immer überlegt, dass das doch nicht richtig sein kann, wie gesagt, ich war immer noch sehr skeptisch über die Quantentheorie. Ich habe mir überlegt, es muss ein Wasserstoffatom oder ein Alkaliatom im Magnetfeld Doppelbrechung zeigen. Man hatte ja damals nur das Elektron in einer Ebene laufend und da kommt es ja darauf an, ob die elektrische Kraft, das Feld in der Ebene oder senkrecht steht. Das war ein völlig sicheres Argument meiner Ansicht nach, da man es auch anwenden konnte auf ganz langsame Änderungen der elektrischen Kraft, ganz adiabatisch. Also das konnte ich absolut nicht verstehen. Damals hab ich mir überlegt, man kann doch das experimentell prüfen. Ich war durch die Messung der Molekulargeschwindigkeit auf Molekularstrahlen eingestellt und so hab ich das Experiment versucht. Da hab ich das mit Gerlach zusammengemacht, denn das war ja doch eine schwierige Sache. Ich wollte doch einen richtigen Experimentalphysiker mit dabei haben. Das ging sehr schön, wir haben das immer so*

gemacht: Ich habe z. B. zum Ausmessen des magnetischen Feldes eine kleine Dreh-
waage gebaut, die zwar funktionierte, aber nicht sehr gut war. Dann hat Gerlach
eine sehr feine gebaut, die sehr viel besser war. Übrigens eine Sache, die ich bei
der Gelegenheit hier betonen möchte, wir haben damals nicht genügend zitiert die
Hilfe, die der Madelung uns gegeben hat. Damals war der Born schon weg, und
sein Nachfolger war der Madelung. Madelung hat uns im wesentlichen das ma-
gnetische Feld mit der Schneide und ja ... (inhomogen) suggeriert. Aber wie nun
das Experiment ausfiel, da hab ich erst recht nichts verstanden, denn wir fanden ja
dann die diskreten Strahlen und trotzdem war keine Doppelbrechung da. Wir haben
extra noch einmal Versuche gemacht, ob doch noch etwas Doppelbrechung da war.
Aber wirklich nicht. Das war absolut nicht zu verstehen. Das ist auch ganz klar,
dazu braucht man nicht nur die neue Quantentheorie, sondern gleichzeitig auch
das magnetische Elektron. Diese zwei Sachen, die damals noch nicht da waren.
Ich war völlig verwirrt und wusste gar nicht, was man damit anfangen sollte. Ich
habe jetzt noch Einwände gegen die Schönheit der Quantenmechanik. Sie ist aber
richtig.

Damals glaubten alle, dass die Beobachtung einer Dublettaufspaltung Niels Bohr
recht gäbe und Sommerfelds Voraussage falsch sei. In der Tat hatten Gerlach und
Stern aber die Richtungsquantelung des damals noch unbekannten Elektronenspins
und nicht die eines auf einer Bahn umlaufenden Elektrons beobachtet. Somit hatten
weder Bohr noch Sommerfeld recht! Warum es aber noch einige Jahre brauchte, bis Uhlenbeck und Goudsmit den Elektronenspin postulierten, ist aus heutiger
Sicht sehr schwer zu verstehen. Einmal hatte Arthur Compton schon 1921 [16]
auf die magnetischen Eigenschaften des Elektrons und damit indirekt auf seinen
Eigenspin hingewiesen und zum andern hatte Alfred Landé (zu dieser Zeit ebenfalls in Frankfurt tätig) schon defacto die Grundlagen für seine g-Faktorformel
auf semiempirischem Wege entwickelt [17]. Mit dieser Formel wird die komplette
Drehimpulsdynamik der Elektronen in Atomen und ihre Kopplung zum Gesamt-
spin korrekt vorausgesagt. Sie enthält außerdem Sommerfelds innere Quantenzahl
$k = 1/2$ (d. h. den Elektronenspin) und die richtigen „Spreizfaktoren" g (d. h. den
korrekten g-Faktor g $= 2$) für das Elektron. In den Publikationen [18] analysiert
dann Landé schon 1923 das Stern-Gerlach-Experiment als Richtungsquantelung einer um sich selbst drehenden Ladung und stellt klar, dass es sich beim Ag-Atom
nicht um ein auf einer Bahn umlaufendes Elektron handeln kann.

Landé schreibt [18]: *Dass hier zwei abgelenkte Atomstrahlen im Abstand $+/-1$*
Magneton, aber kein unabgelenkter Strahl auftritt, deuteten Stern und Gerlach ur-
sprünglich so, es besitze das untersuchte Silberatom (Dublett-s-Termzustand) 1 Ma-
gneton als magnetisches Moment und stelle seine Achse parallel ($m = +1$) bzw.
antiparallel ($m = -1$), nicht aber quer zum Feld ($m = 0$) ein, entsprechend dem
bekannten Querstellungsverbot von Bohr. Die spektroskopischen Erfahrungstatsa-
chen führen aber zu folgender anderer Deutung. Mit seinem $J = 1$ stellt sich das
Silberatom nicht mit den Projektionen $m = +/-1$ unter Ausschluss von $m = 0$
ein, sondern nach Gleichung 4^2 mit $m = +/-1/2$. Das Fehlen des unabge-

---

[2] $m = J - 1/2, J - 3/2, \ldots, -J + 1/2$

lenkten Strahles ist also nicht durch ein Ausnahmeverbot … zu erklären … Zu
m = +/ − 1/2 beim Silberatom würde nun normaler Weise eine Strahlablenkung
von +/ − 1/2 Magneton gehören. Wegen des „g-Faktors" ist aber für die magne-
tischen Eigenschaften nicht m, sondern mg maßgebend, und g ist, wie erwähnt, bei
den s-Termen gleich 2, daher m · g = (+/ − 1/2) · 2 = +/ − 1 im Einklang mit
Stern-Gerlach.[3]

Alfred Landé hätte nur ein wenig weiter denken müssen. Es konnte doch nur
für das Entstehen des Drehimpulsvektors k das um sich selbst drehende Elektron in
Frage kommen. Seinen Spin k = 1/2 mit g = 2 hat er schon richtig erkannt. Leider
wurden seine wichtigen Arbeiten zur Interpretation des Stern-Gerlach-Ergebnisses
fast nie zitiert und fast tot geschwiegen. Für den Nobelpreis für Physik wurde er nie
vorgeschlagen, was er aus Sicht dieser Buchautoren sicher verdient gehabt hätte.

Wie wird eigentlich diese Verschränkheit zwischen Atom und Apparatur ver-
mittelt? Für jedes durch die Apparatur fliegende, einzelne Atom gilt diese Verschränkheit und es gilt dabei eine strikte Drehimpulserhaltung (Verschränkheit) zu
jeder Zeit mit der Stern-Gerlach-Apparatur (entlang des Weges durch die Apparatur). Der Kollaps der Atomwellenfunktion mit Ausrichtung des Drehimpulses
auf eine Raumrichtung muss am Eingang zur Apparatur im inhomogenen Magnetfeld mit 100 % Effizienz erfolgen. Dann muss entlang der Bahn (homogenes
Feld) diese Richtung strikt erhalten bleiben, sonst gäbe es keine so eindeutigen
Atomstrahlbahnen mit klar trennbaren Strahlkondensaten auf der Auffangplatte.
Die Drehimpulskopplung zwischen Atom und Apparatur muss also für das Zu-
standekommen dieser Verschränkheit eine wesentliche Rolle spielen.

Um die Experimente zu dem magnetischen Moment von Silber in Frankfurt zu
einem erfolgreichen Ende zu bringen, kam Otto Stern in den Osterferien 1922 von
Rostock nach Frankfurt. Es gelang ihnen, das magnetische Moment des Silberatoms mit guter Genauigkeit zu bestimmen. Am 1. April konnten Walther Gerlach
und Otto Stern dazu eine Veröffentlichung bei der Zeitschrift für Physik einreichen
(S21). Innerhalb einer Fehlergrenze von 10 % stimmte das gemessene magnetische
Moment mit einem Bohrschen Magneton überein.

Otto Sterns kurze Rostocker Episode (Oktober 1921 bis 31.12.1923)

Die Universität Rostock hatte Otto Stern im Oktober 1921 als theoretischen Physiker auf ein Extraordinariat berufen. Diese Stelle war 1920 als erste Theorieprofessur
in Rostock geschaffen worden. Wilhelm Lenz (später Hamburg) war für ca. 1 Jahr
Sterns Vorgänger. Als theoretischer Physiker verfügte Stern über keine Ausstattung.
Stern hatte in Rostock kaum Geld und Apparaturen für Experimente, daher sind
Otto Sterns experimentelle Erfolge für die 15 Monate in Rostock (Oktober 1921
bis zum 31.12.1922) schnell erzählt. Denn in dieser Zeit gab es fast nur die schon

---

[3] Abraham [19] hatte schon 1903 gezeigt, dass um sich selbst rotierende Ladungen (Elektronenspin) je nach Ladungsverteilung (Flächen- oder Volumenverteilung) unterschiedliche elektroma-
gnetische Trägheitsmomente haben.

besprochenen Experimente mit Gerlach und die fanden alle in Frankfurt statt. Während der Rostocker Zeit hat Otto Stern nur eine rein Rostocker Publikation „Über den experimentellen Nachweis der räumlichen Quantelung im elektrischen Feld" in Phys. Z. 23, 476–481 (1922) veröffentlicht (S22), die eine rein theoretische Arbeit darstellt. In dieser Arbeit wurde das Verhalten der elektrischen atomaren Dipolmomente im inhomogenen Feld (inhomogener Starkeffekt) und seine Analogie zum Zeeman-Effekt untersucht.

Rostock war für Stern nur eine Durchgangsstation. Erwähnenswert ist, dass Stern mit Immanuel Estermann seinen wichtigsten Mitarbeiter fand. Der in Berlin geborene Estermann, der kurz zuvor seine Dissertation bei Max Volmer in Hamburg beendet hatte, kam in Rostock in Sterns Gruppe und arbeitete mit Stern bis zu dessen Emeritierung 1946 in Pittsburgh zusammen. In der Rostocker Zeit untersuchten Estermann und Stern mit einer einfachen Molekularstrahlapparatur Methoden der Sichtbarmachung dünner Silberschichten. Dabei wurden Nassverfahren als auch Verfahren von Metalldampfabscheidung auf den sehr dünnen Schichten angewandt. Es konnten noch Schichtdicken von nur 10 atomaren Lagen sichtbar gemacht werden. Diese Arbeit wurde dann 1923 von Hamburg aus mit Estermann und Stern als Autoren in Z. Phys. Chem. 106, 399 (1923) (S23) publiziert.

Otto Sterns erfolgreiche Hamburger Zeit (1.1.1923 bis 31.10.1933)

Die 1919 neugegründete Hamburger Universität hatte am 31.3.1919 ein Extraordinariat für Physikalische Chemie geschaffen, auf das am 30.6.1920 der 1885 geborene Max Volmer berufen worden war. Volmer nutzte seit 1922 Räume im Physikalischen Staatsinstitut, wo die räumlichen und apparativen sowie personellen Bedingungen als auch die finanziellen Mittel unbefriedigend bis ungenügend waren. Die Geräte waren größtenteils aus dem chemischen Institut ausgeliehen oder wurden selbst hergestellt. Volmer erhielt 1922 einen Ruf auf ein Ordinariat für Physikalische und Elektrochemie an die TU-Berlin. Zum 1.10.1922 verließ er Hamburg und trat seine Stelle in Berlin an.

Auf Bemühen Volmers war aber diese Stelle 1923 in ein Ordinariat umgewandelt worden. Auf Betreiben des Hamburger theoretischen Physikers Lenz wurde Otto Stern dann diese Stelle angeboten. Die Hamburger Berufungsverhandlungen 1922 verschafften Otto Stern keine sehr günstige Startposition [20]. Da er von einem Extraordinariat kam, gab es in Rostock keine Bleibeverhandlungen und Stern war gezwungen, „jedes" Angebot aus Hamburg anzunehmen.

In Hamburg hat Stern nicht nur an seine Frankfurter Erfolge anknüpfen, sondern diese noch übertreffen können. In Hamburg konnte er bis 1933 zusammen mit seinen Mitarbeitern 40 weitere auf der Molekularstrahltechnik aufbauende Arbeiten publizieren. In den 1926 veröffentlichten Arbeiten a. Zur Methode der Molekularstrahlen I. (S28) und b. Zur Methode der Molekularstrahlen II. (S29) (letztere zusammen mit Friedrich Knauer) wurden die Ziele der kommenden Forschungsarbeiten in Hamburg unter Verwendung der MSM visionär beschrieben. Otto Stern schreibt dazu: *Die Molekularstrahlmethode muss so empfindlich gemacht werden,*

*dass sie in vielen Fällen Effekte zu messen und Probleme angreifen erlaubt, die den
bisher bekannten experimentellen Methoden unzugänglich sind.* Die von Stern für
realistisch betrachteten Experimente konnte Otto Stern in seiner Hamburger Zeit in
der Tat alle mit einer beeindruckenden Erfolgsbilanz durchführen.

Um dies zu erreichen, musste jedoch einmal die Messgeschwindigkeit und zum
andern auch die Messgenauigkeit der MSM wesentlich verbessert werden. Stern
war sich bewusst, dass er mit der optischen Spektroskopie konkurrieren musste.
Dabei konnte seine MSM Eigenschaften eines Zustandes direkt messen, wohingegen die optische Spektroskopie immer nur Energiedifferenzen von zwei Zuständen
und niemals den Zustand direkt beobachten konnte.

Um die Messgeschwindigkeit zu verbessern, musste der Molekularstrahl viel in-
tensiver gemacht werden. Das konnte man mit einem sehr dünnen Platindraht als
Verdampfer nicht mehr erreichen, da dessen Oberfläche als Quelle einfach zu klein
war. Daher musste man Öfchen als Verdampfer entwickeln, die einen hohen Ver-
dampfungsdruck erreichen konnten und deren Tiefe so erhöht werden konnte, dass
man in Sekundenschnelle Schichten auf der Auffangplatte auftragen konnte. Die
Begrenzung des Druckes im Ofen wurde durch die freie Weglänge der Gasmoleküle gegeben, die nur vergleichbar oder größer als die Ofenspaltbreite sein musste.
Das heißt, man konnte die Ofenspaltbreite beliebig klein machen und konnte den
dadurch bedingten Intensitätsverlust durch Druckerhöhung im Ofen ausgleichen,
ohne dass die Messzeit vergrößert wurde. Die dann in Hamburg durchgeführten experimentellen Untersuchungen und Verbesserungen der Strahlstärke ergaben, dass
man schon nach drei bis 4 Sekunden Messzeit den Strahlfleck mit Hilfe von chemischen Entwicklungsmethoden erkennen konnte.

Otto Stern beschreibt dann in (S28 + S29) eine Reihe von Untersuchungen, die
für die Quantenphysik (Atome und Kerne) wegweisend wurden. Als erstes ging es
um die Frage, hat der Atomkern (z. B. das Proton) ein magnetisches Moment und
wie groß ist das. Nach Sterns damaliger Vorstellung des Kernaufbaus (umlaufen-
de Protonen) sollte das magnetische Moment des Protons der 1/1836-te Teil des
magnetischen Momentes des Elektrons sein. Wie Stern ausführt, war die Auflösung in der optischen Spektroskopie damals jedoch noch nicht ausreichend, um im
Zeeman-Effekt diese Aufspaltung (Hyperfeinaufspaltung) durch das Kernmoment
nachzuweisen. Otto Sterns MSM sollte jedoch auch dieses kleine magnetische Moment noch messen können. 1933 konnte dann Otto Stern zusammen mit Otto Robert
Frisch in Hamburg die Messung des magnetischen Momentes des Protonkerns zum
ersten Male erfolgreich durchführen. Die im Labor durchführbare Wechselwirkung
mit den Kernmomenten ist später die Grundlage geworden, um eine Kernspinresonanzmethode zu realisieren und moderne Kernspintomographen zu entwickeln.
Neben Dipolmomenten gibt es, wie wir heute wissen, auch höhere Multipolmo-
mente, wie Quadrupolmoment. Otto Stern hat schon 1926 darauf hingewiesen, dass
man mit der MSM diese Momente vor allem im Grundzustand messen könne.

Die kleinen Ablenkungen der Molekularstrahlteilchen in äußeren Feldern und
durch Stoß mit anderen Molekularstrahlen, die mit der MSM gemessen werden
können, ermöglichen auch die Untersuchung der langreichweitigen Molekülkräfte
(z. B. van der Waals-Kraft). Auch diese extrem wichtige Anwendung der Mole-

kularstrahltechnik spielt bis auf den heutigen Tag in der Physik und der Chemie eine fundamental wichtige Rolle. Otto Stern hat bereits 1926 visionär diese Möglichkeiten erkannt und beschrieben. Seine Publikation von 1926 schließt mit der Aufzählung von drei wichtigen Anwendungen der MSM: a. Messung des Einsteinschen Strahlungsrückstoßes, das heißt, den direkten Beweis erbringen, dass das Photon einen Impuls besitzt, das diesen durch Streuung an einem Atom auf dieses übertragen kann. Das Atom wird dann entgegen des reflektierten Photons mit einem sehr kleinen aber durch die MSM messbaren Rückstoßimpuls abgelenkt werden. Dieser Strahlungsrückstoß wird heute benutzt, um mit Hilfe der Laserkühlung sehr kalte Gase (Bose-Einstein-Kondensat) zu erzeugen und damit makroskopische Quantensysteme im Labor herzustellen. b. Messung der de Broglie-Wellenlänge von langsamen Atomstrahlen. Stern war vollkommen klar, falls sich das de Broglie-Bild als richtig erweisen sollte, dass dann auch allen bewegten Teilchen (Atome) eine Wellenlänge zugeordnet werden muss. Werden diese Atome an regelmäßigen Strukturen eines Kristalls an der Oberfläche gestreut, dann sollten diese „Streuwellen" analog der Lichtstreuung Beugungs- und Interferenzbilder zeigen. Schon drei Jahre später hat Stern dieses für Quantenphysik so fundamental wichtige Experiment durchführen können. c. Seine Molekularstrahlen können dazu benutzt werden, um die Lebensdauer eines angeregten Zustandes zu messen. Der bewegte Strahl wird an einem sehr eng kollimierten Ort angeregt und dann das Fluoreszenzleuchten strahlabwärts örtlich genau vermessen. Den Ort kann man dann über die Molekulargeschwindigkeit in eine Zeitskala transformieren.

Wenn man die Publikationen Otto Sterns und seiner Mitarbeiter ab 1926 in Hamburg bewertet, dann stellt man fest, dass erst ab 1929 die wirklich großen Meilenstein-Ergebnisse veröffentlicht wurden. Dies hängt sicher auch mit einem Ruf an die Universität-Frankfurt zusammen. Otto Stern hatte im April 1929 einen Ruf auf ein Ordinariat für Physikalische Chemie an die Universität Frankfurt erhalten [4, 20]. Die darauf erfolgten Bleibeverhandlungen in Hamburg gaben Otto Stern die Chance, sein Institut völlig neu einzurichten. Die Universität Hamburg war bereit, alles zu tun, um Otto Stern in Hamburg zu halten.

Otto Sterns Arbeitsgruppe bestand aus seinen Assistenten, ausländischen Wissenschaftlern und seinen Doktoranden. Seine Assistenten waren Immanuel Estermann, der mit Stern aus Rostock zurück nach Hamburg gekommen war, Friedrich Knauer, Robert Schnurmann und ab 1930 Otto Robert Frisch. Mit Immanuel Estermann hat Stern über 20 Jahre eng zusammengearbeitet und zusammen 17 Publikationen veröffentlicht. Außerordentlich erfolgreich war die dreijährige Zusammenarbeit von 1930 bis 1933 mit Otto Robert Frisch, dem Neffen Lise Meitners. In diesen drei Jahren haben beide 9 Arbeiten zusammen publiziert, die fast alle für die Physik von fundamentaler Bedeutung wurden. Der vierte Assistent in Sterns Gruppe war Robert Schnurmann.

Einer der ausländischen Wissenschaftler (Fellows) war Isidor I. Rabi (1927–28). Er war für die Weiterentwicklung der Molekularstrahlmethode und damit für die Physik schlechthin der wichtigste „Schüler" Sterns, obwohl er die Schülerbezeichnung selbst nie benutzte. Aufbauend auf seinen Erfahrungen im Sternschen Labor hat er in den Vereinigten Staaten eine Physikschule aufgebaut, die an Bedeutung weltweit in der Atom- und Kernphysik ihres Gleichen sucht und viele Nobelpreis-träger hervorgebracht hat. Rabi erklärt in einem Interview mit John Rigden kurz vor seinem Tode im Jahre 1988, warum Otto Stern und seine Experimente seine wei-teren wissenschaftlichen Arbeiten entscheidend prägten. Er sagte zu Rigden [21]: *When I was at Hamburg University, it was one of the leading centers of physics in the world. There was a close collaboration between Stern and Pauli, between expe-riment and theory. For example, Stern's question were important in Pauli's theory of magnetism of free electrons in metals. Conversely, Pauli's theoretical researches were important influences in Stern's thinking. Further, Stern's and Pauli's presence attracted man illustrious visitors to Hamburg. Bohr and Ehrenfest were frequent visitors.*

From Stern and from Pauli I learned what physics should be. For me it was not a matter of more knowledge. . . . Rather it was the development of taste and insight; it was the development of standards to guide research, a feeling for what is good and what is not good. Stern had this quality of taste in physics and he had it to the highest degree. As far as I know, Stern never devoted himself to a minor problem.

Rabi hatte sich in Hamburg eine neue Separationsmethode von Molekularstrah-len im Magnetfeld ausgedacht (M7), die für die späteren Anwendungen von Mo-lekularstrahlen von großer Bedeutung werden sollte. Da die Inhomogenität des Magnetfeldes auf kleinstem Raum schwierig zu vermessen war und man außerdem nicht genau wusste, wo der Molekularstrahl im Magnetfeld verlief, musste eine homogene Magnetfeldanordnung zu viel genaueren Messergebnissen führen. Nach Rabis Idee tritt der Molekularstrahl unter einem Winkel ins homogene Magnet-feld ein. Ähnlich wie der Lichtstrahl bei schrägem Einfall an der Wasseroberfläche gebrochen wird, wird auch der Molekularstrahl beim Eintritt ins Magnetfeld „ge-brochen", d. h. seine Bahn erfährt einen kleinen „Knick". Wie im inhomogenen Ma-gnetfeld erfährt der Strahl eine Aufspaltung je nach Größe und Richtung des inneren magnetischen Momentes. Die Trennung der verschiedenen Bahnen der Atome in der neuen Rabi-Anordnung kann sogar wesentlich größer sein als im inhomoge-nen Magnetfeld. Rabi konnte in seinem Hamburger Experiment das magnetische Moment des Kaliums bestimmen und konnte innerhalb 5 % Fehler zeigen, dass es einem Bohrschen Magneton entspricht (M7).

Es waren nicht nur Sterns Mitarbeiter sondern auch seine Professorenkollegen die in Sterns Hamburger Zeit in seinem Leben und wissenschaftlichen Wirken eine Rolle spielten. An erster Stelle ist hier Wolfgang Pauli zu nennen, einer der bedeu-tendsten Theoretiker der neuen Quantenphysik. Wie vorab schon erwähnt, war er 1923 fast zeitgleich mit Stern nach Hamburg gekommen. Wie Stern im Züricher Interview erzählt, sind sie fast immer zusammen zum Essen gegangen und meist wurde dabei über „Was ist Entropie?", über die Symmetrie im Wasserstoff oder das Problem der Nullpunktsenergie diskutiert.

Stern selbst betrachtet seine Messung der Beugung von Molekularstrahlen an einer Oberfläche (Gitter) als seinen wichtigsten Beitrag zur damaligen Quanten-physik. Stern bemerkt dazu im Züricher Interview [8]: *Dies Experiment lieb ich besonders, es wird aber nicht richtig anerkannt. Es geht um die Bestimmung der De Broglie-Wellenlänge. Alle Experimenteinheiten sind klassisch außer der Gitter-*

konstanten. Alle Teile kommen aus der Werkstatt. Die Atomgeschwindigkeit wurde mittels gepulster Zahnräder bestimmt. Hitler ist schuld, dass dieses Experiment nicht in Hamburg beendet wurde. Es war dort auf dem Programm.

Die ersten Experimente dazu hat Otto Stern ab 1928 mit Friedrich Knauer durchgeführt (S33). Dazu wurde das Reflexionsverhalten von Atomstrahlen (vor allem He-Strahlen) an optischen Gittern und Kristallgitteroberflächen untersucht. Dazu wurden die Atomstrahlen unter sehr kleinen Einfallswinkeln relativ zur Oberfläche gestreut und die Streuverteilung in Abhängigkeit vom Streuwinkel und der Orientierung der Gitterebenen relativ zum Strahl vermessen. Da im Experiment das Vakuum nicht unter 10^{-5} Torr gesenkt werden konnte, ergab sich ein grundlegendes Problem bei diesen Experimenten: Auf den Kristalloberflächen lagerten sich in Sekundenschnelle die Gasatome des Restgases ab, so dass die Streuung an den abgelagerten Atomschichten stattfand. Dabei fand mit diesen ein nicht genau kontrollierter Impulsaustausch statt, der die Winkelverteilung der reflektierten Gasstrahlen stark beeinflusste. Trotzdem konnten Stern und Knauer schon 1928 klar nachweisen, dass die He-Strahlen spiegelnd an der Oberfläche reflektiert wurden. Beugungseffekte konnten noch nicht nachgewiesen werden. Die erste Veröffentlichung darüber war ein Vortrag Sterns im September 1927 auf den Internationalen Physikkongress in Como.

1929 berichtete Otto Stern in den Naturwissenschaften (S37) erstmals über den erfolgreichen Nachweis von Beugung der Atomstrahlen an Kristalloberflächen. Stern hatte die Apparatur so verbessert, dass er bei Festhaltung des Einfallswinkels des Atomstrahles auf die Kristalloberfläche die Kristallgitterorientierungen verändern konnte. Er beobachtete eine starke Winkelabhängigkeit der reflektierten Atomstrahlen von der Kristallorientierung. Diese Effekte konnten nur durch Beugungseffekte erklärt werden.

Da Knauers wissenschaftliche Interessen in andere Richtungen gingen, musste Otto Stern vorerst alleine an diesen Beugungsexperimenten weiter arbeiten. Otto Stern fand jedoch in Immanuel Estermann sehr schnell einen kompetenten Mitarbeiter. Beide konnten dann in (S40) erste quantitative Ergebnisse zur Beugung von Molekularstrahlen publizieren und durch ihre Daten de Broglies Wellenlängenbeziehung verifizieren.

Zusammen mit Immanuel Estermann und Otto Robert Frisch wurde die Apparatur nochmals verbessert und monoenergetische Heliumstrahlen erzeugt. Der Heliumstrahl wurde durch zwei auf derselben Achse sitzende sich sehr schnell drehende Zahnräder geschickt. In diesem Fall kann nur eine bestimmte Geschwindigkeitskomponente aus der Maxwellverteilung durch das Zahnradsystem hindurchgehen und man hat auf diese Weise einen monoenergetischen oder monochromatischen He-Strahl erzeugt. Estermann, Frisch und Stern konnten dann 1931 in (S43) über eine erfolgreiche Messung der De Broglie-Wellenlänge von Heliumatomstrahlen berichten. Um ganz sicher zu gehen, hatten sie auf zwei Wegen einen monoenergetischen He-Strahl erzeugt: einmal durch Streuung der Gesamt-Maxwellverteilung an einer LiF-Spaltfläche und Auswahl einer bestimmten Richtung des gestreuten Beugungsspektrums und zum andern durch Durchgang des Strahles durch eine rotierendes Zahnradsystem. Dass der unter einem festen Winkel gebeugte Strahl monoenergetisch ist, haben sie durch hintereinander angeordnete Doppelstreuung überprüft. Als die gemessene de Brogliewellenlänge 3 % von der berechneten ab- wich, war Stern klar, da hatte man im Experiment irgendeinen Fehler gemacht oder etwas übersehen. Stern hatte vorher alle apparativen Zahlen in typisch Sternscher Art bis auf besser als 1 % berechnet. Bei der Auswertung (siehe Seite 213 der Originalpublikation) stellten die Autoren fest: Die Beugungsmaxima zeigen Abweichungen alle nach derselben Seite, vielleicht ist uns noch ein kleiner systematischer Fehler entgangen? In der Tat, da gab es noch einen kleinen systematischen Fehler. Stern berichtet: *Die Abweichung fand ihre Erklärung, als wir nach Abschluß der Versuche den Apparat auseinandernahmen. Die Zahnräder waren auf einer Präzisions-Drehbank (Auerbach-Dresden) geteilt worden, mit Hilfe einer Teilscheibe, die laut Aufschrift den Kreisumfang in 400 Teile teilen sollte. Wir rechneten daher mit einer Zähnezahl von 400. Die leider erst nach Abschluß der Versuche vorgenommene Nachzählung ergab jedoch eine Zähnezahl von 408 (die Teilscheibe war tatsächlich falsch bezeichnet), wodurch die erwähnte Abweichung von 3 % auf 1 % vermindert wurde.*

Diese Beugungsexperimente von Atomstrahlen lieferten nicht nur den eindeutigen Beweis, dass auch Atom- und Molekülstrahlen Welleneigenschaften haben, sondern Stern konnte auch erstmals die de Broglie-Wellenlänge absolut bestimmen und damit das Welle-Teilchen-Konzept der Quantenphysik in brillanter Weise bestätigen.

Eine andere Reihe fundamental wichtiger Experimente Otto Sterns Hamburger Zeit befasste sich mit der Messung von magnetischen Momenten von Kernen, hier vor allem das des Protons und das des Deuterons. Otto Stern hatte schon 1926 in seiner Veröffentlichung, wo er visionär die zukünftigen Anwendungsmöglichkeiten der MSM beschreibt, vorgerechnet, dass man auch die sehr kleinen magnetischen Momente der Kerne mit der MSM messen kann. Damit bot sich mit Hilfe der MSM zum ersten Mal die Möglichkeit, experimentell zu überprüfen, ob die positive Elementarladung im Proton identische magnetische Eigenschaften wie die negative Elementarladung im Elektron hat. Stern ging davon aus, dass das mechanische Drehimpulsmoment des Protons identisch zu dem des Elektrons sein muss. Nach der damals schon allgemein anerkannten Dirac-Theorie musste das magnetische Moment des Protons wegen des Verhältnisses der Massen 1836 mal kleiner als das des Elektrons sein. Die von Dirac berechnete Größe wird ein Kernmagneton genannt. Otto Stern sagt dazu in seinem Züricher Interview [8]: *Während der Messung des magnetischen Momentes des Protons wurde ich stark von theoretischer Seite beschimpft, da man glaubte zu wissen, was rauskam. Obwohl die ersten Versuche einen Fehler von 20 % hatten, betrug die Abweichung vom erwarteten theoretischen Wert mindestens Faktor 2.*

Die Hamburger Apparatur war für die Untersuchung von Wasserstoffmolekülen gut vorbereitet. Der Nachweis von Wasserstoffmolekülen war seit langem optimiert worden und außerdem konnte Wasserstoff gekühlt werden, so dass wegen der langsameren Molekülstrahlen eine größere Ablenkung erreicht wurde. Stern hatte erkannt, dass seine Methode Information über den Grundzustand und über die Hyperfeinwechselwirkung (Kopplung zwischen magnetischen Kernmomenten mit denen der Elektronenhülle) lieferte, was die hochauflösende Spektroskopie damals nicht leisten konnte.

Frisch und Stern konnten 1933 in Hamburg den Strahl noch nicht monochromatisieren und erreichten daher nur eine Auflösung von ca. 10 %. Das inhomogene Magnetfeld betrug ca. $2 \cdot 10^5$ Gauß/cm. Ähnlich wie bei der Apparatur zur Messung der de Broglie-Wellenlänge beschrieben Frisch und Stern auch in dieser Publikation (S47) alle Einzelheiten der Apparatur und die Durchführung der Messung in größtem Detail.

Da in diesem Experiment der Wasserstoffstrahl auf flüssige Lufttemperatur gekühlt war, waren zu 99 % die Moleküle im Rotationsquantenzustand Null. Diese Annahme konnte auch im Experiment bestätigt werden. Beim Orthowasserstoff stehen beide Kernspins parallel, d. h. das Molekül hat de facto 2 Protonenmomente. Für das magnetische Moment des Protons erhielten Frisch und Stern einen Wert von 2–3 Kernmagnetons mit ca. 10 % Fehlerbereich, was in klarem Widerspruch zu den damals gültigen Theorien, vor allem zur Dirac Theorie stand. Fast parallel zur Publikation in Z. Phys. (Mai 1933) wurde im Juni 1993 als Beitrag zur Solvay-Conference 1933 in Nature (S51) von den Autoren Estermann, Frisch und Stern und dann von Estermann und Stern im Juli 1933 in (S52) ein genauerer Wert publiziert mit 2,5 Kermagneton $+/-10$ % Fehler. Estermann und Stern haben wegen der großen Bedeutung dieses Ergebnisses in kürzester Zeit noch einmal alle Parameter des Experimentes sehr sorgfältig überprüft und auch bisher noch unberücksichtigte Einflüsse diskutiert. Auf der Basis dieser sorgfältigen Fehlerabschätzungen kommen sie zu dem eindeutigen Schluss, dass das Proton ein magnetisches Moment von 2,5 Kernmagneton haben muss und die Fehlergrenze 10 % nicht überschreitet. Dieser Wert stimmt innerhalb der Fehlergrenze mit dem heute gültigen Wert von 2,79 Kermagnetonen überein und belegt klar, dass die damals in der Physik anerkannten Theorien über die innere Struktur des Protons falsch waren.

1937 haben Estermann und Stern nach ihrer erzwungenen Emigration in die USA zusammen mit O. C. Simpson am Carnegie Institute of Technology in Pittsburgh diese Messungen mit fast identischer Apparatur wie in Hamburg wiederholt und sehr präzise alle Fehlerquellen ermittelt (S62). Sie erhalten dort einen Wert von 2,46 Kernmagneton mit einer Fehlerangabe von 3 %. Rabi und Mitarbeiter [22] hatten 1934 mit einem monoatomaren H-Strahl das magnetische Moment des Protons zu 3,25 Kernmagneton mit 10 % Fehlerangabe ermittelt.

Obwohl Stern und Estermann im Sommer 1933 schon de-facto aus dem Dienst der Universität Hamburg ausgeschieden waren, haben beide noch ihre kurze verbleibende Zeit in Hamburg genutzt, um auch das magnetische Moment des Deutons (später Deuteron) zu messen. G. N. Lewis/Berkeley hatte Stern 0,1 g Schweres Wasser zur Verfügung gestellt, das zu 82 % aus dem schweren Isotop des Wasserstoffs Deuterium (Deuteron ist der Kern des Deuteriumatoms und setzt sich aus einem Proton und Neutron zusammen) bestand. Da ihnen die Zeit fehlte, in typisch Sternscher Weise alle wichtigen Zahlen im Experiment (z. B. die angegebenen 82 %) sehr sorgfältig zu überprüfen, konnten sie in Ihrer Publikation „Über die magnetische Ablenkung von isotopen Wasserstoff-molekülen und das magnetische Moment des ‚Deutons'" in (S54) nur einen ungefähren Wert angeben. Sie stellten fest, dass der Deuteronkern einen kleineren Wert hat als das Proton. Dies ist nur möglich, wenn das neutrale Neutron ebenfalls ein magnetisches Moment hat, das dem des Protons entgegengerichtet ist. Heute wissen wir, dass das magnetische Moment des Neutrons $(-)1{,}913$ Kernmagneton beträgt und damit intern auch eine elektrische Ladungsverteilung haben muss, die sich im größeren Abstand perfekt zu Null addiert.

Nicht unerwähnt bleiben darf hier das in Hamburg von Otto Robert Frisch durchgeführte Experiment zum Nachweis des Einsteinschen Strahlungsrückstoßes. Einstein hatte 1905 vorausgesagt, dass jedes Photon einen Impuls hat und dieser bei der Emission oder Absorption eines Photons durch ein Atom sich als Rückstoß beim Atom bemerkbar macht. Otto Robert Frisch bestrahlte einen Na-MS mit Na-Resonanzlicht (D1 und D2 Linien einer Na-Lampe) und bestimmte die durch den Photonenimpulsübertrag bewirkte Ablenkung der Na-Atome. Der Ablenkungswinkel betrug $3 \cdot 10^{-5}$ rad, d. h. ca. 6 Winkelsekunden. Da die Experimente wegen der unerwarteten Entlassung der jüdischen Mitarbeiter Sterns in Hamburg abrupt abgebrochen werden mussten, konnte Frisch nur den Effekt qualitativ bestätigen. Otto Robert Frisch hat dies als alleiniger Autor (M17) publiziert.

Durch die 1933 erfolgte Machtübernahme der Nationalsozialisten wurde Otto Sterns Arbeitsgruppe ohne Rücksicht auf deren große Erfolge praktisch von einem auf den andern Tag zerschlagen. Wie oben bereits erwähnt, waren alle Assistenten Sterns (außer Knauer) jüdischer Abstammung. Auf Grund des Nazi-Gesetzes zur Wiederherstellung des Berufsbeamtentums vom 7. April 1933 erhielten Estermann, Frisch und Schnurmann am 23. Juni 1933 per Einschreiben von der Landesunterichtsbehörde der Stadt Hamburg ihr Entlassungsschreiben [20].

Nach seinem Ausscheiden aus dem Dienst der Universität Hamburg stellte Otto Stern den Antrag, einen Teil seiner Apparaturen mitnehmen zu können. Mit der Prüfung des Antrages wurde sein Kollege Professor Peter Paul Koch beauftragt. Der umgehend zu dem Schluss kam, dass diese Apparaturen für Hamburg keinen Verlust bedeuten und nur in den Händen von Otto Stern wertvoll sind. Otto Stern konnte somit einen Teil seiner wertvollen Apparaturen mit in die Emigration nehmen.

Damit war das äußerst erfolgreiche Wirken Otto Sterns und seiner Gruppe in Hamburg zu Ende. Wie in dem Brief Knauers an Otto Stern [23] vom 11. Oktober 1933 zu lesen ist, verfügte Koch (der jetzt in Hamburg das Sagen hatte) unmittelbar nach Sterns Weggang in diktatorischer Weise die Zerschlagung des alten Sternschen Instituts. Selbst der dem Nationalsozialismus nahestehende Knauer beklagte sich darüber.

1933 Emigration in die USA

Es war nicht leicht für die zahlreichen deutschen, von Hitler vertriebenen Wissenschaftler in den USA in der Forschung eine Stelle zu finden, geschweige denn eine gute Stelle. Es hätte nahe gelegen wegen Sterns früherer Besuche in Berkeley, dass er dort eine neue wissenschaftliche Heimat findet. Aber dem war nicht so. Stern hatte dennoch Glück. Ihm wurde eine Forschungsprofessur am Carnegie Institute of Technology in Pittsburgh/Pennsylvania angeboten. Stern nahm dieses Angebot an und zusammen mit seinem langjährigen Mitarbeiter Estermann baute er dort eine neue Arbeitsgruppe auf.

Wie Immanuel Estermann in seiner Kurzbiographie [10] über Otto Stern schreibt: *Die Mittel, die Stern in Pittsburgh während der Depression zur Verfügung standen, waren relativ gering. Den Schwung seines Hamburger Laboratoriums konnte Stern nie wieder beleben, obwohl auch im Carnegie-Institut eine Reihe wichtiger Publikationen entstanden.*

Im neuen Labor in Pittsburgh wurde weiter mit Erfolg an der Verbesserung der Molekularstrahlmethode gearbeitet. Doch gelangen Stern, Estermann und Mitarbeitern auf dem Gebiet der Molekularstrahltechnik keine weiteren Aufsehen erregenden Ergebnisse mehr. Von Pittsburgh aus publizierte Stern zehn weitere Arbeiten zur MSM. Vier davon befassten sich mit der Größe des magnetischen Momentes des Protons und Deuterons. Dabei konnten aber keine wirklichen Verbesserungen in der Messgenauigkeit erreicht werden. Ab 1939 hatte auch hier Rabi die Führung übernommen. Er konnte mit seiner Resonanzmethode den Fehler bei der Messung des Kernmomentes des Protons auf weit unter 1 % senken. Das weltweite Zentrum der Molekularstrahltechnik war von nun an Rabis Labor an der Columbia-University in New York und ab 1940 am MIT in Boston.

Eine Publikation Otto Sterns mit seinen Mitarbeitern J. Halpern, I. Estermann, und O. C. Simpson ist noch erwähnenswert: „The scattering of slow neutrons by liquid ortho- and parahydrogen" publiziert in (S61). Sie konnten zeigen, dass Parawasserstoff eine wesentlich größere Tansmission für langsame Neutronen hat als Orthowasserstoff. Mit dieser Arbeit konnten sie die Multiplettstruktur und das Vorzeichen der Neutron-Proton-Wechselwirkung bestimmen.

Otto Stern und der Nobelpreis

Otto Stern wurde zwischen 1925 und 1945 insgesamt 82mal für den Nobelpreis nominiert. Im Fach Physik war er von 1901 bis 1950 der am häufigsten Nominierte. Max Planck erhielt 74 und Albert Einstein 62 Nominierungen. Nur Arnold Sommerfeld kam Otto Stern an Nominierungen sehr nahe: er wurde 80mal vorgeschlagen, aber nie mit dem Nobelpreis ausgezeichnet [3].

1944 endlich, aber rückwirkend für 1943, wurde Otto Stern der Nobelpreis verliehen. 1943 als auch 1944 erhielt Stern nur jeweils zwei Nominierungen, doch diese waren in Schweden von großem Gewicht: Hannes Alfven hatte ihn 1943 und Manne Siegbahn hatte ihn 1944 nominiert. Manne Siegbahn schlug 1944 außerdem Isidor I. Rabi und Walther Gerlach vor. Siegbahns Nominierung war extrem kurz und ohne jede Begründung und am letzten Tag der Einreichungsfrist geschrieben [3]. Hulthèn war wiederum der Gutachter und er schlug Stern und Rabi vor. Stern erhielt den Nobelpreis für das Jahr 1943 (Bekanntgabe am 9.11.1944). Isidor Rabi bekam den Physikpreis für 1944. Die offizielle Begründung für Sterns Nobelpreis lautet:

„Für seinen Beitrag zur Entwicklung der Molekularstrahlmethode und die Entdeckung des magnetischen Momentes des Protons".

Die Rede im schwedischen Radio, die E. Hulthèn am 10. Dezember 1944 zum Nobelpreis an Otto Stern hielt, würdigte dann überraschend vor allem die Entdeckung der Richtungsquantelung und weniger die in der Nobelauszeichnung angegebenen Leistungen.

Nicht lange nach dem Erhalt des Nobelpreises ließ sich Otto Stern im Alter von 57 Jahren emeritieren. Er hatte sich in Berkeley, wo seine Schwestern wohnten, in der 759 Cragmont Ave. ein Haus gekauft, um dort seinen Lebensabend zu verbringen. Zusammen mit seiner jüngsten unverheirateten Schwester Elise wollte er dort leben. Doch seine jüngste Schwester starb unerwartet im Jahre 1945.

Nachdem Otto Stern sich 1945/6 in Berkeley zur Ruhe gesetzt hatte, hat er sich aus der aktuellen Wissenschaft weitgehend zurückgezogen. Nur zwei wissenschaftliche Publikationen sind in der Berkeleyzeit entstanden, eine 1949 über die Entropie (S70) und die andere 1962 über das Nernstsche Theorem (S71).

Am 17. August 1969 beendete ein Herzinfarkt während eines Kinobesuchs in Berkeley Otto Sterns Leben.

Literatur

1. W. Gerlach und O. Stern, Der experimentelle Nachweis der Richtungsquantelung im Magnetfeld. Z. Physik, 9, 349–352 (1922)

2. P. Debey, Göttinger Nachrichten 1916 und A. Sommerfeld, Physikalische Zeitschrift, Bd. 17, 491–507, (1916)

3. Center for History of Science, The Royal Swedish Academy of Sciences, Box 50005, SE-104 05 Stockholm, Sweden, http://www.center.kva.se/English/Center.htm

4. H. Schmidt-Böcking und K. Reich, Otto Stern-Physiker, Querdenker, Nobelpreisträger, Herausgeber: Goethe-Universität Frankfurt, Reihe: Gründer, Gönner und Gelehrte. Societätsverlag, ISBN 978-3-942921-23-7 (2011)

5. E. Segrè, A Mind Always in Motion, Autobiography of Emilio Segrè, University of California Press, Berkeley, 1993 ISBN 0-520-07627-3

6. Sonderband zu O. Sterns Geburtstag, Z. Phys. D, 10 (1988)

7. Interview with Dr. O. Stern, By T. S. Kuhn at Stern's Berkeley home, May 29&30,1962, Niels Bohr Library & Archives, American Institute of Physics, College park, MD USA, www.aip.org/history/ohilist/LINK

8. ETH-Bibliothek Zürich, Archive, http://www.sr.ethbib.ethz.ch/, O. Stern tape-recording Folder "ST-Misc.", 1961 at E.T.H. Zürich by Res Jost

9. ETH-Bibliothek Zürich, Archive, http://www.sr.ethbib.ethz.ch/, Stern Personalakte

10. I. Estermann, Biographie Otto Stern in Physiker und Astronomen in Frankfurt ed. Von K. Bethge und H. Klein, Neuwied: Metzner 1989 ISBN 3-472-00031-7 Seite 46–52

11. Archiv der Universität Frankfurt, Johann Wolfgang Goethe-Universität Frankfurt am Main, Senckenberganlage 31–33, 60325 Frankfurt, Maaser@em.uni-frankfurt.de

12. M. Born, Mein Leben, Die Erinnerungen des Nobelpreisträgers, Nymphenburgerverlagshandlung GmbH, München 1975, ISBN 3-485-000204-6

13. L. Dunoyer, Le Radium 8, 142

14. 14. Interview with M. Born by P. P. Ewald at Born's home (Bad Pyrmont, West Germany) June, 1960, Niels Bohr Library & Archives, American Institute of Physics, College Park, MD USA, www.aip.org/history/ohilist/LINK

15. Oral Transcript AIP Interview W. Gerlach durch T. S. Kuhn Februar 1963 in Gerlachs Wohnung in Berlin

16. A. H. Compton, The magnetic electron, Journal of the Franklin Institute, Vol. 192, August 1921, No. 2, page 14

17. A. Landé, Zeitschrift für Physik 5, 231–241 (1921) und 7, 398–405 (1921)

18. A. Landé, Schwierigkeiten in der Quantentheorie des Atombaus, besonders magnetischer Art, Phys. Z.24, 441–444 (1923)

19. M. Abraham, Prinzipien der Dynamik des Elektrons, Annalen der Physik. 10, 1903, S. 105–179

20. Senatsarchiv Hamburg, Kattunbleiche 19, 22041 Hamburg; Personalakte Otto Stern, http://www.hamburg.de/staatsarchiv/

21. I.I. Rabi as told to J. S. Rigden, Otto Stern and the discovery of Space quantization, Z. Phys. D, 10, 119–1920 (1988)

22. I.I. Rabi et al. Phys. Rev. 46, 157 (1934)

23. The Bancroft Library, University of California, Berkeley, Berkeley, CA und D. Templeton-Killen, Stanford, A. Templeton, Oakland

Publikationsliste von Otto Stern

Ann. Physik	= Annalen der Physik
Phys. Rev.	= Physical Review
Physik. Z.	= Physikalische Zeitschrift
Z. Electrochem.	= Zeitschrift für Elektrochemie
Z. Physik	= Zeitschrift für Physik
Z. Physik. Chem.	= Zeitschrift für physikalische Chemie

Publikationsliste aller Publikationen von Otto Stern als Autor (S..)

S1. Otto Stern, Zur kinetischen Theorie des osmotischen Druckes konzentrierter Lösungen und über die Gültigkeit des Henryschen Gesetzes für konzentrierte Lösungen von Kohlendioxyd in organischen Lösungsmitteln bei tiefen Temperaturen. Dissertation Universität Breslau (+3) 1–35 (+2) (1912) Verlag: Grass, Barth, Breslau.

S1a. Otto Stern, Zur kinetischen Theorie des osmotischen Druckes konzentrierter Lösungen und über die Gültigkeit des Henry'schen Gesetzes für dieselben AU Stern, Otto SO Jahresbericht der Schlesischen Gesellschaft für vaterländische Cultur VO 90 I (II. Abteilung: Naturwissenschaften. a. Sitzungen der naturwissenschaftlichen Sektion) PA 1-36 PY 1913 DT B URL. Die Publikationen S1 und S1a sind vollkommen identisch.

S2. Otto Stern, Zur kinetischen Theorie des osmotischen Druckes konzentrierter Lösungen und über die Gültigkeit des Henryschen Gesetzes für konzentrierte Lösungen von Kohlendioxyd in organischen Lösungsmitteln bei tiefen Temperaturen. Z. Physik. Chem., 81, 441–474 (1913)

S3. Otto Stern, Bemerkungen zu Herrn Dolezaleks Theorie der Gaslöslichkeit, Z. Physik. Chem., 81, 474–476 (1913)

© Springer-Verlag Berlin Heidelberg 2016
H. Schmidt-Böcking, K. Reich, A. Templeton, W. Trageser, V. Vill (Hrsg.), *Otto Sterns Veröffentlichungen – Band 4*, DOI 10.1007/978-3-662-46964-4_2

S4. Otto Stern, Zur kinetischen Theorie des Dampfdrucks einatomiger fester Stoffe und über die Entropiekonstante einatomiger Gase, Habilitationsschrift Zürich Mai 1913, Druck von J. Leemann, Zürich I, oberer Mühlsteg 2. und Physik. Z., 14, 629–632 (1913)

S5. Albert Einstein und Otto Stern, Einige Argumente für die Annahme einer Molekularen Agitation beim absoluten Nullpunkt. Ann. Physik, 40, 551–560 (1913) 345 statt 40

S6. Otto Stern, Zur Theorie der Gasdissoziation. Ann. Physik, 44, 497–524 (1914) 349 statt 44

S7. Otto Stern, Die Entropie fester Lösungen. Ann. Physik, 49, 823–841 (1916) 354 statt 49

S8. Otto Stern, Über eine Methode zur Berechnung der Entropie von Systemen elastische gekoppelter Massenpunkte. Ann. Physik, 51, 237–260 (1916) 356 statt 51

S9. Max Born und Otto Stern, Über die Oberflächenenergie der Kristalle und ihren Einfluss auf die Kristallgestalt. Sitzungsberichte, Preußische Akademie der Wissenschaften, 48, 901–913 (1919)

S10. Otto Stern und Max Volmer, Über die Abklingungszeit der Fluoreszenz. Physik. Z., 20, 183–188 (1919)

S11. Otto Stern und Max Volmer. Sind die Abweichungen der Atomgewichte von der Ganzzahligkeit durch Isotopie erklärbar. Ann. Physik, 59, 225–238 (1919)

S12. Otto Stern, Zusammenfassender Bericht über die Molekulartheorie des Dampfdrucks fester Stoffe und Berechnung chemischer Konstanten. Z. Elektrochem., 25, 66–80 (1920)

S13. Otto Stern und Max Volmer. Bemerkungen zum photochemischen Äquivalentgesetz vom Standpunkt der Bohr-Einsteinschen Auffassung der Lichtabsorption. Zeitschrift für wissenschaftliche Photographie, Photophysik und Photochemie, 19, 275–287 (1920)

S14. Otto Stern, Eine direkte Messung der thermischen Molekulargeschwindigkeit, Physik. Z., 21, 582–582 (1920)

S15. Otto Stern, Zur Molekulartheorie des Paramagnetismus fester Salze. Z. Physik, 1, 147–153 (1920)

S16. Otto Stern, Eine direkte Messung der thermischen Molekulargeschwindigkeit. Z. Physik, 2, 49–56 (1920)

S17. Otto Stern, Nachtrag zu meiner Arbeit: „Eine direkte Messung der thermischen Molekulargeschwindigkeit", Z. Physik, 3, 417–421 (1920)

S18. Otto Stern, Ein Weg zur experimentellen Prüfung der Richtungsquantelung im Magnetfeld. Z. Physik, 7, 249–253 (1921)

S19. Walther Gerlach und Otto Stern, Der experimentelle Nachweis des magnetischen Moments des Silberatoms. Z. Physik, 8, 110–111 (1921)

S20. Walther Gerlach und Otto Stern, Der experimentelle Nachweis der Richtungsquantelung im Magnetfeld. Z. Physik, 9, 349–352 (1922)

S21. Walther Gerlach und Otto Stern, Das magnetische Moment des Silberatoms. Z. Physik, 9, 353–355 (1922)

S22. Otto Stern, Über den experimentellen Nachweis der räumlichen Quantelung im elektrischen Feld. Physik. Z., 23, 476–481 (1922)

S23. Immanuel Estermann und Otto Stern, Über die Sichtbarmachung dünner Silberschichten auf Glas. Z. Physik. Chem., 106, 399–402 (1923)

S24. Otto Stern, Über das Gleichgewicht zwischen Materie und Strahlung. Z. Elektrochem., 31, 448–449 (1925)

S25. Otto Stern, Zur Theorie der elektrolytischen Doppelschicht. Z. Elektrochem., 30, 508–516 (1924)

S26. Walther Gerlach und Otto Stern, Über die Richtungsquantelung im Magnetfeld. Ann. Physik, 74, 673–699 (1924)

S27. Otto Stern, Transformation of atoms into radiation. Transactions of the Faraday Society, 21, 477–478 (1926)

S28. Otto Stern, Zur Methode der Molekularstrahlen I. Z. Physik, 39, 751–763 (1926)

S29. Friedrich Knauer und Otto Stern, Zur Methode der Molekularstrahlen II. Z. Physik, 39, 764–779 (1926)

S30. Friedrich Knauer und Otto Stern, Der Nachweis kleiner magnetischer Momente von Molekülen. Z. Physik, 39, 780–786 (1926)

S31. Otto Stern, Bemerkungen über die Auswertung der Aufspaltungsbilder bei der magnetischen Ablenkung von Molekularstrahlen. Z. Physik, 41, 563–568 (1927)

S32. Otto Stern, Über die Umwandlung von Atomen in Strahlung. Z. Physik. Chem., 120, 60–62 (1926)

S33. Friedrich Knauer und Otto Stern, Über die Reflexion von Molekularstrahlen. Z. Physik, 53, 779–791 (1929)

S34. Georg von Hevesy und Otto Stern, Fritz Haber's Arbeiten auf dem Gebiet der Physikalischen Chemie und Elektrochemie. Naturwissenschaften, 16, 1062–1068 (1928)

S35 Otto Stern, Erwiderung auf die Bemerkung von D. A. Jackson zu John B. Taylors Arbeit: „Das magnetische Moment des Lithiumatoms", Z. Physik, 54, 158–158 (1929)

S36. Friedrich Knauer und Otto Stern, Intensitätsmessungen an Molekularstrahlen von Gasen. Z. Physik, 53, 766–778 (1929)

S37. Otto Stern, Beugung von Molekularstrahlen am Gitter einer Kristallspaltfläche. Naturwissenschaften, 17, 391–391 (1929)

S38. Friedrich Knauer und Otto Stern, Bemerkung zu der Arbeit von H. Mayer „Über die Gültigkeit des Kosinusgesetzes der Molekularstrahlen." Z. Physik, 60, 414–416 (1930)

S39. Otto Stern, Beugungserscheinungen an Molekularstrahlen. Physik. Z., 31, 953–955 (1930)

S40. Immanuel Estermann und Otto Stern, Beugung von Molekularstrahlen. Z. Physik, 61, 95–125 (1930)

S41 Thomas Erwin Phipps und Otto Stern, Über die Einstellung der Richtungsquantelung, Z. Physik, 73, 185–191 (1932)

S42. Immanuel Estermann, Otto Robert Frisch und Otto Stern, Monochromasierung der de Broglie-Wellen von Molekularstrahlen. Z. Physik, 73, 348–365 (1932)

S43. Immanuel Estermann, Otto Robert Frisch und Otto Stern, Versuche mit monochromatischen de Broglie-Wellen von Molekularstrahlen. Physik. Z., 32, 670–674 (1931)

S44. Otto Robert Frisch, Thomas Erwin Phipps, Emilio Segrè und Otto Stern, Process of space quantisation. Nature, 130, 892–893 (1932)

S45. Otto Robert Frisch und Otto Stern, Die spiegelnde Reflexion von Molekularstrahlen. Naturwissenschaften, 20, 721–721 (1932)

S46. Robert Otto Frisch und Otto Stern, Anomalien bei der spiegelnden Reflektion und Beugung von Molekularstrahlen an Kristallspaltflächen I. Z. Physik, 84, 430–442 (1933)

S47. Otto Robert Frisch und Otto Stern, Über die magnetische Ablenkung von Wasserstoffmolekülen und das magnetische Moment des Protons I. Z. Physik, 85, 4–16 (1933)

S48. Otto Stern, Helv. Phys. Acta 6, 426–427 (1933)

S49. Otto Robert Frisch und Otto Stern, Über die magnetische Ablenkung von Wasserstoffmolekülen und das magnetische Moment des Protons. Leipziger Vorträge 5, p. 36–42 (1933), Verlag: S. Hirzel, Leipzig

S50. Otto Robert Frisch und Otto Stern, Beugung von Materiestrahlen. *Handbuch der Physik* XXII. II. Teil. Berlin, Verlag Julius Springer. 313–354 (1933)

S51. Immanuel Estermann, Otto Robert Frisch und Otto Stern, Magnetic moment of the proton. Nature, 132, 169–169 (1933)

S52. Immanuel Estermann und Otto Stern, Über die magnetische Ablenkung von Wasserstoffmolekülen und das magnetische Moment des Protons II. Z. Physik, 85, 17–24 (1933)

S53. Immanuel Estermann und Otto Stern, Eine neue Methode zur Intensitätsmessung von Molekularstrahlen. Z. Physik, 85, 135–143 (1933)

S54. Immanuel Estermann und Otto Stern,. Über die magnetische Ablenkung von isotopen Wasserstoffmolekülen und das magnetische Moment des „Deutons". Z. Physik, 86, 132–134 (1933)

S55. Immanuel Estermann und Otto Stern,. Magnetic moment of the deuton. Nature, 133, 911–911 (1934)

S56. Otto Stern, Bemerkung zur Arbeit von Herrn Schüler: Über die Darstellung der Kernmomente der Atome durch Vektoren. Z. Physik, 89, 665–665 (1934)

S57. Otto Stern, Remarks on the measurement of the magnetic moment of the proton. Science, 81, 465–465 (1935)

S58. Immanuel Estermann, Oliver C. Simpson und Otto Stern, Magnetic deflection of HD molecules (Minutes of the Chicago Meeting, November 27–28, 1936), Phys. Rev. 51, 64–64 (1937)

S59. Otto Stern, A new method for the measurement of the Bohr magneton. Phys. Rev., 51, 852–854 (1937)

S60. Otto Stern, A molecular-ray method for the separation of isotopes (Minutes of the Washington Meeting, April 29, 30 and May 1, 1937), Phys. Rev. 51, 1028–1028 (1937)

S61. J. Halpern, Immanuel Estermann, Oliver C. Simpson und Otto Stern, The scattering of slow neutrons by liquid ortho- and parahydrogen. Phys. Rev., 52, 142–142 (1937)

S62. Immanuel Estermann, Oliver C. Simpson und Otto Stern, The magnetic moment of the proton. Phys. Rev., 52, 535–545 (1937)

S63. Immanuel Estermann, Oliver C. Simpson und Otto Stern, The free fall of molecules (Minutes of the Washington, D. C. Meeting, April 28–30, 1938), Phys. Rev. 53, 947–948 (1938)

S64. Immanuel Estermann, Oliver C. Simpson und Otto Stern, Deflection of a beam of Cs atoms by gravity (Meeting at Pittsburgh, Pennsylvania, April 28 and 29, 1944), Phys. Rev. 65, 346–346 (1944)

S65. Immanuel Estermann, Oliver C. Simpson und Otto Stern, The free fall of atoms and the measurement of the velocity distribution in a molecular beam of cesium atoms. Phys. Rev., 71, 238–249 (1947)

S66. Otto Stern, Die Methode der Molekularstrahlen, Chimia 1, 91–91 (1947)

S67. Immanuel Estermann, Samuel N.Foner und Otto Stern, The mean free paths of cesium atoms in helium, nitrogen, and cesium vapor. Phys. Rev., 71, 250–257 (1947)

S68. Otto Stern, Nobelvortrag: The method of molecular rays. In: *Les Prix Nobel en 1946,* ed. by M. P. A. L. Hallstrom *et al.,* pp. 123–30. Stockholm, Imprimerie Royale. P. A. Norstedt & Soner. (1948)

S69. Immanuel Estermann, W.J. Leivo und Otto Stern, Change in density of potassium chloride crystals upon irradiation with X-rays. Phys. Rev., 75, 627–633 (1949)

S70. Otto Stern, On the term $k \ln n$ in the entropy. Rev. of Mod. Phys., 21, 534–535 (1949)

S71. Otto Stern, On a proposal to base wave mechanics on Nernst's theorem. Helv. Phys. Acta, 35, 367–368 (1962)

S72. Otto Stern, The method of molecular rays. Nobel lectures Dec. 12, 1946 / Physics 8–16 (1964), Verlag: World Scientific, Singapore **identisch mit S68**

Publikationsliste der Mitarbeiter ohne Stern als Koautor (M..)

M0. Walther Gerlach, Über die Richtungsquantelung im Magnetfeld II, Annalen der Phys., 76, 163–197 (1925)

M1. Immanuel Estermann, Über die Bildung von Niederschlägen durch Molekularstrahlen, Z. f. Elektrochem. u. angewandte Phys. Chem., 8, 441–447 (1925)

M2. Alfred Leu, Versuche über die Ablenkung von Molekularstrahlen im Magnetfeld, Z. Phys. 41, 551–562 (1927)

M3. Erwin Wrede, Über die magnetische Ablenkung von Wasserstoffatomstrahlen, Z. Phys. 41, 569–575 (1927)

M4. Erwin Wrede, Über die Ablenkung von Molekularstrahlen elektrischer Dipolmoleküle im inhomogenen elektrischen Feld, Z. Phys. 44, 261–268 (1927)

M5. Alfred Leu, Untersuchungen an Wismut nach der magnetischen Molekularstrahlmethode, Z. Phys. 49, 498–506 (1928)

M6. John B. Taylor, Das magnetische Moment des Lithiumatoms, Z. Phys. 52, 846–852 (1929)

M7. Isidor I. Rabi, Zur Methode der Ablenkung von Molekularstrahlen, Z. Phys. 54, 190–197 (1929)

M8. Berthold Lammert, Herstellung von Molekularstrahlen einheitlicher Geschwindigkeit, Z. Phys. 56, 244–253 (1929)

M9. John B. Taylor, Eine Methode zur direkten Messung der Intensitätsverteilung in Molekularstrahlen, Z. Phys. 57, 242–248 (1929)

M10. Lester Clark Lewis, Die Bestimmung des Gleichgewichts zwischen den Atomen und den Molekülen eines Alkalidampfes mit einer Molekularstrahlmethode, Z. Phys. 69, 786–809 (1931)

M11. Max Wohlwill, Messung von elektrischen Dipolmomenten mit einer Molekularstrahlmethode, Z. Phys. 80, 67–79 (1933)

M12. Friedrich Knauer, Über die Streuung von Molekularstrahlen in Gasen I, Z. Phys. 80, 80–99 (1933)

M13. Otto Robert Frisch und Emilio Segrè, Über die Einstellung der Richtungsquantelung. II, Z. Phys. 80, 610–616 (1933)

M14. Bernhard Josephy, Die Reflexion von Quecksilber-Molekularstrahlen an Kristallspaltflächen, Z. Phys. 80, 755–762 (1933)

M15. Robert Otto Frisch, Anomalien bei der Reflexion und Beugung von Molekularstrahlen an Kristallspaltflächen II, Z. Phys. 84, 443–447 (1933)

M16. Robert Schnurmann, Die magnetische Ablenkung von Sauerstoffmolekülen, Z. Phys. 85, 212–230 (1933)

M17. Robert Otto Frisch, Experimenteller Nachweis des Einsteinschen Strahlungsrückstoßes, Z. Phys. 86, 42–48 (1933)

M18. Otto Robert Frisch und Emilio Segrè, Ricerche Sulla Quantizzazione Spaziale (Investigations on spatial quantization), Nuovo Cimento 10, 78–91 (1933)

M19. Friedrich Knauer, Der Nachweis der Wellennatur von Molekularstrahlen bei der Streuung in Quecksilberdampf, Naturwissenschaften 21, 366–367 (1933)

M20. Friedrich Knauer, Über die Streuung von Molekularstrahlen in Gasen. II (The scattering of molecular rays in gases. II), Z. Phys. 90, 559–566 (1934)

M21. Carl Zickermann, Adsorption von Gasen an festen Oberflächen bei niedrigen Drucken, Z. Phys. 88, 43–54 (1934)

M22. Marius Kratzenstein, Untersuchungen über die „Wolke" bei Molekularstrahlversuchen, Z. Phys. 93, 279–291 (1935)

S51. Immanuel Estermann, Otto Robert Frisch und Otto Stern, Magnetic moment of the proton. Nature, 132, 169–169 (1933)

JULY 29, 1933   NATURE   169

Magnetic Moment of the Proton

Magnetic Moment of the Proton

THE spin of the electron has the value $\frac{1}{2} \cdot \frac{h}{2\pi}$, and its magnetic moment has the value $2 \frac{e}{m_e c} \cdot \frac{1}{2} \cdot \frac{h}{2\pi}$, or 1 Bohr magneton. The spin of the proton has the same value, $\frac{1}{2} \cdot \frac{h}{2\pi}$, as that of the electron. Thus for the magnetic moment of the proton the value $2 \frac{e}{m_p c} \cdot \frac{1}{2} \cdot \frac{h}{2\pi}$ $= 1/1840$ Bohr magneton $= 1$ nuclear magneton is to be expected.

So far as we know, the only method at present available for the determination of this moment is the deflection of a beam of hydrogen molecules in an inhomogeneous magnetic field (Stern-Gerlach experiment). In the hydrogen molecule, the spins of the two electrons are anti-parallel and cancel out. Thus the magnetic moment of the molecule has two sources : (1) the rotation of the molecule as a whole, which is equivalent to the rotation of charged particles, and leads therefore to a magnetic moment as arising from a circular current ; and (2) the magnetic moments of the two protons.

In the case of para-hydrogen, the spins of the two protons are anti-parallel, their magnetic moments cancel out, and only the rotational moment remains. At low temperatures (liquid air temperature), practically all the molecules are in the rotational quantum state 0 and therefore non-magnetic. This has been proved by experiment. At higher temperatures (for example, room temperature) a certain proportion of the molecules, which may be calculated from Boltzmann's law, are in higher rotational quantum states, mainly in the state 2. The deflection experiments with para-hydrogen at room temperature allow, therefore, the determination of the rotational moment, which has been found to be between 0·8 and 0·9 nuclear magnetons per unit quantum number.

In the case of ortho-hydrogen, the lowest rotational quantum state possible is the state 1. Therefore, even at the lowest temperatures, the rotational magnetic moment is superimposed on that due to the two protons with parallel spin. Since, however, the rotational moment is known from the experiments with pure para-hydrogen, the moment of the protons can be determined from deflection experiments with ortho-hydrogen, or with ordinary hydrogen consisting of 75 per cent ortho- and 25 per cent para-hydrogen. The value obtained is 5 nuclear magnetons for the two protons in the ortho-hydrogen molecule, that is, 2·5 (and not 1) nuclear magnetons for the proton.

This is a very striking result, but further experiments carried out with increased accuracy and over a wide range of experimental conditions (such as temperature, width of beam, etc.) have shown that it is correct within a limit of less than 10 per cent.

A more detailed account of these experiments will appear in the *Zeitschrift für Physik*.

                                    I. ESTERMANN.
                                    R. FRISCH.
                                    O. STERN.
Institut für physikalische Chemie,
    Hamburgischer Universität.
        June 19.

S52. Immanuel Estermann und Otto Stern, Über die magnetische Ablenkung von Wasserstoffmolekülen und das magnetische Moment des Protons II. Z. Physik, 85, 17–24 (1933)

(Untersuchungen zur Molekularstrahlmethode aus dem Institut für physikalische Chemie der Hamburgischen Universität. Nr. 27.)

Über die magnetische Ablenkung von Wasserstoffmolekülen und das magnetische Moment des Protons. II.

Von **I. Estermann** und **O. Stern** in Hamburg.

17

(Untersuchungen zur Molekularstrahlmethode aus dem Institut für physikalische Chemie der Hamburgischen Universität. Nr. 27.)

Über die magnetische Ablenkung von Wasserstoffmolekülen und das magnetische Moment des Protons. II.

Von I. Estermann und O. Stern in Hamburg.

Mit 6 Abbildungen. (Eingegangen am 12. Juli 1933.)

Genauere Ablenkungsversuche an Wasserstoffmolekularstrahlen (s. Teil I) ergaben für das magnetische Moment des Protons den Wert $\mu_P = 2,5$ Kernmagnetonen mit einem Fehler von höchstens 10 % und für das Rotationsmoment μ_R des Wasserstoffmoleküls 0,8 bis 0,9 Kernmagnetonen pro Rotationsquant.

Im Teil I dieser Arbeit[1]) war über Versuche berichtet worden, das magnetische Moment des Protons durch die Ablenkung von Wasserstoffmolekularstrahlen im inhomogenen magnetischen Feld zu bestimmen. Es hatte sich dabei ergeben, daß das magnetische Moment des Protons zwei bis drei Kernmagnetonen (abgekürzt KM) beträgt, sicher aber größer als 1 KM ist. Dieses auffallende Resultat hat uns veranlaßt, die Messungen mit möglichster Sorgfalt zu wiederholen, um das magnetische Moment des Protons so genau wie möglich zu bestimmen.

Die Hauptquelle der Unsicherheit der ersten Messungen war die mangelnde Definiertheit des Magnetfeldes und der Inhomogenität am Orte des Strahles. Da zunächst nur ein magnetisches Moment von 1 KM erwartet worden war, war zur Erzielung größtmöglicher Inhomogenität der Abstand Furche—Schneide bei den Polschuhen nur 0,5 mm. Das hatte den Nachteil, daß der Bereich, in dem die Inhomogenität praktisch konstant war, kleiner war als die Dimensionen des Strahles, und daß infolgedessen die Inhomogenität, durch die die abgelenkten Moleküle hindurchgegangen waren, nicht genau definiert und bei verschiedenen Versuchen nicht genau reproduzierbar war. Auch erschwerten die kleinen Dimensionen das Ausmessen des Feldes. Da durch die früheren Versuche festgestellt war, daß das magnetische Moment des Protons beträchtlich größer ist als 1 KM, konnten wir uns mit einer kleineren, dafür aber besser definierten Inhomogenität begnügen. Wir verwendeten neue, besonders genau gearbeitete

---

[1]) U. z. M. Nr. 24. ZS. f. Phys. **85**, 4, 1933.

18   I. Estermann und O. Stern,

Polschuhe von den gleichen Dimensionen wie früher (1 mm Furchenbreite),
bei denen aber der Abstand Schneide—Furche 1 mm statt 0,5 mm betrug.
Die Inhomogenität wurde dadurch von etwa $2,2 \cdot 10^5$ Gauß/cm auf etwa
$1,7 \cdot 10^5$ Gauß/cm herabgesetzt.

Das Feld wurde in der üblichen Weise[1]) ausgemessen, indem zur
Messung der Inhomogenität die Kraft auf einen Wismutprobekörper, der
an einem Quarzfaden befestigt war, bestimmt wurde. Die Feldstärke selbst
wurde durch die Widerstandsänderung eines Wismutdrahtes gemessen.

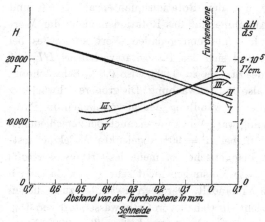

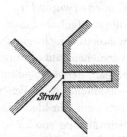

Fig. 1. Feldstärke und Inhomogenität des Magnetfeldes.   Fig. 2. Justierung des Strahls
Kurve I: Feldstärke in der Symmetrieebene, Kurve II: im Magnetfeld.
Feldstärke 0,2 mm außerhalb der Symmetrieebene, Kurve III:
Inhomogenität in der Symmetrieebene, Kurve IV: Inhomo-
genität 0,2 mm außerhalb der Symmetrieebene.

Diese Feldstärkemessung, die zur Berechnung der Inhomogenität aus den
zuerst genannten Messungen erforderlich ist, liefert gleichzeitig eine unab-
hängige Kontrolle des Wertes der Inhomogenität in der Symmetrieebene.
Die Ergebnisse der Feldmessungen, die in Fig. 1 dargestellt sind, zeigen,
daß die räumliche Veränderung der Inhomogenität am kleinsten ist in der
Nähe der Schnittgeraden von Symmetrieebene und Furchenebene. Einer
Abweichung von 0,2 mm von der Symmetrieebene entspricht dort eine
Änderung der Inhomogenität von etwa $2^1/_2 {}^0/_0$. Wir haben daher den Strahl,
wie in Fig. 2 angegeben, in die Furchenebene justiert und seine Höhe durch
zwei an den Enden der Polschuhe angebrachte Blenden auf 0,4 mm begrenzt,
so daß die Inhomogenität über den Querschnitt des Strahls praktisch

---

[1]) Vgl. U. z. M. Nr. 4, ZS. f. Phys. **41**, 551, 1927.

Über die magnetische Ablenkung von Wasserstoffmolekülen usw. II. 19

konstant war. Der Mittelwert der Inhomogenität über diesen Querschnitt betrug $1,68 \cdot 10^5$ Gauß/cm.

Im übrigen wurde der alte Apparat mit nur unwesentlichen Änderungen[1]) benutzt.

Ergebnisse.

1. Parawasserstoff. Wir haben Parawasserstoff zunächst bei einer Strahltemperatur von $T = 90^0$ K und einer Halbwertsbreite des Strahls von $4,6 \cdot 10^{-3}$ cm gemessen. Bei dieser Temperatur enthält der Parawasserstoff 98,3% Moleküle mit der Rotationsquantenzahl $l = 0$ und 1,7% mit $l = 2$. Unter der Annahme, daß das Rotationsmoment den Wert 0,9 KM pro Rotationsquant hat (auf den genauen Wert kommt es bei dieser Rechnung nicht an), ergibt sich das Intensitätsverhältnis I/I_0 mit und ohne Feld in der Mitte des Strahls zu 0,992, also 0,8% Schwächung. Gefunden wurde $I/I_0 = 0,97$, also 3% Schwächung. Die größere Schwächung rührt offenbar daher, daß die Umwandlung des gewöhnlichen in Parawasserstoff nicht ganz vollständig war. Wir konnten auch bei verschiedenen Versuchen mit Parawasserstoff bei $T = 90^0$ abgelenkte Moleküle feststellen, deren Ablenkung dem magnetischen Moment des Orthowasserstoffs entsprach. Natürlich waren diese Messungen nicht sehr genau, da es sich dabei um sehr kleine Intensitäten handelt. Der oben erwähnten zusätzlichen Schwächung von 2,2% entspricht ein Gehalt von Orthowasserstoff von 3%. Wir haben daher für die Auswertung der Versuche bei $T = 290^0$ diesen Gehalt an Orthowasserstoff zugrunde gelegt.

Bei $T = 290^0$ und der gleichen Halbwertsbreite von $4,6 \cdot 10^{-3}$ cm ergab sich eine Schwächung von 6,5%, bei $7,1 \cdot 10^{-3}$ cm Halbwertsbreite eine solche von 3%. Daraus ergibt sich das magnetische Moment der Rotation μ_R zu 0,9 KM pro Rotationsquantum. Die Messung der Intensität der abgelenkten Moleküle ergibt ein Moment zwischen 0,8 und 0,9 KM. Tabelle 1 enthält die gemessenen und die für $\mu_R = 0,8$ bzw. $\mu_R = 0,9$ KM berechneten Intensitätswerte. Bei der Berechnung wurde, wie in Teil I, ein rechteckiger Intensitätsverlauf im unabgelenkten Strahl angenommen (vgl. auch S. 21 und Anhang).

---

[1]) Z. B. wurden die Glasplatten nicht mehr mit Picein auf die Polschuhe aufgekittet, sondern einfach aufgelegt und mit Apiezonwachs abgedichtet. Auch die Endstücke wurden an die Polschuhe nicht mehr angelötet, sondern angeschraubt und ebenfalls mit Apiezonwachs abgedichtet. Dieses Verfahren hatte den Vorteil, daß ein Erwärmen der Polschuhe und das damit verbundene Verziehen und Rosten (Lötwasser!) vermieden wurde.

20 I. Estermann und O. Stern,

Tabelle 1.

Halbwertsbreite cm	Ablenkung s cm	I/I_0			
		gefunden		berechnet für $\mu_R = 0,8$ KM	berechnet für $\mu_R = 0,9$ KM
		rechts	links		
$4,6 \cdot 10^{-3}$	0	$0,93_5$		$0,94_5$	$0,93_7$
$7,1 \cdot 10^{-3}$	0	$0,97_0$		$0,97_0$	$0,96_6$
	$5 \cdot 10^{-3}$	$0,04_9$	$0,04_6$	$0,04_6$	$0,05_4$
	$6 \cdot 10^{-3}$	$0,02_5$	$0,02_9$	$0,02_2$	$0,02_5$
	$7 \cdot 10^{-3}$	$0,013$	$0,013$	$0,013$	$0,015$
	$8 \cdot 10^{-3}$	$0,008$	$0,008$	$0,008$	$0,009$

2. Gewöhnlicher Wasserstoff. Den auffälligen Unterschied im Verhalten von Ortho- und Parawasserstoff sieht man in Fig. 3, die die Ablenkung von Ortho-[1]) und Parawasserstoffstrahlen unter gleichen experimentellen Bedingungen zeigt. Bei gewöhnlichem Wasserstoff haben wir zunächst die Schwächung der Intensität in der Strahlmitte durch das Feld systematisch als Funktion der Halbwertsbreite des Strahles für die Strahltempe-

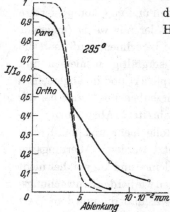

Fig. 3. Ablenkung von Ortho- und Parawasserstoff.

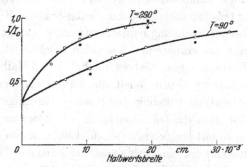

Fig. 4. Schwächung von Strahlen aus gewöhnlichem Wasserstoff im Magnetfeld.

raturen $T = 90^0$ und $T = 290^0$ bestimmt. In Fig. 4 geben wir die erhaltenen Werte wieder. Die ausgezogenen Kurven sind berechnet unter der Annahme, daß das Moment des Protons $\mu_P = 2,5$ KM ist. Die gemessenen Werte sind durch leere Kreise dargestellt. Das Rotationsmoment wurde $\mu_R = 0,85$ KM gesetzt, auf den genauen Wert von μ_R kommt es bei dieser Rechnung nicht an, da das von den Protonen herrührende Moment etwa sechsmal so groß ist wie das Rotationsmoment. Bei den kleinsten Halbwertsbreiten ist die Rechnung wegen der Idealisierung der Strahlform als Rechteck nicht mehr ganz sicher. Um zu zeigen, wie genau man auf diesem

---

[1]) Berechnet aus den Messungen an gewöhnlichem Wasserstoff.

Über die magnetische Ablenkung von Wasserstoffmolekülen usw. II.   21

Wege das Protonenmoment bestimmen kann, haben wir für einige Halbwertsbreiten die Schwächung unter der Annahme $\mu_P = 2$ bzw. $\mu_P = 3$ KM
berechnet und diese Werte als gefüllte Kreise in die Fig. 4 eingetragen.
Die Punkte für $\mu_P = 2$ KM liegen weit oberhalb, diejenigen für $\mu_P = 3$ KM
weit unterhalb der Kurven.   Man sieht, daß die Ungenauigkeit des Wertes
$\mu_P = 2{,}5$ KM, soweit sie von den zufälligen Fehlern herrührt, höchstens
wenige Prozent betragen kann.   An sonstigen Fehlerquellen kommen die
Unsicherheit in der Bestimmung der Inhomogenität des Feldes (etwa 5 %)
und bei den Versuchen bei $T = 90^0$ in der Temperaturbestimmung des
Strahls in Betracht.   Alles in allem dürfte die Unsicherheit höchstens 10 %
betragen.

    Die zweite Methode zur Bestimmung des magnetischen Moments
besteht in der Untersuchung der Intensität der abgelenkten Moleküle.
Allerdings haben wir diese Methode nicht ganz mit der gleichen Genauigkeit
durchgeführt wie die erste, weil sie mehr Messungen und eine kompliziertere
Rechnung erfordert.   Um nämlich die Intensität der nur wenig (ungefähr
um die Halbwertsbreite) abgelenkten Moleküle zu berechnen, muß man die
Intensitätsverteilung im unabgelenkten Strahl sorgfältig ausmessen und
bei der Rechnung berücksichtigen, was recht kompliziert und im allgemeinen
nur mit graphischen Methoden möglich ist.   Wir haben uns daher bei der
Rechnung auf stärkere (mehr als 1,5 Halbwertsbreiten) Ablenkungen be-
schränkt.   Dann spielt die Strahlform keine Rolle mehr und kann ohne
wesentlichen Fehler durch eine rechteckige ersetzt werden.   Allerdings ist
die Intensität bei diesen stärkeren Ablenkungen kleiner und kann daher nicht
mehr mit der gleichen Genauigkeit gemessen werden wie bei den Schwächungs-
messungen.   Immerhin sieht man aus der Tabelle 2, daß die mit dem Wert
$\mu_P = 2{,}5$ KM berechneten Intensitäten sehr gut mit den gemessenen übereinstimmen.   Zur Kontrolle haben wir wieder die Intensitäten für die Werte
$\mu_P = 2$ und $\mu_P = 3$ KM ausgerechnet.   Tabelle 2 zeigt, daß die so berechneten Werte weit außerhalb der Fehlergrenze auch dieser Messungen
liegen.

    Wir möchten die Ergebnisse dieser und der vorhergehenden Arbeit wie
folgt zusammenfassen: Das durch die Rotation des Moleküls erzeugte
magnetische Moment des Wasserstoffmoleküls beträgt 0,8 bis 0,9 KM,
was mit dem theoretisch geschätzten Wert[1]) von 0,35 bis 0,92 KM durchaus
vereinbar ist.   Das magnetische Moment des Protons ergibt sich aus unseren
Messungen zu 2,5 KM mit einer Genauigkeit von mindestens 10 %.

---

[1]) Vgl. den Schluß von Teil I und G. C. Wick, ZS. f. Phys. **85**, 25, 1933.

22　　　　　　　　　　I. Estermann und O. Stern,

Tabelle 2.

Halbwerts-breite	Ablenkung s	I/I_0				
		gefunden		berechnet[1]) für		
cm	cm	rechts	links	$\mu_P = 2{,}5$ KM	$\mu_P = 2$ KM	$\mu_P = 3$ KM
$10{,}5 \cdot 10^{-3}$	$15 \cdot 10^{-3}$	0,070	0,067	0,066	0,055	0,074
	$20 \cdot 10^{-3}$	0,034	$0{,}033_5$	0,034	0,027	0,044
	$25 \cdot 10^{-3}$	$0{,}019_5$	0,020	0,019	0,014	0,024
$14{,}0 \cdot 10^{-3}$	$20 \cdot 10^{-3}$	0,050	0,050	0,049	0,038	0,058
	$25 \cdot 10^{-3}$	0,025	0,025	0,027	0,020	0,043
	$30 \cdot 10^{-3}$	0,014	0,015	0,016	$0{,}011_5$	0,020

Es muß jedoch hierzu bemerkt werden, daß wir die Voraussetzung gemacht haben, daß das magnetische Moment des Orthowasserstoffmoleküls nur
die beiden Ursachen: Molekülrotation und Protonenspin hat. Würde also
noch eine andere Quelle für ein magnetisches Moment von der gleichen Größenordnung vorhanden sein, z. B. nicht vollständige Kompensation der Elek-
tronenspine, so müßte die Berechnung des magnetischen Moments des Protons
aus dem des H_2-Moleküls abgeändert werden. Allerdings ist von theoretischer Seite mehrfach bestritten worden, daß derartige Momente vorhanden
sind. Gegen diese Möglichkeit spricht auch die Tatsache, daß beim Parawasserstoff ein solches Zusatzmoment sicher nicht vorhanden ist, denn es hätte
sich bei den Messungen beim Parawasserstoff bei $T = 90^0$ bemerkbar machen
müssen. Nun haben wir zwar gefunden, daß der Parawasserstoff bei dieser
tiefen Temperatur immer noch etwas magnetisch war und haben dies einer
geringen Verunreinigung (3 %) mit Orthowasserstoff zugeschrieben, wofür
auch die Messung der abgelenkten Moleküle, die jedoch wegen der geringen
Intensität nicht sehr genau war, spricht. Würde man aber selbst den
ganzen Betrag dieses Magnetismus einem Zusatzmoment zuschreiben, so
könnte es nach unseren Messungen höchstens 0,1 KM groß sein. Dagegen
müßte der Orthowasserstoff, der sich vom Parawasserstoff ja nur durch
die Richtung der Protonenspine unterscheidet, ein Zusatzmoment von
3 KM besitzen, um das Protonenmoment von 2,5 KM auf 1 KM herunter-
zubringen.

Anhang. Berechnung der Intensitäten.

Zur größeren Deutlichkeit möchten wir an einem Beispiel zeigen, wie
wir die Intensitäten berechnet haben. Wir haben die in U. z. M. Nr. 5[2])
angegebenen Formeln benutzt, die die Intensitätsverteilung im abgelenkten

---

[1]) Korrigiert wegen Auffängerverschiebung, siehe Anhang S. 24.
[2]) U. z. M. Nr. 5, ZS. f. Phys. **41**, 563, 1927.

Über die magnetische Ablenkung von Wasserstoffmolekülen usw. II.   23

Strahl bei rechteckiger Intensitätsverteilung des unabgelenkten Strahles
angeben (siehe Fig. 5). Bezeichnen wir mit I_0 die Intensität des unab-

gelenkten Strahles, mit I die
Intensität des abgelenkten an
einer Stelle im Abstand s von
der Strahlmitte, mit s_α die
Ablenkung eines Moleküls von
der wahrscheinlichsten Geschwindigkeit α, und mit $2a$
die Breite des unabgelenkten
Strahles (bei nicht rechteckiger Intensitätsverteilung

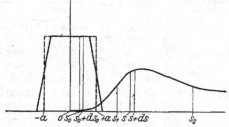

Fig. 5. Zur Berechnung der Intensität der
abgelenkten Strahlen.

nehmen wir für $2a$ die Halbwertsbreite), so ist für den Fall der Aufspaltung in zwei Strahlen (z. B. Silber) an der Stelle $s = 0$, d. h. in der
Mitte des unabgelenkten Strahles

$$I_{s=0}/I_0 = F\left(\frac{s_\alpha}{a}\right).$$

An einer Stelle s, wenn $s\ a$ ist, ist

$$I_s/I_0 = \frac{1}{2}\left[F\left(\frac{s_\alpha}{s+a}\right) - F\left(\frac{s_\alpha}{s-a}\right)\right].$$

Dabei ist $F(x) = (1+x)\,e^{-x}$. Wir haben diese Funktion tabelliert,
was die Rechnung wesentlich erleichtert.

Unsere komplizierten Aufspaltungen sind alle als Überlagerung mehrerer
einfacher Aufspaltungen in zwei Strahlen aufzufassen.

Beispiel: Gewöhnlicher Wasserstoff bei $T = 90^0$ (Aufspaltungsbild
des Orthowasserstoffs, Fig. 9 in Teil I). Der gewöhnliche Wasserstoff besteht aus $^3/_{12}$ Para- und $^9/_{12}$ Orthowasserstoff. Nicht abgelenkt ($s_\alpha = 0$)
werden der Parawasserstoff und $^1/_9$ des Orthowasserstoffs, insgesamt also
$^4/_{12} = ^1/_3$ der Moleküle. Darüber überlagern sich vier Strahlen, jeder
von der Intensität $^2/_{12}\,I_0$, die in je zwei aufgespalten werden mit den
Ablenkungen

$$s_{\alpha 1} = s_R,$$
$$s_{\alpha 2} = s_P,$$
$$s_{\alpha 3} = s_P + s_R,$$
$$s_{\alpha 4} = s_P - s_R.$$

Für $s = 0$ (Schwächung) ergibt sich also:

$$I_{s=0}/I_0 = \frac{1}{3} + \frac{1}{6}\left[F\left(\frac{s_R}{a}\right) + F\left(\frac{s_P}{a}\right) + F\left(\frac{s_P + s_R}{a}\right) + F\left(\frac{s_P - s_R}{a}\right)\right].$$

24   I. Estermann und O. Stern.

Für die Stelle $s = s$, wenn $s > a$ (Ablenkung) ergibt sich:

$$I_s/I_0 = \frac{1}{6} \cdot \frac{1}{2} \cdot \left\{ \left[F\left(\frac{s_R}{s+a}\right) - F\left(\frac{s_R}{s-a}\right) \right] + \left[F\left(\frac{s_P}{s+a}\right) - F\left(\frac{s_P}{s-a}\right) \right] \right.$$

$$\left. + \left[F\left(\frac{s_P + s_R}{s+a}\right) - F\left(\frac{s_P + s_R}{s-a}\right) \right] + \left[F\left(\frac{s_P - s_R}{s+a}\right) - F\left(\frac{s_P - s_R}{s-a}\right) \right] \right\}.$$

Für großes s konnten wir die vereinfachte Formel

$$I_s/I_0 = \frac{1}{4} \cdot \left[F\left(\frac{s_P}{s+a}\right) - F\left(\frac{s_P}{s-a}\right) \right]$$

benutzen, in der $s_R = 0$ gesetzt ist.

Zur Berechnung der Zahlenwerte von s_P und s_R berechnen wir zunächst $s_{\alpha 0}$ für 1 KM aus der Formel

$$s_{\alpha 0} = \frac{M \cdot (\partial H/\partial s) \cdot l^2}{4\,RT} = \frac{3,023 \cdot 1,68 \cdot 10^5 \cdot 200}{4 \cdot 8,31 \cdot 10^7 \cdot 90} = 3,38_3 \cdot 10^{-3}\,\text{cm},$$

wobei M 1 KM pro Mol, $\partial H/\partial s$ die gemessene Inhomogenität des Feldes ist und l^2 sich aus den Apparatdimensionen ergibt (der Strahl lief 10 cm im Feld und dann noch 5 cm hinter dem Feld). Setzt man das Rotations-moment $\mu_R = 0,85$ KM, das Protonen-moment $\mu_P = 2,5$ KM, so wird

$$s_R = 2,88 \cdot 10^{-3}\,\text{cm}$$

und

$$s_P = 16,92 \cdot 10^{-3}\,\text{cm}.$$

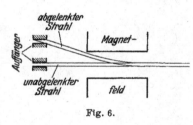

Fig. 6.

In analoger Weise wurde die Rechnung in den übrigen Fällen durchgeführt.

Die so berechneten Intensitäten ergaben noch nicht direkt die beobachteten Werte, sondern müssen noch korrigiert werden wegen des Umstandes, daß der Auffängerkanal parallel mit sich selbst verschoben wurde, während die abgelenkten Moleküle schräg in ihn hineinlaufen (Fig. 6). Da die Richtung der abgelenkten Moleküle derart ist, als ob sie geradlinig von der Mitte des Feldes kämen, also aus einem Abstand von 10 cm vom Auffänger, und der Auffängerkanal eine Breite von 0,02 mm und eine Länge von 4 mm hat, ist die gemessene Intensität pro hundertstel Millimeter Auffängerverschiebung um 1% kleiner als die tatsächliche.

S53. Immanuel Estermann und Otto Stern, Eine neue Methode zur Intensitätsmessung von Molekularstrahlen. Z. Physik, 85, 135–143 (1933)

(Untersuchungen zur Molekularstrahlmethode aus dem Institut für physikalische Chemie der Hamburgischen Universität, Nr. 28.)

Eine neue Methode
zur Intensitätsmessung von Molekularstrahlen.

Von I. Estermann und O. Stern in Hamburg.

© Springer-Verlag Berlin Heidelberg 2016
H. Schmidt-Böcking, K. Reich, A. Templeton, W. Trageser, V. Vill (Hrsg.), *Otto Sterns Veröffentlichungen – Band 4*, DOI 10.1007/978-3-662-46964-4_5

(Untersuchungen zur Molekularstrahlmethode aus dem Institut für physikalische Chemie der Hamburgischen Universität, Nr. 28.)

Eine neue Methode
zur Intensitätsmessung von Molekularstrahlen.

Von **I. Estermann** und **O. Stern** in Hamburg.

Mit 5 Abbildungen.   (Eingegangen am 20. Juli 1933.)

Es wird eine neue Methode zur quantitativen Intensitätsmessung von Molekularstrahlen vorgeschlagen, die darauf beruht, daß die durch Ionisierung der Moleküle
erzeugten Ionen die Raumladung um einen Glühdraht zerstören und den Elektronenstrom steigern (Kingdon). Die Brauchbarkeit dieser allgemein ver-
wendbaren und sehr empfindlichen Methode wird durch orientierende Vorversuche gezeigt.

Es ist ein altes Problem, über das im hiesigen Institut viel gearbeitet
worden ist, eine allgemein anwendbare, möglichst empfindliche Methode
zu finden, mit der man die Intensität von Molekularstrahlen quantitativ
messen kann. Bisher sind hier zwei Methoden ausgearbeitet und vielfach
angewandt worden, die recht empfindlich sind und quantitative Messungen
gestatten, jedoch leider nicht allgemein anwendbar sind. Die eine Methode,
die auf Molekularstrahlen aus Gasen anwendbar ist, beruht darauf, daß der
Strahl durch einen Spalt in ein im übrigen geschlossenes Gefäß hineinläuft
und dort einen Druck erzeugt, der mit einem empfindlichen Hitzdraht-
manometer gemessen wird[1]). Diese Methode ist um so empfindlicher,
je tiefer die Temperatur des Manometers und je kleiner das Molekulargewicht des Gases ist, am empfindlichsten also für Wasserstoff und Helium.
Je schwerer das Gas ist, desto unempfindlicher wird die Methode, sie ist
aber selbst bei Quecksilberdampf noch brauchbar, falls es nicht auf besondere
Empfindlichkeit ankommt[2]). Die andere Methode, die auf Strahlen aus
leicht ionisierbaren Atomen anwendbar ist, beruht auf der von Langmuir
und seinen Mitarbeitern[3]) gefundenen Tatsache, daß solche Atome beim
Auftreffen auf einen glühenden Wolframdraht ionisiert werden. Der vom
Draht ausgehende positive Ionenstrom mißt dann direkt die Zahl der den

---

[1]) U. z. M. Nr. 10, F. Knauer u. O. Stern, ZS. f. Phys. **53**, 766, 1929.
[2]) U. z. M. Nr. 21, B. Josephy, ebenda **80**, 755, 1933. — Bei schweren
Gasen benutzt man an Stelle eines Pirani- (Hitzdraht-) Manometers besser ein
Ionisationsmanometer, vgl. A. Ellet u. R. M. Zabel, Phys. Rev. **37**, 1112, 1931.
[3]) I. Langmuir u. K. H. Kingdon, Science **57**, 58, 1923; Proc. Roy. Soc.
21, 380, 1923.

136   I. Estermann und O. Stern,

Draht treffenden Atome und damit die Intensität des Molekularstrahls[1]).
Diese Methode ist praktisch nur für Alkaliatome brauchbar, dann allerdings
sehr empfindlich, bequem und genau.

Nun besteht aber das Bedürfnis, auch bei anderen Stoffen als Gasen
und Alkalimetallen die Intensität von Molekularstrahlen zu messen, z. B. bei
schweren Metallen, organischen Molekülen usw. Für solche Substanzen
standen bisher keine wirklich brauchbaren Methoden zur Verfügung. Die
in diesen Fällen bisher angewandten Methoden sind entweder zu unempfind-
lich[2]) oder nicht quantitativ[3]).

Wir glauben nun, eine Methode gefunden zu haben, die ganz allgemein
anwendbar ist, quantitativ arbeitet und dabei ganz außerordentlich hohe
Empfindlichkeit zeigt.

Prinzip der Methode. Die Methode beruht auf der Zerstörung der
Raumladung durch positive Ionen. Dieser Effekt wurde von Kingdon[4])
im Langmuirschen Laboratorium näher untersucht. Kingdon zeigte, daß
dieser Effekt zur Messung extrem kleiner Gasdrucke besonders geeignet ist.
Die Anordnung bei Kingdon war folgende: In einem evakuierten Gefäß
befand sich ein Glühdraht, der von einer zylindrischen Anode umgeben
war (Fig. 1). Die Dimensionen und die Elektronenemission (Heizung des
Fadens) sind so gewählt, daß sich in der Nähe des Glühdrahtes eine starke
negative Raumladung ausbildet. Läßt man etwas Gas in das Gefäß, so
werden die Gasmoleküle durch Elektronenstoß ionisiert und kompensieren
teilweise die negative Raumladung. Der zwischen Glühdraht und Anodenzylinder fließende Elektronenstrom steigt also an. Dieser Effekt ist deshalb
so stark, weil fast alle positiven Ionen den Glühdraht nicht erreichen,
sondern in Spiralen um ihn herumlaufen[5]). Dieses Herumlaufen findet
dadurch ein Ende, daß die Ionen ihre Tangentialgeschwindigkeit durch
Zusammenstöße mit Molekülen verlieren oder aus dem Feld herauslaufen.
Letzteres kann man dadurch erschweren, daß man die zylindrische Anode
mit Deckeln versieht, die nur kleine Löcher zum Durchlaß des Glühdrahtes
haben, wie es Kingdon getan hat. Unter diesen Bedingungen ist die Wirkung
des Gases so groß, daß ein Druck von 10⁻⁸ mm Quecksilberdampf eine
Verstärkung des Elektronenstroms um 0,15 mA hervorruft.

---

[1]) U. z. M. Nr. 14, J. B. Taylor, ZS. f. Phys. **57**, 242, 1929.
[2]) U. z. M. Nr. 19, M. Wohlwill, ebenda **80**, 67, 1933.
[3]) Hierzu gehört besonders die vielfach benutzte Niederschlagsmethode,
die im allgemeinen keine quantitativen Intensitätsmesssungen gestattet.
[4]) K. H. Kingdon, Phys. Rev. **21**, 408, 1923.
[5]) Vgl. A. W. Hull, Phys. Rev. **18**, 31, 1921.

Eine neue Methode zur Intensitätsmessung von Molekularstrahlen. **137**

Um die Anordnung zur Intensitätsmessung von Molekularstrahlen zu benutzen, kann man z. B. so vorgehen, daß man den Molekularstrahl durch eine kleine Öffnung in einem der beiden Deckel (siehe Fig. 1) in den Anodenraum („Käfig") eintreten läßt. Nun sind zwei Fälle zu unterscheiden: 1. Die Strahlmoleküle werden auf dem Anodenblech nicht kondensiert, und 2. sie werden kondensiert.

Wir besprechen zunächst den ersten Fall. Dann erzeugt der eintretende Strahl im Käfig einen Druck, dessen Wert dadurch gegeben ist, daß die Zahl der pro Sekunde eintretenden Moleküle gleich der Zahl der pro Sekunde austretenden Moleküle ist, ganz analog zu der oben erwähnten, von uns vielfach benutzten Manometermethode. Der Unterschied gegenüber der üblichen Anordnung ist nur der, daß die Moleküle nicht nur zu dem Eintrittsspalt wieder hinauslaufen, sondern daß der Hauptteil von ihnen den Käfig durch die zur Durchführung des Glühdrahtes erforderlichen Öffnungen

Fig. 1. Kingdon-Käfig. *G* Glühdraht, *A* Anodenzylinder, *L* Loch für den Eintritt des Strahls.

verläßt. Da diese Öffnungen im allgemeinen viel größer sind als die für den Eintritt des Strahls bestimmte Öffnung, wird der Enddruck im Verhältnis dieser Flächen (Fläche der Eintrittsöffnung zur Gesamtfläche aller Öffnungen) verkleinert. Wir nennen diesen Faktor wie früher $\varkappa$-Faktor[1]), der Unterschied besteht nur darin, daß er in diesem Falle wesentlich kleiner als 1 ist (bis zu $^1/_{100}$), während bei der früheren Anordnung der $\varkappa$-Faktor durch Verwendung eines Auffängerkanals an Stelle eines Spaltes wesentlich größer als 1, z. B. $\varkappa = 10$ gemacht werden konnte. Trotzdem also der Druck etwa 1000mal so klein wird wie im früheren Falle, wird dieser Nachteil weit überkompensiert durch die außerordentliche Empfindlichkeit der Druckmessung. Ferner hat dieser kleine $\varkappa$-Faktor den Vorteil, daß der Enddruck sich sehr schnell einstellt, in praktisch vorkommenden Fällen in $^1/_{10}$ bis $^1/_{100}$ Sekunde. Das ermöglicht die Anwendung des von Tykocinski-Tykociner[2]) vorgeschlagenen Kunstgriffs, den Strahl, etwa durch einen rotierenden Sektor mit einer bestimmten Frequenz zu unterbrechen und den durch ihn erzeugten Wechselstrom der gleichen Frequenz selektiv zu verstärken. Dieser Kunstgriff bietet neben einer beträchtlichen Erhöhung der Empfindlichkeit den großen Vorteil, daß dadurch automatisch alle nicht durch den Strahl verursachten Druckschwankungen und sonstige Störungen ausgeschaltet werden.

---

[1]) Vgl. U. z. M. Nr. 10, l. c.
[2]) J. Tykocinski-Tykociner, Phys. Rev. **39**, 863, 1931.

Den zweiten Fall, der dann vorliegt, wenn die Strahlmoleküle auf dem Anodenblech kondensiert werden (z. B. bei schweren Metallen), wird man im allgemeinen dadurch in den ersten Fall verwandeln können, daß man das Anodenblech heizt. In den meisten Fällen wird dazu die Strahlung vom Glühdraht hinreichen, vor allem, da es genügt, durch geeignete Wahl des Materials und der Temperatur des Anodenbleches zu erreichen, daß die Moleküle erst etwa nach dem 100. Zusammenstoß mit der Oberfläche des Käfigs kondensieren. Denn nach einer entsprechenden Zeit würden sie den Käfig ohnehin verlassen haben. Wenn sich die Kondensation nicht verhindern läßt, wird die Methode sehr viel unempfindlicher, weil auf dem kurzen Weg, den die Strahlmoleküle in diesem Fall im Käfig zurücklegen, nur ein kleiner Teil von ihnen ionisiert wird. Doch dürfte auch in diesem Falle, namentlich bei Anwendung des Tykocinski-Tykocinerschen Kunstgriffs, die Empfindlichkeit der Methode wohl stets ausreichen.

Diese Methode sollte nun wirklich der Forderung entsprechen, allgemein anwendbar zu sein, da jedes Atom oder Molekül durch Elektronenbeschießung ionisierbar ist. Natürlich kann die Methode auch in anderen Formen angewandt werden, z. B. indem man wie früher den Strahl in einem geschlossenen Kasten einen Gasdruck erzeugen läßt und die Kingdonsche Anordnung einfach als sehr empfindliches Manometer benutzt.

Versuchsanordnung. Wir haben zunächst eine einfache Molekularstrahlanordnung aufgebaut, die nur dazu dienen sollte, ganz allgemein die Brauchbarkeit der Methode zu erproben. Auf die Anwendung des Kunstgriffs von Tykocinski-Tykociner haben wir dabei zunächst verzichtet, da die Empfindlichkeit der Anordnung auch ohnedies unseren Erwartungen entsprechend außerordentlich groß war. Als Strahlsubstanz haben wir zunächst Quecksilber verwendet.

Die benutzte Anordnung ist in Fig. 2 und 3 dargestellt. Sie besteht aus einem Ofen mit Ofenspalt, einem Abbildespalt, einer Klappe zum Unterbrechen des Strahls und einem Kingdonkäfig K_1 als Auffänger. K_2 ist ein zweiter, K_1 möglichst gleich gebauter Käfig, der wie üblich zur Kompensation von Druckschwankungen und zufälligen Störungen diente. Als Glühdrähte für die Kingdonkäfige benutzten wir thorfreie Wolframdrähte von 0,1 mm Durchmesser und 2,5 cm Länge, die von federnden Nickeldrähten von 0,8 mm Durchmesser gehalten wurden. Die Anoden waren Zylinder von 2 cm Länge und 2 cm Durchmesser, hergestellt aus Nickelblech von 0,2 mm Stärke. Die Deckel waren aus demselben Blech

Eine neue Methode zur Intensitätsmessung von Molekularstrahlen. **139**

gedrückt und hatten in der Mitte Löcher von 2 mm Durchmesser zur Durchführung des Glühdrahtes. Der dem Strahl zugekehrte Deckel des Meß-
käfigs trug außerdem ein rechteckiges Loch L von 1×2 mm² Größe, in
das der Strahl hineinlief. Das Loch war in der Nähe der Peripherie angebracht. Aus Symmetriegründen war in dem einen Deckel des Kompen-

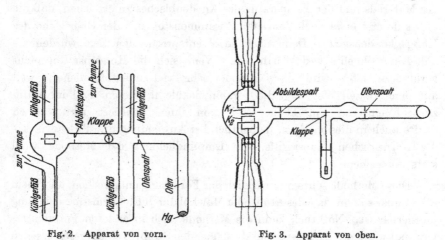

Fig. 2. Apparat von vorn.   Fig. 3. Apparat von oben.

sationskäfigs ein gleiches Loch angebracht. Die Käfige waren auf Normal-
schliffen montiert, um sie leicht auswechseln zu können.

Schaltung. Das Schaltschema ist aus Fig. 4 ersichtlich. Die Glühdrähte
vom Meß- und Kompensationskäfig waren parallel geschaltet und über je
einen Schiebewiderstand und ein Amperemeter von einer 6 Volt-Batterie
geheizt. Die beiden Anodenkreise waren ebenfalls parallel geschaltet.
Als Spannungsquelle diente eine kleine Akkumulatorenbatterie, von der
variable Spannungen bis zu 60 Volt abgenommen werden konnten. Um die
Anordnung als Kompensationsmethode benutzen zu können, waren in die
beiden Anodenkreise zwei gleiche Widerstände (zweimal 1000 Ω, bei manchen
Versuchen auch zweimal 100 Ω) eingeschaltet, deren anodenseitige Enden
mit einem Galvanometer verbunden waren. Durch die Vorschaltwiderstände
in den Heizstromkreisen wurde die Elektronenemission in beiden Kingdon-
käfigen bei abgesperrtem Strahl gleich gemacht. Dann bleibt das Galvanometer in Ruhe. Ändert sich nun der Strom im Meßkäfig dadurch, daß der
beim Öffnen der Klappe eintretende Molekularstrahl einen Gasdruck erzeugt,
so zeigt das Galvanometer einen Ausschlag an. Es sind natürlich auch andere
Schaltungen möglich, wir haben die oben angegebene der Einfachheit
halber gewählt.

140   I. Estermann und O. Stern,

Durchführung der Versuche. Bei der Durchführung der Versuche
wurden die Kingdonkäfige zunächst ausgeheizt, d. h. durch Elektronenbombardement längere Zeit auf Rotglut erhitzt. Hierzu wurde in der
Schaltung (s. Fig. 4) die Anodenbatterie durch eine kleine Hochspannungs-
maschine (etwa 1500 Volt und 30 mA) ersetzt. Die Güte des erreichten
Vakuums wurde dadurch kontrolliert, daß in der üblichen Weise der
Emissionsstrom I als Funktion der Anodenspannung V untersucht und festgestellt wurde, ob sich eine reine Raumladungskurve ergab, bei der I proportional $V^{3/2}$ ist. Fig. 5 zeigt, daß wir diesen Fall erreicht haben. Zum

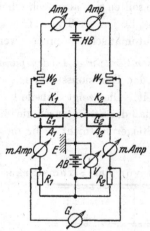

Fig. 4. Schaltschema.
K_1 Meßkäfig, K_2 Kompensationskäfig, G_1, G_2
Glühdrähte, A_1, A_2 Anodenzylinder, HB Heiz-
batterie, AB Anodenbatterie, W_1, W_2 Vorschaltwiderstände, R_1, R_2 feste Widerstände, V Voltmeter, Amp Amperemeter, $MAmp$ Milliampere-
meter, G Galvanometer, E Erdung.

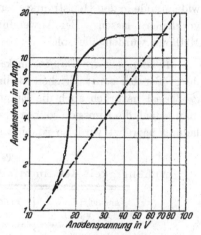

Fig. 5.   Anodenstrom als Funktion der
Anodenspannung.
● Im Vakuum,
○ in etwa 10^{-6} mm Quecksilberdampf.

Vergleich ist auch eine Stromspannungskurve eingezeichnet, die bei
Zulassung von etwas Hg-Dampf (etwa 10^{-6} mm Druck) aufgenommen
wurde.

Diese Kurven zeigen, daß das Maximum der Empfindlichkeit bei etwa
20 Volt Anodenspannung liegt, wo ein Quecksilberdampfdruck von etwa
10^{-6} mm den Emissionsstrom von 2 auf 8 mA erhöht. Die Versuche
ergaben denn auch eine außerordentlich hohe Empfindlichkeit Molekularstrahlen gegenüber. Wir konnten z. B. einen Quecksilberstrahl noch gut
messen, bei dem der „Ofen" auf — 30° C gehalten wurde, was einem durch
den Strahl im Kingdonkäfig erzeugten Druck von etwa $4 \cdot 10^{-11}$ mm ent-

Eine neue Methode zur Intensitätsmessung von Molekularstrahlen.   141

spricht[1]). Dieser Druck ist gegeben durch die Formel $p = \dfrac{\varrho}{r^2} \cdot \varkappa \cdot p_0$,
wobei ϱ der Durchmesser des Ofenlochs (1,5 mm), r die Länge des Strahls
(250 mm), $\varkappa$ der auf S. 137 erwähnte $\varkappa$-Faktor und p_0 der Dampfdruck
des Quecksilbers bei — 30⁰ C ($6 \cdot 10^{-6}$ mm) ist. Dabei war die Empfindlichkeit des Galvanometers noch lange nicht voll ausgenutzt (nur zu etwa $^1/_{10}$),
doch machten sich bei dieser Empfindlichkeit schon Störungen bemerkbar,
die eine weitere Steigerung der Empfindlichkeit unzweckmäßig erscheinen
ließen. Diese Störungen waren aber offenbar nicht prinzipieller Natur,
sondern rührten hauptsächlich von den schlechten Kontakten der Schiebe-
widerstände in den Heizstromkreisen her. Sie sollten sich also noch erheblich
verkleinern lassen. Bei Anwendung der Tykocinski-Tykocinerschen
Methode würden alle solchen Störungen automatisch eliminiert werden.

Abhängigkeit der Empfindlichkeit von Stromstärke und Anodenspannung.
Je größer bei sonst gleichen Bedingungen der Emissionsstrom ist, desto
größer ist natürlich auch die Empfindlichkeit. Dies zeigt Tabelle 1. Hat
man jedoch die Emission so weit gesteigert, daß der Strom durch die Raumladung begrenzt wird, so ist eine weitere Steigerung nicht mehr möglich.

Tabelle 1.
Abhängigkeit der Empfindlichkeit von der Stromstärke.

Anodenspannung Volt	Emissionsstrom mA	Ausschlag cm
20	1,38	1,0
20	1,68	4.5
20	2,0	10,5
20	2,08	11,0
20	2,3	12,8

Die Abhängigkeit der Empfindlichkeit von der Anodenspannung ist
ebenfalls leicht zu übersehen. An und für sich ist es günstig, mit möglichst
kleiner Anodenspannung zu arbeiten, weil dann die Raumladung am wirk-
samsten ist. Andererseits muß aber die Anodenspannung mindestens so
groß sein, daß die Elektronen die Moleküle ionisieren können. Das
Maximum der Empfindlichkeit liegt dementsprechend bei konstanter
Stromstärke etwas über der Ionisierungsspannung der Strahlmoleküle
(s. Tabelle 2).

---

[1]) Bei wirklichen Molekularstrahlversuchen würde man p_0 natürlich nicht
gleich $6 \cdot 10^{-6}$ mm, sondern unter den gegebenen Bedingungen etwa gleich
10^{-2} mm gewählt haben, ein Promille des Strahles wäre also noch bequem meßbar
gewesen.

142   I. Estermann und O. Stern,

Tabelle 2.

Abhängigkeit der Empfindlichkeit von der Anodenspannung bei
konstant gehaltenem Emissionsstrom.

Emissionsstrom mA	Anodenspannung Volt	Ausschlag cm
1,4 *)	14 *)	(1,2)
1,58	16	5,2
1,58	18	6,1
1,58	20	2,7
1,58	22	1,0
1,58	24	0,3

*) Anmerkung: Bei 14 Volt Anodenspannung konnte der Emissionsstrom nicht über
1,4 mA gesteigert werden.

Steigert man bei konstantem Heizstrom die Anodenspannung, so nimmt
die Empfindlichkeit zunächst (bis etwa 20 Volt) sehr stark zu (s. Tabelle 3),
da einerseits die Ionisation stärker wird, andererseits der Emissionsstrom
und die Raumladung zunehmen. Bei weiterer Steigerung der Anodenspannung (etwa von 20 bis 30 Volt) ändert sich die Empfindlichkeit nur
noch unwesentlich, dafür nehmen aber die Störungen sehr stark zu, so daß
der günstigste Arbeitsbereich in der Nähe von 20 Volt liegt.

Tabelle 3.

Abhängigkeit der Empfindlichkeit von der Anodenspannung bei
konstant gehaltenem Heizstrom.

Heizstrom Amp.	Anodenspannung Volt	Emissionsstrom mA	Ausschlag cm
1,5	12	1,08	0,1
	13	1,19	2,2
	15	1,45	17,6
	18	1,89	80
	20	2,23	84
	25	3,4	120
1,35	20	2,1	28
	30	3,7	28

Abhängigkeit der Empfindlichkeit vom Druck: Die Abhängigkeit der
Empfindlichkeit vom Druck konnten wir mit unserer Anordnung nur roh
bestimmen, indem wir die Temperatur des Ofens variierten. Immerhin
zeigen die Messungen deutlich, daß die Empfindlichkeit mit abnehmender
Strahlintensität bzw. mit abnehmendem Druck wächst. Das ist auch
zu erwarten, weil ja die Lebensdauer der Ionen hauptsächlich durch die
Zusammenstöße mit den Molekülen begrenzt wird. Es wird also voraussichtlich zweckmäßig sein, bei quantitativen Intensitätsmessungen einen

Eine neue Methode zur Intensitätsmessung von Molekularstrahlen. 143

kleinen konstanten Zusatzdruck zu verwenden, wodurch man, allerdings auf Kosten der Empfindlichkeit, der Strahlintensität proportionale Ausschläge erreichen könnte. Im allgemeinen wird auch in diesem Falle die Empfindlichkeit noch bei weitem ausreichen, sollte es jedoch in einem speziellen Falle auf äußerste Empfindlichkeit ankommen, so könnte man natürlich den Apparat eichen und die gemessenen Intensitäten danach umrechnen.

Es sei an dieser Stelle ausdrücklich betont, daß es sich nur um orientierende Vorversuche handelt und daß auch die in den Tabellen angegebenen Werte nur aus rohen Messungen herrühren. Die Methode bedarf somit noch gründlicher weiterer Durcharbeitung, immerhin genügen die bisherigen Resultate, um zu zeigen, daß sie durchaus brauchbar und tatsächlich so außerordentlich empfindlich ist, wie wir erwarteten. An ihrer allgemeinen Anwendbarkeit besteht wohl kein Zweifel. Um wenigstens noch ein Beispiel ganz anderer Art zu untersuchen, haben wir auch Strahlen aus Benzophenon gemessen, die ähnliche Resultate ergaben. Es ist zu erwarten, daß die Methode am empfindlichsten ist bei Stoffen mit kleiner Ionisierungsspannung und großem Molekulargewicht, wogegen sie für leichte Gase (Wasserstoff, Helium) viel unempfindlicher sein wird. Aber selbst in diesen ungünstigen Fällen wird sie voraussichtlich die bisherigen Methoden an Empfindlichkeit erreichen, bei Anwendung des Kunstgriffs von Tykocinski-Tykociner sogar übertreffen. Übrigens besteht gerade bei diesen leichten Gasen, wie eingangs erwähnt, kein besonderes Bedürfnis nach einer neuen Methode.

S54. Immanuel Estermann und Otto Stern, Über die magnetische Ablenkung von isotopen Wasserstoffmolekülen und das magnetische Moment des „Deutons". Z. Physik, 86, 132–134 (1933)

(Untersuchungen zur Molekularstrahlmethode aus dem Institut für physikalische Chemie der Hamburgischen Universität. Nr. 29.)

Über die magnetische Ablenkung von isotopen Wasserstoffmolekülen und das magnetische Moment des „Deutons"[1].

(Vorläufige Mitteilung.)

Von **I. Estermann** und **O. Stern** in Hamburg.

© Springer-Verlag Berlin Heidelberg 2016
H. Schmidt-Böcking, K. Reich, A. Templeton, W. Trageser, V. Vill (Hrsg.), *Otto Sterns Veröffentlichungen – Band 4*, DOI 10.1007/978-3-662-46964-4_6

132

(Untersuchungen zur Molekularstrahlmethode aus dem Institut für physikalische Chemie der Hamburgischen Universität. Nr. 29.)

Über die magnetische Ablenkung von isotopen Wasserstoffmolekülen und das magnetische Moment des „Deutons" [1].

(Vorläufige Mitteilung.)

Von I. Estermann und O. Stern in Hamburg.

Mit 1 Abbildung. (Eingegangen am 19. August 1933.)

In zwei vorhergehenden Mitteilungen [2] wurde über Versuche berichtet, in denen Strahlen aus molekularem Wasserstoff im Stern-Gerlach-Experiment abgelenkt wurden. Aus diesen Versuchen konnte unter gewissen Voraussetzungen das magnetische Moment des Protons bestimmt werden; es ergab sich zu etwa 2,5 Kernmagnetonen.

Im folgenden wollen wir kurz über analoge Versuche berichten, die wir mit isotopem Wasserstoff ausgeführt haben. Herr G. N. Lewis war so freundlich, uns etwa 0,1 g Wasser zur Verfügung zu stellen, das nach seinen Angaben etwa 82% des schweren Isotops H^2 enthielt. Wegen der geringen Wassermenge und wegen der kurzen Zeit, die uns aus äußeren Gründen für diese Versuche zur Verfügung stand, haben wir darauf verzichtet, reinen isotopen Wasserstoff herzustellen, wir haben uns vielmehr damit begnügt, das Wasser mit Natrium zu zersetzen und den dabei gebildeten Wasserstoff ohne weitere Vorbehandlung zu verwenden. Nimmt man an, daß in dem so erzeugten Wasserstoff die möglichen Kombinationen $H^1 H^1$, $H^1 H^2$ und $H^2 H^2$ entsprechend dem Gleichgewichtsverhältnis enthalten sind, so sollte dieser Wasserstoff aus 67% $H^2 H^2$, 30% $H^2 H^1$ und 3% $H^1 H^1$ bestehen. Es wäre jedoch möglich, daß das Gas noch eine geringe zusätzliche Menge von gewöhnlichem $H^1 H^1$ enthielt, der aus dem zur Zersetzung verwandten Natrium oder der Wasserhaut des Glases stammt. Trotz dieser Unsicherheit ergaben die Versuche einwandfrei das interessante Resultat, daß das magnetische Kernmoment des Wasser-

---

[1] Von G. N. Lewis vorgeschlagener Name für den Kern des Wasserstoff-Isotops 2.
[2] U. z. M. Nr. 24, R. Frisch u. O. Stern, ZS. f. Phys. **85**, 4, 1933. U. z. M. Nr. 27, I. Estermann u. O. Stern, ebenda **85**, 17, 1933.

Über die magnetische Ablenkung von isotopen Wasserstoffmolekülen usw.   **133**

stoffisotops H² trotz des doppelten Kernspins[1]) nicht größer, wahrscheinlich sogar wesentlich kleiner ist als das des Protons.

Wir haben zunächst bei Zimmertemperatur und einer Halbwertsbreite des Strahles von 0,103 mm die Schwächung im Magnetfeld gemessen. Es ergab sich eine Schwächung von 8%. Kontrollversuche mit elektrolytischem Wasserstoff, sowie mit gewöhnlichem Wasserstoff, der in der gleichen Weise wie der isotope durch Zersetzung von gewöhnlichem Wasser mit Natrium erhalten war, ergaben in Übereinstimmung mit unseren früheren Resultaten eine Schwächung von $15^1/_2$%. Sodann wurde der Ofenspalt mit flüssiger Luft gekühlt. Bei derselben Spaltbreite von 0,103 mm ergab der isotope Wasserstoff eine Schwächung von $33^1/_2$% gegenüber einer Schwächung von 41% bei gewöhnlichem Wasserstoff. Dann machten wir den Strahl schmaler. Bei einer Halbwertsbreite von 0,045 mm ergab der isotope Wasserstoff eine Schwächung von 63%, während der elektrolytische Wasserstoff eine Schwächung von 53% ergab.

Aus der Tatsache, daß bei schmalem Strahl die Schwächung unseres isotopen Wasserstoffs stärker ist als die des gewöhnlichen, folgt, daß der Bruchteil der magnetischen Moleküle in unserem isotopen Wasserstoff größer war als in gewöhnlichem Wasserstoff, was möglicherweise auf die Komponente H² H¹ zurückzuführen ist. Aus der Tatsache, daß bei breitem Strahl die Schwächung unseres isotopen Wasserstoffs (besonders deutlich bei Zimmertemperatur) geringer ist als die des gewöhnlichen Wasserstoffs, folgt, daß das magnetische Moment der Moleküle unseres isotopen Wasserstoffs im Mittel kleiner ist als das der Moleküle des gewöhnlichen Wasserstoffs. Wir

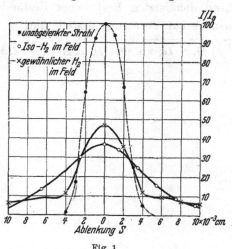

Fig. 1.

konnten dieses Resultat durch Messung der abgelenkten Moleküle direkt bestätigen (Fig. 1).

Die einwandfreie Deutung dieser Versuchsresultate ist infolge des Vorhandenseins der verschiedenen Komponenten und unserer mangel-

---

[1]) G. N. Lewis u. M. F. Ashley, Phys. Rev. **43**, 837, 1933.

134　　　　　　　　　　　　I. Estermann und O. Stern.

haften Kenntnis ihrer Mengenverhältnisse sehr kompliziert und nicht eindeutig durchführbar. Wir möchten diese Diskussion daher verschieben, bis wir die in Aussicht genommenen Versuche mit den reinen Komponenten durchgeführt haben, was leider infolge äußerer Umstände noch einige Zeit dauern wird. Wir glaubten aber, über diese ganz vorläufigen Versuche schon jetzt kurz berichten zu sollen, weil man immerhin aus ihnen schließen kann, daß das Deuton, trotzdem es das doppelte mechanische Moment hat wie das Proton[1]), kein größeres, sondern wahrscheinlich sogar ein wesentlich kleineres magnetisches Moment hat wie das Proton. Daß wir für das Verhältnis des magnetischen zum mechanischen Kernmoment beim Deuton einen viel kleineren Wert finden als beim Proton, stimmt gut dazu, daß auch die mit Hilfe der Theorie der Hyperfeinstruktur für die Momente schwererer Kerne berechneten Verhältniszahlen im allgemeinen viel kleiner sind, als wir für das Proton gefunden haben.

Wir möchten diese Mitteilung nicht schließen, ohne Herrn G. N. Lewis aufs herzlichste dafür zu danken, daß er uns auf unsere Bitte hin umgehend den letzten Rest seiner Bestände an isotopem Wasser für diese Versuche zur Verfügung gestellt hat.

---

[1]) G. N. Lewis und M. F. Ashley, l. c.

S55

S55. Immanuel Estermann und Otto Stern, Magnetic moment of the deuton. Nature, 133, 911–911 (1934)

June 16, 1934   N A T U R E   911

Magnetic Moment of the Deuton

Magnetic Moment of the Deuton

IN a previous note[1] we reported, together with
Mr. Frisch, on experiments concerning the deflection
of a beam of 'ordinary' hydrogen molecules in an
inhomogeneous magnetic field. From these experiments, we were able to derive the magnetic moment
of the proton. The value obtained was 2·5 nuclear
magnetons (not 1, as expected theoretically).

We have now performed similar experiments with
a beam of 'heavy' hydrogen molecules and derived
in a similar way the magnetic moment of the deuton.
The value obtained is about 0·7 nuclear magnetons[2].

A detailed account of these experiments will
appear in the *Physical Review*.

I. ESTERMANN.
O. STERN.

Carnegie Institute of Technology,
Pittsburgh, Pa.
May 10.

[1] NATURE, **132**, 169, July 29, 1933.
[2] The value given in the *Bulletin of the American Physical Society*
(vol. 9, p. 29, 1934, No. 2) is wrong, due to an error in the calculations.

S56. Otto Stern, Bemerkung zur Arbeit von Herrn Schüler: Über die Darstellung der Kernmomente der Atome durch Vektoren. Z. Physik, 89, 665–665 (1934)

Bemerkung zur Arbeit von Herrn Schüler: Über die Darstellung der Kernmomente der Atome durch Vektoren[1]).

Von **O. Stern** in Pittsburgh, Pennsylvania.

© Springer-Verlag Berlin Heidelberg 2016

H. Schmidt-Böcking, K. Reich, A. Templeton, W. Trageser, V. Vill (Hrsg.), *Otto Sterns Veröffentlichungen – Band 4*, DOI 10.1007/978-3-662-46964-4_8

67

Bemerkung zur Arbeit von Herrn Schüler: Über die Darstellung der Kernmomente der Atome durch Vektoren[1]).

Von **O. Stern** in Pittsburgh, Pennsylvania.

(Eingegangen am 17. Mai 1934.)

In der oben genannten Arbeit findet sich folgende Bemerkung über das magnetische Moment des Deutons: „Nach einer mündlichen Mitteilung von Herrn Stern ist es kleiner als 10% des magnetischen Moments des Protons".

Hier muß unbedingt ein Mißverständnis vorliegen. Ich habe niemals weder Herrn Schüler noch irgend jemand anders gegenüber eine derartige Bemerkung gemacht. Die in Hamburg bis August 1933 ausgeführten Messungen erlaubten — da der zur Verfügung stehende schwere Wasserstoff sehr unrein war — nur die Aussage, daß das Moment des Deutons kleiner als das des Protons wäre[2]).

Inzwischen haben Herr Estermann und ich neue Messungen an reinem, schwerem Wasserstoff ausgeführt, aus denen sich für das magnetische Moment des Deutons der Wert 0,7 bis 0,8 Kernmagnetonen ergibt[3]).

Schließlich möchte ich noch bemerken, daß mir die von Herrn Schüler benutzte Bezeichnung „Protonenmagneton" für 1/1888 Elektronenmagneton (Bohrsches Magneton) sehr unzweckmäßig erscheint, weil eben das Proton ein wesentlich größeres magnetisches Moment hat. Ich halte die schon seit langem übliche[4]) Bezeichnung „Kernmagneton" für zweckmäßiger.

Pittsburgh, Pa., Carnegie Institute of Technology, 4. Mai 1934.

---

[1]) ZS. f. Phys. **88**, 323, 1934. — [2]) I. Estermann u. O. Stern, ebenda **86**, 132, 1933. — [3]) I. Estermann u. O. Stern, Phys. Rev., im Erscheinen. Der im Bull. of the Amer. Phys. Soc. **9**, 29, 1934, Nr. 2 angegebene Wert ist durch einen Rechenfehler entstellt. — [4]) Vgl. O. Stern, ZS. f. Phys. **39**, 760, 1926, U. z. M. Nr. 1.

S57. Otto Stern, Remarks on the measurement of the magnetic moment of the proton. Science, 81, 465–465 (1935)

MAY 10, 1935   *SCIENCE*   465

Remarks on the measurement of the magnetic moment of the proton: OTTO STERN *(by invitation). Spectro-*

MAY 10, 1935   *SCIENCE*   465

of the latter class of reactions are capable of mediating the oddness of valence-change by undergoing both, thus permitting reaction to occur by a sequence of bimolecular steps. In several cases observed catalytic activity of the substance has led to the discovery of an additional valence state not previously suspected. It seems probable that mediation of an odd valence-change is a common mechanism for the action of catalysts in oxidation-reduction reactions. It is thought that this idea may account for the necessity for certain catalysts in biological oxidations; it appears to give new significance to the property of "two-step" oxidation-reduction possessed by various respiratory pigments, the theoretical analysis of which has been given by Michaelis.

Solutions of the wave equation in spheroidal coordinates: J. A. STRATTON (introduced by John C. Slater). It has been shown that the Schrödinger equation, including the wave equation as a special case, is separable in eleven systems of coordinates only. Of these eleven systems, three alone have been investigated with a thoroughness sufficient to meet all the demands of physical problems. Of those remaining, three more are of outstanding practical importance. The functions of the elliptic cylinder, the prolate spheroid and the oblate spheroid include as special cases the functions of the sphere and the circular cylinder, and are adapted to problems involving slits and flat strips, circular disks and rods of finite length. It is the object of the present investigation to establish the properties of these functions in a detail approaching that known for the Bessel and Legendre functions. On separation of the wave equation in any of the three coordinate systems named it appears that both angular and radial functions satisfy a differential equation of the type $(1-z^2)\,w'' - 2(a+1)\,zw' + (b-c^2z^2)\,w = 0$, wherein the separation constant b is restricted to characteristic values such that one particular solution exists which is finite at the regular points $z = \pm 1$. Asymptotic solutions appropriate to the region of large values of z are defined and normalized in the manner most convenient for physical problems. In diffraction problems, an expansion of a plane wave in terms of the functions of the elliptic cylinder or spheroid is required, and this, as well as the nature of the usual boundary conditions, necessitates a knowledge of the behavior of the functions of both the first and second kind in the neighborhood of $z = 0$. The analytic continuation of both asymptotic solutions into the origin is attained by means of contour integrals and thus expansions of the two independent solutions appropriate to all regions of the z-plane are available, together with their analytic connections.

Arc spectra of hydrogen and deuterium: R. W. WOOD and G. H. DIEKE. It was shown many years ago by Kiuti that in the secondary or molecular spectrum of a hydrogen arc between tungsten electrodes, many of the strong lines obtained with the hydrogen vacuum tube were missing, and others were relatively strong. The matter has now been more fully investigated with higher dispersion, and is discussed from the theoretical standpoint.

Remarks on the measurement of the magnetic moment of the proton: OTTO STERN (by invitation). *Spectroscopic method.* By measuring the frequency change of a spectral line in the magnetic field, the energy change of the atom $\Delta E = \mu H = h\Delta\nu$ is determined. In fact, only the difference in the energy changes of two states of the atom can be measured in this way. At least one of the two states must be an excited one. The *molecular ray method*, on the contrary, allows the measurement of the magnetic moment of a single state, the normal state of the atom. This is valuable not only for the treatment of some fundamental problems (space quantization, etc.), but also for the problem of measuring very small moments. Therefore, it is possible to measure the magnetic moment of the proton ($\mu \sim 10^{-23}$ e.s.u.), a problem not yet solved by the spectroscopic method. The reason for this is a fundamental one, the uncertainty principle of the wave mechanics.[1] This principle stipulates that the uncertainty δE of the measurement of the energy is connected with the length of time of the measurement δt by the relation $\delta E \cdot \delta t \sim h$. Since the lifetime of an excited state of the H-atom is less than 10^{-8} seconds, the uncertainty of the energy measurement is $\delta E \sim \dfrac{6.10^{-27}}{10^{-8}} = $ 6.10^{-19} erg. The energy change in the magnetic field, due to the magnetic moment of the proton, is $\Delta E = \mu H \sim 10^{-23}$. $6.10^4 = 6.10^{-19}$ erg in a field of 6.10^4 gauss. This means that even in such a strong field $\Delta E \sim \delta E$, or the uncertainty in the measurement is as large as the quantity to be measured. Under the conditions of the molecular ray method, δt corresponds to the time during which the atom is in the magnetic field, at least 10^{-4} seconds under the usual conditions. This means that in this case the uncertainty of the measurement δE is only 10^{-4} of the quantity itself ΔE. The actual measurements, carried out first in the Hamburg Institute of Physical Chemistry, fell very much short of this limit of error. Nevertheless, the measurements gave a very interesting result, about $2\tfrac{1}{2}$ nuclear magnetons. Dirac's theory, very well confirmed in the case of the electron, predicts a value of 1 nuclear magneton for the proton.

SCIENTIFIC APPARATUS AND LABORATORY METHODS

SIMPLIFIED EQUIPMENT OF SMOKING KYMOGRAPH DRUMS

WHERE no separate room can be set aside for smoking kymograph drums, both the experimenter and the instructor is confronted with the necessity of smearing

the paint and equipment of the laboratory as well as the clothing of the students with the excess soot. The former difficulty is also one of the frequent and serious

---

[1] For the spectroscopic problem, *cf.* W. V. Houston and Y. M. Hsieh, *Phys. Rev.*, 45: 263, 1934.

S58. Immanuel Estermann, Oliver C. Simpson und Otto Stern, Magnetic deflection of HD molecules (Minutes of the Chicago Meeting, November 27–28, 1936), Phys. Rev. 51, 64–64 (1937)

AMERICAN PHYSICAL SOCIETY

37. Magnetic Deflection of HD Molecules. I. ESTER-MANN, O. C. SIMPSON, AND O. STERN, *Carnegie Institute of*

© Springer-Verlag Berlin Heidelberg 2016
H. Schmidt-Böcking, K. Reich, A. Templeton, W. Trageser, V. Vill (Hrsg.), *Otto Sterns Veröffentlichungen – Band 4*, DOI 10.1007/978-3-662-46964-4_10

That the controlling gas in the first arc is nitrogen is confirmed by gradient measurements carried out in a pure nitrogen atmosphere. The gradient in arcs (3) and (4) is determined by the presence of copper vapor furnished by thermal decomposition of the oxides. Space potentials were measured by means of a Langmuir probe consisting of a tungsten wire 0.07 mm in diameter. Although the field near the center of the arc column is uniform, a continuously increasing gradient occurs within the space extending from 1 mm to ½ mm from the electrode surfaces. The decrease in anode fall from 10 to 4 volts is accompanied by an increase in potential at the cathode. The lowering of the anode fall is due to several effects which combine to cause a decrease in electron concentration in the anode sheath. The changes in cathode fall are most easily explained on the basis of the field theory of electron emission.

34. Density of Excited Levels in Heavy Nuclei. S. GOUDSMIT, *University of Michigan.*

—Bethe's calculation of the level spacing of excited nuclei does not explain why some heavy nuclei do not possess resonance levels for slow neutrons. Another method of calculating, closely related to Bethe's, seems to throw some light on this problem. The possible energies for the individual particles are calculated again statistically. Over a certain range these energies may be taken as approximately equidistant with a spacing ϵ. If the excitation of the total nucleus is $Q = n\epsilon$ the level spacing of nondegenerate levels in the neighborhood of Q is given by $\epsilon / \Sigma_\nu p_s(\nu) p_t(n - \nu)$. In this expression s and t are the numbers of neutrons and protons available for the excitation and the symbol $p_s(\nu)$ means "the partition of the integer ν into parts none of which exceeds s." If both s and t are larger than n, the result comes out to be identical with that of Bethe. The spacing will be much wider, however, if this condition is not fulfilled. This could happen if nuclei contain shells differing considerably in energy. If the stability of the normal nucleus causes the first excitation energies of the individual particles to be larger than the assumed distance ϵ, the level spacing for the total excitation will also be increased greatly.

35. On the Matrix Element in the Fermi Theory of β-Decay. L. W. NORDHEIM, *Purdue University.*

—How the many body constitutions of the nuclei have to be taken into account in the theory of β-decay is discussed. It is found to be necessary to make the theory completely symmetrical in all the heavy particles (protons and neutrons). A definite prescription can then be given for computing the matrix element in terms of nuclear eigenfunctions of proper symmetry which differs slightly from what one would expect from elementary considerations. The magnitude of the matrix element will be of the order unity (as hitherto generally assumed for allowed transitions) only if there is just one surplus neutron which goes over into a proton (and *vice versa*) and if the initial and final states of the nucleus contain the same configurations, or corresponding ones if a spin dependent transformation operator is chosen. With the coupling schemes proposed at present the latter case seems to be indicated for light

nuclei. If the numbers of neutrons and protons differ by more than one, the matrix element will be smaller, which explains the difference in lifetime for light and heavy β-emitters.

36. On the Non-Association of Photoconductivity with Optical Absorption in Non-Conducting Crystals. CLARENCE ZENER, *Washington University, St. Louis, Mo.*

—While all the electrical and magnetic properties of a metal may be qualitatively understood by the use solely of Bloch wave functions, it is generally recognized that the strongly peaked absorption spectra of the alkali halides is due to excited atomic states. The perturbation method, which has heretofore been used exclusively, does not give definite information when the perturbations are as large as they are at the actual lattice spacing. Two new methods of approach are here used to study the electrical properties of insulators. Both methods start from the basic property of an insulator, the ability to support an electric field. The first method uses the variation principle to show that in the lowest excited state of an insulator, the negative electron in the excited band is bound to the positive hole in the lower band. The second method solves exactly an idealized model of an insulator crystal with one impurity atom. The excited Bloch energy bands, as viewed by the valence electrons of the impurity atom, have a dip in the region of the impurity ion. Both methods come to the conclusion that in insulators photoconductivity is not associated with the long wave-length edge of the first absorption band.

37. Magnetic Deflection of HD Molecules. I. ESTERMANN, O. C. SIMPSON, AND O. STERN, *Carnegie Institute of Technology.*

—The magnetic deflection of molecular beams of HD (kindly furnished by Dr. Brickwedde) has been investigated by the same method previously used for H_2[1] and D_2.[2] The HD differs from H_2 and D_2 by the absence of molecules with zero moment. This makes the weakening by the magnetic field at the position of the undeflected beam very effective. This weakening is nearly independent of the magnetic moment of the deuteron and of the rotational magnetic moment, but very sensitive to the moment of the proton, much more than in the case of ordinary hydrogen. The influence of the distortion of the Maxwell-distribution has been eliminated by extrapolation to zero pressure. The accuracy of the value for the proton moment is now limited only by the accuracy of the field measurement.

[1] Frisch and Stern, Zeits. f. Physik **85**, 4 (1933); Estermann and Stern, Zeits. f. Physik **85**, 17 (1933).
[2] Estermann and Stern, Zeits. f. Physik **86**, 132 (1933); Phys. Rev. **45**, 761 (1934).

38. A Stern-Gerlach Magnetic Field as a Velocity Analyzer for Atomic Beams. ALEXANDER ELLETT AND VICTOR W. COHEN, *State University of Iowa.*

—A detailed examination has been made of the deflection pattern of a beam of alkali atoms traversing an inhomogeneous magnetic field with view of determining the constancy of the gradient and the validity of the Maxwell distribution. The displacement of an atom after traversing the field will be

$$s \sim (1/mv^2)\mu(\partial H/\partial s).$$

S59. Otto Stern, A new method for the measurement of the Bohr magneton. Phys. Rev., 51, 852–854 (1937)

MAY 15, 1937   PHYSICAL REVIEW   VOLUME 51

A New Method for the Measurement of the Bohr Magneton

OTTO STERN
Research Laboratory of Molecular Physics, Carnegie Institute of Technology, Pittsburgh, Pennsylvania
(Received March 8, 1937)

© Springer-Verlag Berlin Heidelberg 2016
H. Schmidt-Böcking, K. Reich, A. Templeton, W. Trageser, V. Vill (Hrsg.), *Otto Sterns Veröffentlichungen – Band 4*, DOI 10.1007/978-3-662-46964-4_11

MAY 15, 1937   PHYSICAL REVIEW   VOLUME 51

A New Method for the Measurement of the Bohr Magneton

Otto Stern
Research Laboratory of Molecular Physics, Carnegie Institute of Technology, Pittsburgh, Pennsylvania
(Received March 8, 1937)

A molecular ray method for the measurement of forces acting on molecules is discussed in which these forces are compensated by the force of gravity (molecular balance).

I N the following paper a method is discussed in which, by employing a molecular ray, the acceleration given to a molecule by an external field (magnetic, electric) is compared directly with the acceleration produced by gravity. The experiments now under way in this laboratory attempt to employ this method for an exact determination of the Bohr magneton.[1] However, the method should be useful also for many other problems.

THE MEASUREMENT OF THE FREE FALL OF MOLECULES

The free fall of molecules in the gravitational field of the earth could be easily observed by the following experiment with molecular rays.

A molecular ray, Cs in our case, is produced by the ovenslit A (Fig. 1) and the collimating slit B. The detector C is a heated tungsten wire. Both slits and the detecting wire are horizontal. The Cs atoms striking the surface of the wire are ionized. The ion current between the wire and a negatively charged cylinder gives directly the number of impinging atoms per second (Langmuir-Taylor method[2]). The dotted lines in Fig. 1 give the paths of some Cs atoms with different velocities. We shall find a deflected beam with an intensity distribution corresponding to Maxwell's law.

NUMERICAL EXAMPLE

We assume the distance $AB=BC=l$. Then in our arrangement the distance of free fall s_α for the atoms with the most probable velocity α is

$$s_\alpha = gl^2/\alpha^2 = gl^2M/2RT \quad \text{(since } \tfrac{1}{2}M\alpha^2 = RT). \quad (1)$$

With $l=100$ cm we have

$$s_\alpha = \tfrac{3}{5} \times (M/T) \text{ mm.} \quad (1a)$$

For Cs ($M=132.9$; $T=450°$K): $s_\alpha=0.177$ mm. Fig. 3 gives the distribution of the intensity in the vertical direction for a beam of 0.04 mm width (beam without half-shadow, detecting wire very thin). s is the distance from the center of the beam, i/i_0 the ratio of the ion current i at the position s to i_0 for the undeflected beam, that is, the straight beam of atoms not influenced by any force.

The available intensity J_0 is in a very rough approximation given by

$$J_0 = \frac{2\times 10^{-5}}{(MT)^{\frac{1}{2}}} \frac{h}{r^2} \frac{\text{mol}}{\text{cm}^2 \text{ sec.}},$$

where $r=2l$ is the length of the beam and h the height of the ovenslit (in this case h is horizontal).[4] With $M=132.9$; $T=450°$K; $2l=r=2\times 10^2$ cm, $h=0.2$ cm:

$$J_0 = 4\times 10^{-13}(\text{mol/cm}^2 \text{ sec.}).$$

If the diameter of the detecting wire is 4×10^{-3} cm and the effective length 2×10^{-1} cm, J_0 corresponds to an ion current $i_0=3\times 10^{-11}$ amp.

---

[1] Specially interesting with regard to the present inconsistencies in the numerical values of the fundamental constants. By measuring the Bohr magneton per mole we get essentially a numerical value for h/m. h/m combined with the Rydberg constant gives directly (after a remark of Niels Bohr) the fine structure constant α and a check on Eddington's hypothesis $\alpha=1/137$.

[2] John B. Taylor, Zeits. f. Physik **57**, 242 (1929); U.z.M. 14 (U.z.M., Untersuchungen zur Molekularstrahlmethode, refers to a series of papers concerning the molecular ray method.)

[3] O. Stern, Zeits. f. Physik **39**, 755 (1926); U.z.M. 1.

[4] J_0 depends also on the product of the width b of the ovenslit and the pressure p in the oven. But because of the condition that the mean free path λ in the oven should not be smaller than b, this product is constant. In the above equation it is assumed that for all substances in the first approximation $\lambda=1/10$ mm for $p=1/10$ mm.

MEASUREMENT OF THE BOHR MAGNETON   853

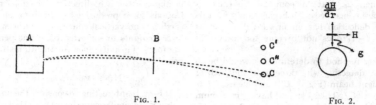

FIG. 1.

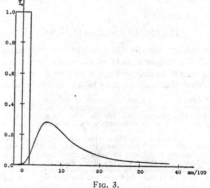

FIG. 2.

COMPENSATION OF THE FORCE OF GRAVITY BY A MAGNETIC FIELD

The magnetic field may be produced by a current I flowing through a wire underneath and parallel to the beam. Led d be the distance between the center of the beam and the center of the wire. Then at the place of the beam the field strength H is $2I/d$ and the inhomogeneity $dH/dr = -2I/d^2$. H is horizontally, dH/dr vertically directed (Fig. 2). The magnetic force $F_m = \mu(dH/dr)$ exerted on a magnetic dipole has also the vertical direction. Thereby μ is the component of the magnetic moment of the dipole in the direction of H (horizontal in our case).[5] For alkali atoms in a strong field μ has only the two values $+\mu_0$ and $-\mu_0$ (μ_0 Bohr magneton). In our case we have to deal with a very weak field where we have many more components. But this does not make any difference in the essential point as we shall see later. So let us assume for the moment that we have only the two components $+\mu_0$ and $-\mu_0$.[6] Then for one-half of the atoms the magnetic force has the same direction as the force of gravity, for the other half of the atoms the opposite direction. For these atoms it will be possible to choose $|dH/dr| = 2I_0/d^2$ so that the magnetic force just cancels the force of gravity. These atoms will get no acceleration at all and move strictly in straight lines. I_0 is determined by the equation

$$mg = \mu_0|dH/dr| = \mu_0(2I_0/d^2). \qquad (2)$$

To find I_0 we can employ different methods. The most straightforward procedure seems to be the

following one: We place the detecting wire a short distance above the straight beam (Fig. 1, C') and let I increase. As long as $I < I_0$ all atoms are deflected downward, no atom strikes the wire and we have no ion current. The instant I becomes larger than I_0, half of the atoms regardless of their velocity are deflected upwards and some atoms strike the wire. Since the amount of the deflection depends on the velocity, the slowest atoms strike the wire first, then with increasing $I-I_0$ the faster ones. No matter how far above the beam we set the detecting wire, we shall get an ion current as soon as I becomes larger than I_0. The intensity of this ion current, however, depends of course on the distance between the beam and the detector. It can be easily calculated as a function of $I-I_0$ by using Maxwell's law of the velocity distribution.

At this point we can see at once why the splitting of the beam into many components, 16 for Cs, by a weak field does not matter. The component with the largest value of μ has always

FIG. 3.

---

[5] In the usual arrangement H and dH/dr are parallel. The validity of $F_m = \mu(dH/dr)$ for the present case follows directly from the consideration of the energy or from considering the forces and taking into account curl $H=0$.

[6] This case could be realized experimentally by superimposing a strong homogeneous field.

the moment μ_0.[7] But this component is the only one we are concerned with because only for this one the deflection has an upward direction as long as $I - I_0$ does not become too large (till about $I - I_0 < \frac{1}{3} I_0$).

Another method to determine I_0 would be to place the detecting wire directly in the path of the straight beam (Fig. 1, C'') and measure i as a function of I. Then i should have a maximum for $I = I_0$ because if I is larger or smaller than I_0 we deflect atoms upward or downward and diminish the intensity.[8] The other components do not disturb us in this case either because they give no maximum of i for $I = I_0$ but only a monotonic increase of i with I. Of course, also here i can be easily calculated as a function of I.

It seems that I_0 could be determined very accurately by either one of these methods. This should make possible a very exact measurement of $N\mu_0$. Eq. (2) gives:

$$\mu_0 = mgd^2/2I_0 \quad \text{or} \quad N\mu_0 = M_0 = Mgd^2/2I_0$$

(N Avogadro's number, M molecular weight).

Since M and g are well known the accuracy of the result will probably depend mainly on the accuracy of d, that is of the alignment of the arrangement.

To calculate numerical values we write (2) in the form

$$|dH/dr| = (M/M_0)g = 2I_0/d^2. \quad (2a)$$

For Cs we have

$$|dH/dr| = (132.9/5550) \times 980 = 23.5 \quad \text{gauss/cm}$$

and for $d = 1$ cm

$$I_0 = \tfrac{1}{2} \times 23.5 \text{ e.m.u.} = 117.5 \text{ amp.}$$

Corrections for the finite height h of the beam and the magnetic field of the earth are small (quadratic terms) and can easily be taken into account. Furthermore, the beam must be placed

[7] Exactly, $\mu_0 \pm$ magnetic moment of the nucleus. Since this moment is of the order of magnitude $10^{-3}\mu_0$ it has to be known only very roughly. On the other hand it may be possible in the future to determine nuclear moments in this way.

[8] This is analogous to the method used by Rabi and his fellow-workers (see for instance, Phys. Rev. 50, 472 (1930)) compensating deflections by sending the beam through a weak and afterwards a strong field. They also were the first ones to employ wire fields in actual experiments. On the other hand the whole method has a certain analogy with Millikan's experiments for the determination of e.

in the north-south direction. In this case the Coriolis force produced by the rotation of the earth has no vertical component. Otherwise this force amounts to some tenths of one percent of the force of gravity even for the atoms with the velocity α.

NUCLEAR MOMENTS

It is quite interesting to consider the numerical values for a similar experiment with H_2 molecules. For the deflection by gravity Eq. (1a) gives

$$s_\alpha = \frac{3}{5} \times \frac{M}{T} = \frac{3}{5} \times \frac{2}{60} = \frac{1}{50} \text{ mm}$$

if we take $T = 60°$K. For the compensating inhomogeneity we get from Eq. (2a) taking $N\mu$ equal to 5 nuclear magnetons per mole

$$\left| \frac{dH}{dr} \right| = \frac{M}{N\mu} g = \frac{2}{15} \times 980 = 131 \frac{\text{gauss}}{\text{cm}},$$

still quite a convenient value for a wire field.

But in this case it will be necessary to take into account the diffraction of the de Broglie waves for the interpretation of the measurements. The wave-length λ_α of a molecule with the velocity α is

$$\lambda_\alpha = \frac{h}{m\alpha} = \frac{Nh}{(2RTM)^{\frac{1}{2}}} = \frac{30.7}{(TM)^{\frac{1}{2}}} 10^{-8} \text{ cm}.$$

For this wave-length the distance s_d of the first diffraction maximum from the beam at the place of the detector is

$$s_d = l \frac{\lambda_\alpha}{b} = \frac{l}{b} \times \frac{30.7}{(MT)^{\frac{1}{2}}} \times 10^{-8} \text{ cm},$$

where b is the width of the collimating slit and l the distance between the collimating slit and detector. For H_2 at $60°$K we get:

$$\lambda_\alpha = 2.8 \times 10^{-8} \text{ cm and with } b = 1/100 \text{ mm},$$
$$s_d = 2.8 \times 10^{-3} \text{ cm}$$

compared with $s_\alpha = 2 \times 10^{-3}$ cm. For Cs, however, we have

$$\lambda_\alpha = 0.125 \times 10^{-8} \text{ cm and with } b = 2 \times 10^{-3} \text{ cm},$$

$$s_d = 0.62 \times 10^{-4} \text{ cm.}$$ Consequently the diffraction will require at most a small correction.

It is self-evident that, employing the same method, we can use also other forces to compensate the force of gravity.

S60. Otto Stern, A molecular-ray method for the separation of isotopes (Minutes of the Washington Meeting, April 29, 30 and May 1, 1937), Phys. Rev. 51, 1028–1028 (1937)

AMERICAN PHYSICAL SOCIETY

157. A Molecular Ray Method for the Separation of Isotopes.* O. STERN, *Carnegie Institute of Technology.*—

© Springer-Verlag Berlin Heidelberg 2016
H. Schmidt-Böcking, K. Reich, A. Templeton, W. Trageser, V. Vill (Hrsg.), *Otto Sterns Veröffentlichungen – Band 4*, DOI 10.1007/978-3-662-46964-4_12

only have been generated on an unsymmetrical earth resulting probably from a fission process much like that suggested in the author's binary star theory of the origin of the solar system. (Phys. Rev. **39**, 130, 311 (1932).)

154. A Combined Still and Diffusion Pump. WHEELER P. DAVEY AND R. J. PFISTER, *The Pennsylvania State College.*—K. C. D. Hickman[1] has traced the loss in efficacy of oil diffusion pumps to an accumulation of volatile matter which diffuses back past the jet. He proposes a combination still and pump "simple to construct, surprisingly difficult to render vacuum-tight." By using a nest of vertical concentric boilers we have overcome the difficulty. If the space between the top of the boiling oil and the condensate collector ring is filled with an appropriate still-packing, we have, in addition to the effect of the multiple boiler, the added advantage of the "packed column" type of still. A two-jet water-cooled jet still of the above design was built with glass exterior, brass jets, and brass inner boiler, using cotton string to fill the space between the glass and the brass. This was connected to a large McLeod gauge by means of a large rubber stopper made substantially vacuum tight by means of yellow vaseline. When charged with a mixture of water and *n*-butyl phthalate it rejected the water and within an hour gave an apparent vacuum, as measured on the McLeod gauge, of 2×10^{-6} cm Hg. This was in spite of evident charring of the cotton string. When charged with two volumes of *n*-butyl phthalate, one volume of acetone, and one volume of cyclohexane it rejected the acetone and cyclohexane and in an hour gave again a measured pressure of 2×10^{-6} cm Hg. This is considered to be the vapor pressure of *n*-butyl phthalate at the temperature of our condenser.[1]

[1] K. C. D. Hickman, Jr. Frank. Inst. **221**, 215 (1936).

155. Production of Liquid Hydrogen Without the Use of a Compressor. J. E. AHLBERG AND W. O. LUNDBERG, *Johns Hopkins University* AND I. ESTERMANN, *Carnegie Institute of Technology.*—By using a "twisted tube" heat interchanger instead of the Linde or Hampson type interchanger, and by other simplifications in construction, it has been possible to build a hydrogen liquefier of great efficiency and small size. The heat capacity of the unit is low enough to make it possible to operate the liquefier from ordinary hydrogen cylinders without the use of a compressor. Using liquid nitrogen at a pressure of about 20 cm of Hg for precooling, about 16 percent of the hydrogen was liquefied at a flow of 1.6 cu. ft. per minute producing about 0.9 liter of liquid hydrogen per hour. It is possible to watch the progress of the liquefaction through an unsilvered strip in the Dewar vessel containing the heat interchanger and the expansion valve. The liquid nitrogen consumption amounts to about 7 liters per liter of liquid hydrogen.

156. A Type of High Potential Battery Which Combines Extreme Lightness with Long Shelf Life. WILLIS E. RAMSEY, *Bartol Research Foundation of The Franklin Institute. (Introduced by W. F. G. Swann.)*—In the conventional type of dry cell we may substitute for the usual zinc jacket a single turn of zinc wire, and allow the blotting

paper which carries the electrolyte to provide a wall for the cell. Pencil graphite makes a very good substitute for the usual carbon rod. Cell units of this type may weigh as little as 0.60 gram per volt and be very satisfactory. A sheet of cardboard covered with a thin layer of Superla wax provides an excellent mounting for the units. A light but tight cardboard box will prevent evaporation. These cells are mounted dry and allowed to remain so until needed. Rejuvenation may be obtained by adding a drop or two of ammonium chloride to each unit with a medicine dropper. Repeated dehydration and rejuvenation fails to disturb the constancy of the potential (0.1 percent per week) and such a battery is activated only during periods of time when it is being used. Cell units have an internal resistance varying from 5 to 1000 ohms depending on moisture-temperature coefficient 0.04 percent per degree centigrade.

157. A Molecular Ray Method for the Separation of Isotopes.* O. STERN, *Carnegie Institute of Technology.*—The method of balancing the force of gravity by a magnetic field should allow effective separation of isotopes, because the compensating inhomogeneity $dH/dr = Mg/M$ depends on M. With Li, for example, choosing dH/dr between the limits $6g/M$ and $7g/M$, only the isotope 6 is deflected upwards and by collecting the Li above the straight beam we get pure Li₆. The intensity, however, would be very poor because, for practical reasons, the beam would have to be several meters long. But we can make the beam much shorter, replacing gravity by centrifugal force. Then it is easy to make the acceleration at least 10^4 times larger than g. For this case the beam needs to be only a few centimeters long giving a much larger intensity. Of course dH/dr has to be correspondingly larger, about 10^4 gauss/cm for Li₆ and a centrifugal acceleration of 10^4 g. Since the needed accuracy is small and the field has to be rotated, it would be convenient to use a permanent magnet. This method will give a pure isotope like the mass-spectrograph.

* To be called for after paper No. 35.

158. Quantitative Spectrographic Analysis of Biological Material. II.* J. S. FOSTER AND C. A. HORTON, *McGill University. (Introduced by Professor G. B. Pegram.)*—An internal standard method of general applicability has been developed for quantitative spectrographic analysis of fresh plant tissue without ashing or chemical treatment. The results obtained for boron, using 200 mg of fresh material, are reproducible with variations rarely in excess of ten percent. A photometer for wedge spectrograms is described. It is designed to avoid the problem of finding the ends of the spectral lines and to give directly the relative intensities.

* To be called for after paper No. 50.

159. The Stark Effect in Iron, and the Contrast with the Pole Effect.* F. PANTER AND J. S. FOSTER, *McGill University. (Introduced by Professor G. B. Pegram.)*—Through the use of a quartz tube which operates on very small current the Stark effects for a few hundred iron lines have been examined in fields from 100 to 200 kv/cm. The results lend no support to the view commonly expressed that the pole effect is a pure Stark effect. The Stark displacement of

S61. J. Halpern, Immanuel Estermann, Oliver C. Simpson und Otto Stern, The scattering of slow neutrons by liquid ortho- and parahydrogen. Phys. Rev., 52, 142–142 (1937)

LETTERS TO THE EDITOR

The Scattering of Slow Neutrons by Liquid Ortho- and Parahydrogen

© Springer-Verlag Berlin Heidelberg 2016   79
H. Schmidt-Böcking, K. Reich, A. Templeton, W. Trageser, V. Vill (Hrsg.), *Otto Sterns Veröffentlichungen – Band 4*, DOI 10.1007/978-3-662-46964-4_13

The Scattering of Slow Neutrons by Liquid Ortho- and Parahydrogen

We have measured the scattering of slow neutrons (90°K) by liquid hydrogen varying in *ortho* and *para* content, and have found that orthohydrogen scatters decidedly more than parahydrogen, as predicted by the theory.[1]

The slow neutrons were produced by a 200 mg (Ra-Be source and were cooled down with liquid methane. A beam of these neutrons was allowed to pass through a quartz Dewar vessel (3 cm diameter, 1 cm thickness) filled with liquid hydrogen, and was detected by the radioactivity induced in rhodium sheets. Measurements with and without cadmium absorbers allowed the detection of the slow neutrons. The ratios of the activities with the vessel filled with water, with 61 percent orthohydrogen, and with 46 percent orthohydrogen, to the activity with the vessel empty were 0.07, 0.3, and 0.5, respectively. With the use of these data, a rough calculation shows that the mean free path of the neutrons in orthohydrogen is about the same as in water (taking into account the proton densities), but much larger in parahydrogen.

J. Halpern
I. Estermann
O. C. Simpson
O. Stern

Research Laboratory of Molecular Physics,
    Carnegie Institute of Technology,
    Pittsburgh, Pennsylvania,
    July 1, 1937.

[1] E. Teller, Phys. Rev. **49**, 420 (1936); Julian Schwinger and E. Teller, Phys. Rev. **51**, 775 (1937).

S62

S62. Immanuel Estermann, Oliver C. Simpson und Otto Stern, The magnetic moment of the proton. Phys. Rev., 52, 535–545 (1937)

The Magnetic Moment of the Proton

I. Estermann, O. C. Simpson and O. Stern

Research Laboratory of Molecular Physics, Carnegie Institute of Technology, Pittsburgh, Pennsylvania

(Received July 9, 1937)

© Springer-Verlag Berlin Heidelberg 2016
H. Schmidt-Böcking, K. Reich, A. Templeton, W. Trageser, V. Vill (Hrsg.), *Otto Sterns Veröffentlichungen – Band 4*, DOI 10.1007/978-3-662-46964-4_14

81

decay of the gamma-ray activity excited by neutron bombardment. It is apparent that there are gamma-ray periods for the 13-second and 54-minute activities. The energy of each of these has not yet been determined. The energies of the upper limits of the beta-radiations from the 54-minute and 13-second activities have been reported[7] as 1.3 Mev and 3.2 Mev, respectively. In the present investigation about 750 tracks have been measured for the 50-day period

[7] Gaerttner, Turin and Crane, Phys. Rev. 49, 793 (1937).

and about 100 tracks for the positive 20-minute period. These measurements indicate energies at the upper limit of 2.15 Mev and 1.75 Mev, respectively. Measurements are in progress to determine as far as possible the beta- and gamma-energies for the remaining activities.

We are greatly indebted to Mr. D. W. Stewart for aid in carrying out the necessary chemical separations.

The work has been made possible by a grant from the Horace H. Rackham Trust Fund.

SEPTEMBER 15, 1937   PHYSICAL REVIEW   VOLUME 52

The Magnetic Moment of the Proton

I. Estermann, O. C. Simpson and O. Stern
Research Laboratory of Molecular Physics, Carnegie Institute of Technology, Pittsburgh, Pennsylvania
(Received July 9, 1937)

The magnetic moment of the proton was measured by the method of the magnetic deflection of molecular beams employing H_2 and HD. The result is $\mu_P = 2.46\mu_0 \pm 3$ percent.

THE magnetic moment of the proton was first measured by Estermann, Frisch and Stern in Hamburg in 1932–33.[1] These measurements gave the surprising result that the proton moment was not one but 2.5 nuclear magnetons with the limit of error of about 10 percent. We have repeated these measurements with the aim of obtaining as great an accuracy as possible. The knowledge of this numerical value is important for several reasons: It allows a check on any theory of the heavy elementary particles, because the theory must give just this numerical value; but it is, of course, also important for the theory of the nuclei and for the theory of the forces between elementary particles.

In addition to the experiments with H_2, we have employed beams of HD[2] and have removed certain sources of error contained in the previous measurements.

I. Method

The principle of the method used is the measurement of the deflection of a beam of

[1] R. Frisch and O. Stern, Zeits. f. Physik 85, 4 (1933); U. z. M. 24; I. Estermann and O. Stern, Zeits. f. Physik 85, 17 (1933); U. z. M. 27. (U. z. M., Untersuchungen zur Molekularstrahlmethode, refers to a series of papers concerning the molecular ray method.)
[2] We wish to express our sincere thanks to Dr. F. G. Brickwedde of the National Bureau of Standards who kindly prepared the HD.

hydrogen molecules in an inhomogeneous magnetic field. From this measurement the magnetic moment of the proton is obtained in the following way:

Normal hydrogen is composed of 25 percent parahydrogen and 75 percent orthohydrogen. We neglect, at first, the rotation of the molecule. Then in the case of parahydrogen, the two proton spins are antiparallel and the total spin and magnetic moment of the molecule are consequently 0. In the case of orthohydrogen, the two proton spins are parallel, resulting in a total spin of the molecule of 1 and a magnetic moment of twice the proton moment. An infinitely narrow beam of orthohydrogen molecules of a definite velocity should, therefore, be split by the magnetic field into three components corresponding to the deflections 0, $+2s_P$ (H_2) and $-2s_P$ (H_2), where s_P (H_2) would be the deflection under the conditions of our experiment of a H_2 molecule having one proton moment. A beam of parahydrogen would give only the one undeflected component.

In addition to this splitting due to the magnetic moment of the protons, we have to consider the magnetic moment due to the rotation of the molecule as a whole. At very low temperatures all the parahydrogen molecules have the

536   ESTERMANN, SIMPSON AND STERN

TABLE I. *Distribution of rotational quantum states.*

	l	$T=90°K$	$T=291°K$
ortho-H_2	1	99.98%	88.2%
	3	0.02	11.7
	5		0.1
para-H_2	0	98.3%	51.9%
	2	1.7	46.6
	4		1.5
HD	0	55.5%	20.0%
	1	40.5	39.0
	2	4.0	27.5
	3		10.7
	4		2.4
	5		0.4

rotational state 0, and consequently no rotational magnetic moment; therefore, no magnetic moment at all. This was verified in our Hamburg experiments with pure para-H_2 at liquid-air temperature. At room temperature we found a considerable deflection which we ascribed to the rotational moment of the higher quantum states present (see Table I). By further assuming that the rotational magnetic moment is proportional to the rotational quantum number, we found that the rotational magnetic moment per quantum is 0.8 to 0.9 nuclear magnetons.

The orthohydrogen molecules, however, will have the rotational quantum state 1 even at the lowest temperatures. This rotational quantum causes each of the original three components to split again into three, since at the high field strengths used in our experiments the rotational and proton moments can be considered as completely decoupled. The distance between these components is s_R, the deflection of a H_2 molecule having only the magnetic moment associated with the first rotational state, which is about one-third of the proton moment. The total pattern of the orthohydrogen has, thus, nine components, as shown in Fig. 1. Upon adding the 25 percent of the undeflected parahydrogen, we receive the split pattern of ordinary hydrogen at low temperatures. At the temperature of $T=90°K$ where we made measurements, 99.98 percent of the orthohydrogen molecules are in the rotational state $l=1$, and 98.3 percent of the parahydrogen molecules in the rotational state $l=0$ (see Table I). We may therefore neglect the higher rotational states at the temperature of $T=90°K$.

In the case of the HD molecule containing two different atoms, there are no *ortho* and *para* states. At sufficiently low temperatures all the molecules are transformed into the rotational state 0. The experiments, as in the case of H_2, were carried out at $T=90°K$. The distribution of the different rotational states is shown in Table I. Let us consider at first the rotational state 0. In the field strength used we may regard the nuclear magnetic moments of the H and D atoms as completely uncoupled. If the spin and the magnetic moment of the D atom were 0, the deflection pattern of an infinitely narrow monochromatic beam would have just two components $+\frac{1}{2}$ and $-\frac{1}{2}$, because the proton spin is $\frac{1}{2}$. These components correspond to the deflections $\pm s_P$ (HD) of an HD molecule with the magnetic moment of one proton moment. On account of the spin 1 of the D atom, each of these components is split into a triplet. The distance between the triplet components is s_D (HD); namely, the deflection of an HD molecule with the magnetic moment of the deuteron. Since the latter moment is only about one-third of the proton moment, s_D (HD) is approximately one-third s_P (HD). For $T=90°K$, 55 percent of the HD molecules are in the state $l=0$, 40 percent in $l=1$ and the rest in $l=2$.

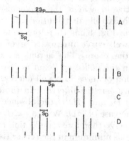

FIG. 1. Magnetic split patterns of H_2 and HD. A, *ortho*-H_2; $T=90°K$. B, normal H_2; $T=90°K$. C, HD without rotation ($l=0$). D, HD; $T=90°K$.

Neglecting state 2, one obtains the split pattern shown in Fig. 1, under the assumption that $s_D=s_R=\frac{1}{3}s_P$. The exact values of s_D and s_R do not matter, because due to the symmetrical arrangement of the s_D and s_R lines around the s_P lines their influence on the intensity distribution

MAGNETIC MOMENT OF THE PROTON   537

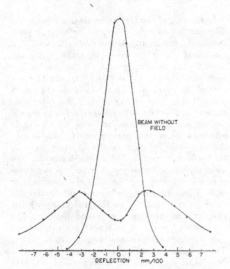

Fig. 2. Magnetic deflection of a beam of HD ($T = 90°$K).
Intensity in arbitrary units.

of an ordinary nonmonochromatic beam compensates to a large degree.

Actually the experiments were carried out with nonmonochromatic molecular rays of different finite widths in which the molecules have a modified Maxwell distribution of velocities. Each line in Fig. 1 has therefore to be replaced by a Maxwell curve integrated over the finite width of the beam. The actual intensity distribution in the deflected beam is arrived at by superposition of these Maxwell curves.

The characteristic difference in the deflection patterns of H_2 and HD is the absence of a zero beam in the case of HD. With a narrow beam of HD, we receive therefore a deflection curve with a conspicuous minimum in the center (see Fig. 2), in contrast to the H_2 curve (Fig. 3) with a strong maximum in the center.

It should be possible in principle to calculate the unknowns s_P, s_R and s_D from the intensity distribution measured in the experiment. Since the deflection curves, however, are rather insensitive to the value of s_D and s_R, this would be impractical. Being chiefly interested in the moment of the proton, and knowing s_R and s_D

from separate experiments with pure parahydrogen and deuterium, respectively, we can calculate s_P from the measured intensity at any point of the deflection curve on the basis of the Maxwell distribution of velocities. $s_P{}^\alpha$ refers then to the deflection of a molecule of the most probable velocity α corresponding to the beam temperature, and the magnetic moment of one proton.[3] For reasons to be explained later (see Section IV), we have used the intensity of the deflected beam at the center of the undeflected beam. We call the ratio of this intensity I to the intensity I_0 of the undeflected beam the "weakening," I/I_0. Assuming a rectangular form for the intensity distribution of the undeflected beam of the half-width $2a$ (see Fig. 4), and a splitting into two beams, as in the case of the alkalies, $I/I_0 = F(s^\alpha/a)$, where $F(x) = (1+x)e^{-x}$.[4] For the split pattern of normal H_2 at $90°$K (Fig. 1B),

$$\frac{I}{I_0} = \frac{1}{3} + \frac{1}{6}\left[F\left(\frac{s_R{}^\alpha}{a}\right) + F\left(\frac{2s_P{}^\alpha}{a}\right) \right.$$
$$\left. + F\left(\frac{2s_P{}^\alpha + s_R{}^\alpha}{a}\right) + F\left(\frac{2s_P{}^\alpha - s_R{}^\alpha}{a}\right) \right].$$

For the actual calculations we have used $s_R = \frac{1}{3}s_P$, so that

$$\frac{I}{I_0} = \frac{1}{3} + \frac{1}{6}\left[F\left(\frac{(1/3)s_P{}^\alpha}{a}\right) + F\left(\frac{2s_P{}^\alpha}{a}\right) \right.$$
$$\left. + F\left(\frac{(7/3)s_P{}^\alpha}{a}\right) + F\left(\frac{(5/3)s_P{}^\alpha}{a}\right) \right].$$

For the pattern of HD at $90°$K (Fig. 1D), we have, taking
$$s_D{}^\alpha = s_R{}^\alpha = \tfrac{1}{3}s_P{}^\alpha,$$

$$\frac{I}{I_0} = \frac{1}{3}\left\{ F\left(\frac{s_P{}^\alpha}{a}\right) + 0.85\left[F\left(\frac{(2/3)s_P{}^\alpha}{a}\right) \right.\right.$$
$$\left. + F\left(\frac{(4/3)s_P{}^\alpha}{a}\right) \right]$$
$$\left. + 0.15\left[F\left(\frac{(1/3)s_P{}^\alpha}{a}\right) + F\left(\frac{(5/3)s_P{}^\alpha}{a}\right) \right] \right\}.$$

[3] For any given magnetic moment μ, $s^\alpha = (\mu/4kT)$ $\times (dH/ds) \times l^2$ is independent of the mass of the molecule and is therefore the same for H_2 and HD.
[4] O. Stern, Zeits. f. Physik **41**, 563 (1927); U. z. M. 5.

In order to illustrate the small influence of the rotational moment in the case of H_2, and of the rotational and deuteron moment in the case of HD, we refer to Figs. 5 and 6. Fig. 5 shows I/I_0 for H_2 calculated as a function of the half-width $2a$, with and without consideration of the rotational moment; Fig. 6 shows I/I_0 for HD, first setting s_D and $s_R = \frac{1}{3}s_P$ and secondly, $s_D = s_R = 0$. The values, $s_D = s_R = \frac{1}{3}s_P$, are in close agreement with the direct measurements of the deuteron moment and the rotational moment of H_2,[5] Under these assumptions, each value of I/I_0 gives a value of $s_P{}^\alpha$. We want to emphasize again that even a comparatively large error in the values of s_R and s_D would influence the value of s_P only to a negligible extent. From $s_P{}^\alpha$ and the constants of the experiment, we calculate the magnetic moment of the proton.

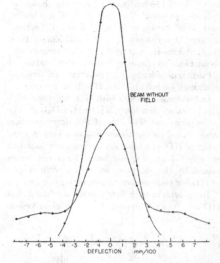

FIG. 3. Magnetic deflection of a beam of H_2 ($T = 90°K$). Intensity in arbitrary units.

[5] For the value of the deuteron moment see: I. Estermann and O. Stern; Phys. Rev. **45**, 761 (1934); I. I. Rabi, J. M. B. Kellogg and J. R. Zacharias; Phys. Rev. **45**, 769 (1934); **50**, 472 (1936). There are no direct measurements of the rotational moment of HD. It is to be expected that it is not larger than the rotational moment of H_2. In order to influence our results appreciably, it would have to be of the order of magnitude of the proton moment.

Another series of measurements was made at the beam temperature of 291°K. In this case, the higher rotational states have to be considered (see Table I) and the deflection patterns are more complicated. For H_2 this does not

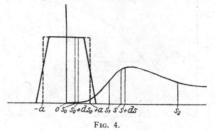

FIG. 4.

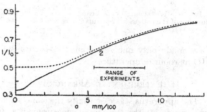

FIG. 5. "Weakening" of a beam of H_2, $T = 90°K$; as function of the half-width $2a$. Curve 1, $s_R = 0$. Curve 2, $s_R = \frac{1}{3}s_P$.

spoil the correctness of the evaluation of $s_P{}^\alpha$. There are 11 percent of the *ortho*-H_2 molecules in the rotational state $l = 3$ and 46 percent of the *para*-H_2 molecules in $l = 2$. For the *ortho*-H_2, the influence of the higher temperature is very small, because only one-tenth of the molecules are in a higher rotational state than at liquid-air temperature. For the *para*-H_2, we have directly determined s_R, or rather the "weakening," at room temperature. We were able, therefore, to consider the influence of s_R quite accurately.

For HD, the conditions are less favorable. First, higher rotational quantum states are more populated because of the larger moment of inertia of the HD molecule (see Table I). Secondly, the rotational moment is not so well known (see reference 5). Thirdly, for beams of a width large enough to be employed in our apparatus, the deflection and the weakening are very small, because the effective moment of the

MAGNETIC MOMENT OF THE PROTON   539

deflected molecules is only about one-half as large as in the case of H_2. For these reasons, we

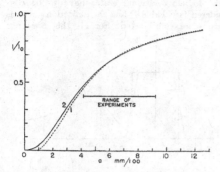

FIG. 6. "Weakening" of a beam of HD, $T=90°K$; as function of the half-width $2a$. Curve 1, $s_R=s_D=0$. Curve 2, $s_R=s_D=\frac{1}{3}s_P$.

have made only one set of measurements with HD at room temperature.

II. EXPERIMENTAL ARRANGEMENT

The apparatus was essentially the same as the one used in the previous measurements in Hamburg. The principle of the arrangement is shown in Fig. 7. A beam of hydrogen molecules formed by the source slit S_1 and the collimating slit S_2 is deflected in an inhomogeneous magnetic field F. The beam intensity is measured by a receiver R which can be moved across the beam. The receiver is a vessel in which the incoming molecules produce a pressure proportional to the intensity of the beam. This pressure is measured by a sensitive hot-wire manometer.

The actual arrangement is shown in Figs. 8 and 9. They are in general self-explanatory, and only remarks about a few details are necessary. The source slit was $\frac{1}{2}$ mm high and 0.02 mm wide, and was fitted with arrangements for alignment and cooling and with a thermocouple. The foreslit was also 0.02 mm wide, and was somewhat higher than the source slit. The collimating slit was formed by two parallel rods mounted on a piece which could be turned from the outside. Thus the width of the beam could be changed during the experiment. A magnetically operated shutter was arranged between

the foreslit and collimating slit. The inhomogeneous magnetic field was produced by a pair of pole-pieces of the slot-wedge type, 9.95 cm long; other dimensions as shown in Fig. 10. The height of the beam was limited to about 0.6 mm by a diaphragm at each end of the field.

The receiving manometer is shown in detail in Fig. 11. The receiving slit was a canal 0.5 mm high, 0.02 mm wide, and 3 mm deep. Since the flow resistance of such a canal is very high, the volume of the whole vessel had to be very small to have a reasonable filling time. In our case the volume was 0.6 cm³, the filling time about $\frac{3}{4}$ minutes. The filament was 9 cm long and was made of 0.001 inch nickel wire from the Driver-Harris Company, and was rolled out in the laboratory shop to a ribbon of 0.085 mm width. With a Wheatstone bridge and a Leeds and Northrup type HS galvanometer, we had a deflection of 155 cm per 10^{-6} mm Hg change in hydrogen pressure. The intensities of the beams used were between 10 and 45 cm deflection. In some experiments, a Kipp and Zonen type Zb galvanometer was used. This instrument was about twice as sensitive, but not very stable.

Further details about the experimental arrangement may be found in the Hamburg papers.

In the measurements with HD, we observed a slight transformation $(2HD=H_2+D_2)$ during the experiments. The rate of this decomposition as measured by the weakening of a very narrow beam of HD as a function of time, was found to be about $\frac{1}{2}$ percent per hour. To avoid errors caused by this reaction, we used a fresh supply of HD for each measured weakening.

In agreement with Brickwedde, we found that HD does not decompose if kept in glass vessels

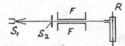

FIG. 7. Schematic diagram of the apparatus. S_1, source slit. S_2, collimating slit. F, magnetic field. R, receiver.

for many months. The decomposition observed during our experiments is probably due to the circulation of the gas through metal diffusion pumps.

540 ESTERMANN, SIMPSON AND STERN

III. INHOMOGENEITY OF THE MAGNETIC FIELD

Since the uncertainty in the inhomogeneity of the magnetic field was one of the major reasons for the larger limit of error in the Hamburg measurements, we have taken great care in the determination of this quantity. The following different methods were used:

(1) The field strength was measured from point to point by means of the change of the electrical resistance of bismuth wires of 1 cm length and 0.1 and 0.15 mm diameter. The wires were moved repeatedly from point to point, using a micrometer slide from the Gaertner Scientific Company, which was accurate to 0.0005 mm. The differences in field strength divided by the displacements gave the inhomogeneity. The measurements were made in the

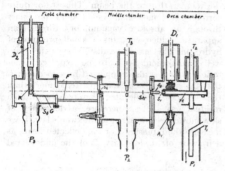

FIG. 8. Vertical cut through the apparatus. P_1, P_2, P_3, pump connections; T_1, T_2, T_3, mercury traps; S_1, source slit; S_2, collimating slit; S_2, foreslit; S_4, receiver slit; D_1, Dewar for cooling of source slit; D_2, Dewar for cooling of manometers R; F, pole-pieces; Sh, shutter; Ft, gas feeding tube; A_1, adjustment screw for vertical displacement of the source slit; G, glass spacer controlling the distance between receiver and pole-pieces.

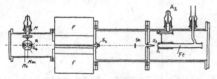

FIG. 9. Horizontal cut through the apparatus. S_1, source slit; S_2, collimating slit; S_3, foreslit; S_4, receiver slit; R, receiver; Ft, gas feeding tube; Sh, shutter; F, pole-pieces; A_2, adjustment screw for the horizontal displacement of the source slit; M, micrometer screw for receiver displacement; Mm, measuring manometer; Mc, compensating manometer.

symmetry plane of the field and 0.2 mm above and below; the results are given in Fig. 12.

The bismuth wires were calibrated at six different field strengths of 9380; 13,888; 17,832; 20,330; 21,816 and 22,574 gauss, and at several temperatures by means of an electromagnet with parallel pole-pieces. The values of these standard field strengths were determined with three different flip coils and a ballistic galvanometer which was calibrated by the discharge of a standard capacitance and also with a standard mutual inductance. As a separate check, the field strengths were measured with a magnetic balance. The results obtained by the different flip coil methods agreed within one-half of one percent, and in the average with those measured with the magnetic balance within 2 percent.

(2) A rectangular double flip coil was used for the direct measurement of the inhomogeneity. The coils were made of one turn of copper wire of 0.111 mm diameter and were embedded in paraffin between microscope cover glasses. In this way, the distance between the two flip coils was accurately known (0.138 mm glass plus one wire diameter equals 0.249 mm). Each coil was 37 mm long and 0.207 mm wide (inside between wires). The area of each individual coil was calibrated with the standard field strengths mentioned above. For the measurement of the inhomogeneity, the two coils were connected in series but in opposite directions. If the area of the two coils were exactly the same, their removal from a homogeneous field would produce no deflection of the ballistic galvanometer. In an inhomogeneous field, however, a deflection proportional to the difference of the field strengths at the place of the two coils is obtained. This difference can, therefore, be measured quite accurately; and since the distance between the two coils is known, the inhomogeneity can also be obtained with the same accuracy. In fact, the two flip coils did not have exactly the same area (they were different by 13 percent), but this could be eliminated by taking two series of measurements in which the flip coils were turned by 180°. The flip coil point (see Fig. 12) lies between the two curves but nearer to the curve for the symmetry plane. This is to be expected from the dimensions.

(3) As a final check, we measured the inhomo-

geneity by the ponderomotive force on a bismuth
wire which was attached to a quartz fiber, the
method used in the previous work.[6] This force
is proportional to $H(dH/ds)$, and allows, in connection with the measurement of the field

FIG. 10. Cross section of pole-pieces.

strength, the determination of the inhomogeneity. The absolute values of these measurements are not so exact, since the magnetic
susceptibility of our bismuth wire was not

FIG. 11. Manometer. S, receiver slit.

known with great accuracy. This method, however, is very well adapted for relative measurements of the inhomogeneity at different parts of
the field. In this respect it agreed very well with
the other measurements.

The position of the beam in the field was determined in the following way: A quartz fiber was
attached to the front end of the pole-piece with
the groove. This quartz fiber causes a shadow in
a wide molecular beam. The position of this
shadow relative to the center of the beam allows
the determination of the distance of the center
of the beam from the front end of the pole-
piece. In a second experiment the quartz fiber
was attached to the rear end of the pole-piece.
A similar measurement of the shadow gave the
position of the center of the beam when leaving
the field. The distances so measured were 0.06
and 0.16 mm. The height of the beam was fixed
by a diaphragm on each end of the pole-pieces.

Taking into account the size and position of
the beam, and the dimensions of the bismuth
wire, we obtain the effective inhomogeneity of
154,000 gauss/cm. We consider this value correct to within less than two percent.

[6] See A. Leu, Zeits. f. Physik **41**, 551 (1927); U. z. M. 4.

IV. SOURCES OF ERROR AND CORRECTIONS

The uncertainty of about 10 percent in the
previous measurements was due mainly to the
fact that the inhomogeneity of the magnetic field
(see Section III) and the velocity distribution in
the beam were not known accurately enough. It
is also necessary to apply a few minor corrections
which could be neglected in the previous measurements on account of the larger limit of error.

(a) Velocity distribution

In order to calculate the magnetic moment
from the observed intensity in the deflected
beam, it is necessary to know the molecular
velocities and their distribution. In the previous
papers and in Section I, these velocities were
calculated on the basis of Maxwell's law from
the temperature of the beam. This is not quite
correct. The molecular beam does not pass
through an absolute vacuum, but through an
apparatus which contains a small pressure of
hydrogen. This leads to a distortion of the Maxwell distribution. It is to be expected theoretically, and is also supported by experiments,
that the slow molecules are scattered more than
the fast ones. A molecular beam passing through
residual gas shows, therefore, a deficiency of
slow molecules compared to Maxwell's law. If we
measure the intensity I of the deflected beam as
a fraction of the intensity I_0 of the undeflected

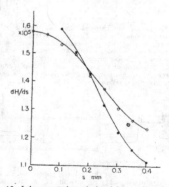

FIG. 12. Inhomogeneity of the field. s, distance from
pole-piece fitted with groove. Open circle, points measured
in the plane of symmetry. Closed circle, points 0.2 mm
above and below the plane of symmetry. Circle within a
circle, point measured with double flip coil.

542   ESTERMANN, SIMPSON AND STERN

beam, we shall find in the case of small deflections (fast molecules) too large a value; in the case of large deflections (slow molecules) too small a value. It is possible to eliminate this source of

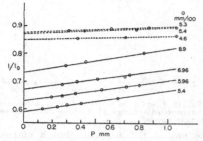

FIG. 13. "Weakening" as function of the scattering pressure for H_2. Full lines, experiments at $T = 90°K$. Dotted lines, experiments at $T = 291°K$. P, pressure behind the source slit in mm Hg. a, $\frac{1}{2}$ half-width of beam.

error without recourse to special measurements of the scattering by measuring the intensity ratio I/I_0 as a function of the scattering pressure and extrapolating to the pressure 0. Under the obvious assumption that the amount scattered is proportional to the pressure, I/I_0 is, for small pressures, a linear function of the scattering pressure (see appendix). These measurements could be made at any point of the deflected beam, but they are practical only at points where the intensity is large enough. Chiefly for this reason, but also for others mentioned at the end of this section, the measurements used for the final evaluation of the proton moment were those taken at the center of the undeflected beam. We found, in fact, that I/I_0 decreases as a linear function of the scattering pressure, which enabled us to extrapolate safely to the pressure 0 (see Figs. 13 and 14).

The beam passed through three chambers with different scattering pressures (the oven chamber, the middle chamber, and the field chamber, see Fig. 8). We assume that the scattering pressure in all these three rooms is caused by the hydrogen emerging from the source slit, and that the pumping speed at the small pressures in question is constant. Then all the scattering pressures are proportional to each other and proportional to the oven pressure (pressure behind the source

slit in the gas reservoir). This was confirmed by direct measurement of the pressures although the very low pressures in the middle and field chamber could not be measured very exactly. Since the oven pressure is the largest of all the pressures involved, it can be measured most accurately. We have plotted I/I_0 as a function of this oven pressure and extrapolated to zero pressure.

It is conceivable that another scattering gas, for instance, mercury vapor, could be present in the apparatus in addition to the scattering hydrogen. If the pressure of this gas were constant, I/I_0 would still be a linear function of pressure, but the curves would be shifted upwards parallel to themselves. The presence of Hg or any other vapor in the apparatus is very unlikely because of the large liquid air cooled surfaces in every part of the apparatus. Furthermore, the presence of such a gas would have a much larger influence on a beam of slow molecules (beam temperature 90°K) than on a beam of fast molecules ($T = 291°K$). So if a vapor of constant pressure were present, we would expect to find different values of sp^a from the extrapolated values for different temperatures. A scattering gas of constant pressure should also have a different influence on beams of different widths. No such effects were observed (see Table II).

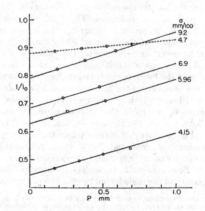

FIG. 14. "Weakening" as function of the scattering pressure for HD. Full lines, experiments at $T = 90°K$. Dotted lines, experiments at $T = 291°K$. P, pressure behind the source slit in mm Hg. a, $\frac{1}{2}$ half-width of beam.

(b) Other corrections

We have also applied a series of smaller corrections which were omitted in the earlier papers since they were small compared with the uncertainty of 10 percent. With the present accuracy, however, they have to be taken into account.

1. *Form of the undeflected beam.* As stated before, a rectangular intensity distribution of the undeflected beam was assumed as a basis for the calculations. A trapezoid, however, would come much closer to the actual intensity distribution (see Fig. 15). The difference between the calculated results for these two cases is generally less than one percent.

2. *Finite width of the receiver slit.* The measured intensity of the deflected beam in the center of the undeflected beam with a receiver of finite width is the average intensity over the width of the receiver slit (0.02 mm). The difference between this average and the actual intensity at the position $s = 0$ is a few tenths of one percent.

3. *Receiver canal.* The receiver is actually not a slit but a canal of 0.02 mm width, 0.5 mm height and 3 mm depth. The alignment of this canal is such that the molecules of the undeflected beam run parallel to its walls (maximum of intensity). The molecules of the deflected beam, however, run obliquely to the walls of the canal; the greater the deflection, the more oblique the path of the molecules. This fact was considered in the previous paper for the intensity measurements of the deflected molecules. It also has, however, an influence on the values of the weakening, but a much smaller one. Since the width of the beam is much larger than the width of the receiver, there are molecules in the deflected beam which hit the receiver at the position $s = 0$, but come from the edges of the undeflected beam. For these molecules, the receiver canal is not adjusted correctly and the intensity measured is consequently a little too small (in every case by less than one percent).[7]

4. *Remanent field.* In order to measure the intensity of the undeflected beam a compensation

current was sent through the magnet to destroy the remanent field. It was impossible, however, to destroy this field completely, probably because

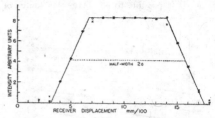

FIG. 15. Form of the undeflected beam. o, measured points corrected for finite width of receiver slit. x, measured points uncorrected.

the iron of the pole-pieces had a different remanence at different points. The remaining remanence which could not be destroyed by the compensation current was determined in the following way: The intensity of a helium beam was measured as a function of the width. For wide beams the intensity remained constant. When the beams were made very narrow, the intensity decreased. This was expected for geometrical reasons and for imperfections of slits and alignment. The repetition of these measurements with hydrogen showed a greater decrease of the intensity at narrow beams. The difference in the hydrogen and helium results is apparently due to the deflection of the hydrogen molecules in the remaining remanent field.[8] These measurements were used for computing the inhomogeneity of the remanent field. This correction is only a few tenths of one percent.

(c) Deflected molecules

All these corrections have to be applied also in the case of the "deflected molecules" (points of the deflection curve away from the center). Some of them, however, become rather large and uncertain. At larger deflections, the intensities are so small that the extrapolation of I/I_0 to zero pressure is hardly practical. Correction (3) becomes quite large and consequently the uncertainty about the specular reflection plays a role (see reference 7). Furthermore, the inhomo-

---

[7] This correction as calculated may be a little too large, because it is derived under the assumption of Knudsen's cosine law; whereas at the small angles involved, a certain amount of specular reflection may occur at the walls of the canal. Since this whole correction is less than one percent, an uncertainty of 10 or even 20 percent is of no importance.

[8] This effect may also be partially due to the diffraction of molecules, since the de Broglie wave-length of H_2 is larger than that of He. The applied correction may, therefore, be a little too large.

544   ESTERMANN, SIMPSON AND STERN

geneity changes appreciably along the path of
the deflected molecules, and its component in the
vertical direction influences the intensity also.
In fact, we usually observed an asymmetry in the
deflection pattern, which is partly due to these
causes, but has probably other experimental
reasons as well, since our apparatus was not
adapted for a thorough investigation of the
deflected molecules. At small deflections, I/I_0
depends very much on the actual form of the
undeflected beam, which is not so well defined
due to small imperfections of slits and alignment.
For all these reasons, the measurements of the
deflected molecules could be used only as a
rough check, but not for the calculation of an
accurate value of the proton moment.

V. RESULTS

The results of the experiments are shown in
Table II. $2a$ is the half-width of the beam used.
I/I_0 (measured) is the value of the weakening
obtained by extrapolation to $p=0$ of the straight
lines in Figs. 13 and 14 containing the actually
measured points at different pressures. I/I_0
(corrected) is corrected as explained in Section
IV. $s_P{}^\alpha$ (90°) is the deflection that a molecule
with a magnetic moment of one proton moment
and the most probable velocity α corresponding
to the temperature of $T=90°$ would have under
the conditions of our experiments. The numerical
values of $s_P{}^\alpha$ (90°) given in the table are those
which lead to the value of the weakening listed

TABLE II. *Results of experiments.*

	T	$a \frac{mm}{100}$	$\frac{I}{I_0}$ (measured)	$\frac{I}{I_0}$ (corrected)	$s_P{}^\alpha$ (90°) $\frac{mm}{100}$
H_2	90°	8.90	0.732	0.738	7.65
H_2	90°	7.00	0.672	0.674	7.59
H_2	90°	5.96	0.628	0.627	7.72 } 7.61
H_2	90°	5.40*	0.590	0.587	7.49
HD	90°	9.20	0.790	0.805	7.37
HD	90°	6.90	0.684	0.700	7.59
HD	90°	5.96	0.628	0.645	7.54 } 7.56
HD	90°	4.15	0.445	0.464	7.76
H_2	291°	5.40*	0.870	0.879	7.56
H_2	291°	5.29	0.875	0.885	7.52 } 7.53
H_2	291°	4.62	0.849	0.861	7.50
HD	291°	4.70	0.880	0.895	7.82
				Average	7.59 ± 0.08

TABLE III. *Values of the proton moment by different observers.*

YEAR	OBSERVERS	VALUE GIVEN FOR THE PROTON MOMENT			METHOD
		MEAN	LOW-EST	HIGH-EST	
1933	F. and S.[1]	2–3	2.	3.	Magnetic deflection of H_2
1933	E. and S.[2]	2.5 ±10%	2.25	2.75	Magnetic deflection of H_2
1934	R., K. and Z.[3]	3.25±10%	2.9	3.6	Magnetic deflection of H
1936	K., R. and Z.[4]	2.85±0.15	2.7	3.0	Magnetic deflection of H
1936	L. and S.[5]	2.3 ±10%	2.07	2.53	Susceptibility of solid hydrogen
		2.7 ±10%	2.43	2.97	
1937	E., S. and S.	2.46±3%	2.38	2.54	Magnetic deflection of H_2 and HD

[1] R. Frisch and O. Stern, Zeits. f. Physik **85**, 4 (1933) (U. z. M. 24).
[2] I. Estermann and O. Stern, Zeits. f. Physik **85**, 17 (1933) (U. z. M. 27).
[3] I. I. Rabi, J. M. B. Kellogg and J. R. Zacharias, Phys. Rev. **46**, 157 (1934).
[4] J. M. B. Kellogg, I. I. Rabi and J. R. Zacharias, Phys. Rev. **50**, 472 (1936).
[5] B. G. Lasarew and L. W. Schubnikow, Physik. Zeits. Sowjetunion 10, 117 1936), 11, 445 (1937).

under I/I_0 (corrected). The values corresponding
to $T=291°$K have been reduced to 90°K by
multiplication with the factor 291/90. The two
starred runs were made with a different slit
alignment at a higher inhomogeneity. The
values of $s_P{}^\alpha$ belonging to these runs have been
reduced to the standard inhomogeneity.

The averages for $s_P{}^\alpha$ (90°) for the experiments
with H_2 at 291°K and 90°K and for HD at 90°K
agree within about one percent. The largest
deviation from the average is less than three
percent. The probable error in the final average
of $s_P{}^\alpha$ (90°) $= 7.59 \times 10^{-2}$ mm is 0.08 or 1 percent.

Systematical errors appear to be excluded to a
large extent by the close agreement of the
measurements under such different conditions
(H_2 and HD at 90° and 291°K). Of course, it
would be very desirable to check the value of
$s_P{}^\alpha$ by measurements of the intensity at larger
distances from the center of the beam. Because
of the previously mentioned difficulties, we think
such experiments could be carried out in the
best way with a monochromatic beam.

$s_P{}^\alpha$ (90°) allows a calculation of the magnetic
moment of the proton μ_P from the equation

$$s_P{}^\alpha = \frac{\mu_P}{4RT}\frac{dH}{ds}l_1{}^2\left(1+2\frac{l_2}{l_1}\right),$$

where $l_1 = 9.95$ cm is the length of the beam in
the field, $l_2 = 5.03$ cm the distance of the receiver
from the end of the field. The temperature T was
measured with a thermocouple to better than 1°.
$(dH/ds) = 154{,}000$ gauss/cm is the effective inhomogeneity. With these values, and a value for

MAGNETIC MOMENT OF THE PROTON   545

the nuclear magneton of 3.023 c.g.s. units per mole, we obtain for the magnetic moment of the proton

$$\mu_P = 2.46 \text{ nuclear magnetons.}$$

The largest uncertainty (less than 2 percent) is due to the inhomogeneity. $s_P{}^\alpha$ and T are accurate to about one percent, while the errors in l_1 and l_2 are negligible. Provided there are no systematical errors, the value of the proton moment should be accurate to within three percent.

A summary of all the published measurements of the magnetic moment of the proton is given in Table III.

The mean value of the proton moment from our new measurements coincides practically with our old Hamburg value. This close agreement is, of course, accidental, considering the limits of

error. The values obtained by the method of beams of *atomic* hydrogen are decidedly higher. Although the last measurements with atomic hydrogen come closer to our value, the discrepancy is still outside the limits of error. If this discrepancy were real, it would probably give new information about the interaction between the proton and the electron.[9] It is, however, still possible that the discrepancy is due to imperfections in the experiments. The measurements of the susceptibility of solid hydrogen, which could give an independent check, are at present not quite accurate enough.

We wish to express our gratitude to the Buhl Foundation for financial aid in carrying out the experiments.

---

[9] L. A. Young, Phys. Rev. **52**, 138 (1937).

APPENDIX

Proof that for small pressures the weakening is a linear function of the scattering pressure

1. *Weakening without scattering.* We consider a rectangular intensity distribution in the undeflected beam (see Fig. 4). The number of molecules contained in a strip of the width ds is $I_0 ds$. Assuming a magnetic split-up into two components, these molecules produce in the deflected beam at the position $s = 0$ an intensity of

$$dI = \frac{I_0}{2} \cdot e^{-c^2/\alpha^2} \frac{c^2}{\alpha^2} \frac{d c^2}{\alpha^2} = \frac{I_0}{2} e^{-y} dy,$$

where $y = s_\alpha/s = c^2/\alpha^2$. The total intensity for $s = 0$ is

$$I = \frac{I_0}{2} \int_{s_{\alpha/a}}^{\infty} e^{-c^2/\alpha^2} \frac{c^2}{\alpha^2} \frac{d c^2}{\alpha^2} = I_0 \int_{s_{\alpha/a}}^{\infty} e^{-y} y\, dy = I_0 \left(1 + \frac{s_\alpha}{a} \right) e^{-s_\alpha/a}.$$

2. *Weakening with scattering.* If the beam passes the distance l through scattering gas, the measured intensity I_0' will be smaller than I_0; the intensity of the molecules with the velocity c being weakened by the factor e^{-l/λ_c}. The mean free path λ_c is here an unknown function of the velocity c and the scattering pressure p. We make now the assumption, which should be valid always, that λ_c is proportional to $1/p$ and write $\lambda_c = \lambda_c{}^0/p$. Concerning $\lambda_c{}^0$ we assume only that it increases with c. Then we have

$$I' = 2 \frac{I_0}{2} \int_{s_{\alpha/a}}^{\infty} e^{-(l/\lambda_c{}^0)p} e^{-c^2/\alpha^2} \frac{c^2}{\alpha^2} \frac{d c^2}{\alpha^2}.$$

Being interested only in the limit of I' for small values of p we may replace $e^{-(l/\lambda_c{}^0)p}$ by $1 - (l/\lambda_c{}^0)p$. In practice this means that the weakening by the scattering should not be too large. Very slow molecules for which $\lambda_c{}^0$ is so small that $(l/\lambda_c{}^0)p$ is not small any more compared to one are so few that the error due to the replacement of $e^{-(l/\lambda_c{}^0)p}$ by $1 - (l/\lambda_c{}^0)p$ is negligible. We have, therefore, for the intensity with field

$$I' = I_0 \left[\int_{s_{\alpha/a}}^{\infty} e^{-c^2/\alpha^2} \frac{c^2}{\alpha^2} \frac{d c^2}{\alpha^2} - p \int_{s_{\alpha/a}}^{\infty} \frac{l}{\lambda_c{}^0} e^{-c^2/\alpha^2} \frac{c^2}{\alpha^2} \frac{d c^2}{\alpha^2} \right]$$

and without field

$$I_0' = I_0 \left[\int_0^{\infty} e^{-c^2/\alpha^2} \frac{c^2}{\alpha^2} \frac{d c^2}{\alpha^2} - p \int_0^{\infty} \frac{l}{\lambda_c{}^0} e^{-c^2/\alpha^2} \frac{c^2}{\alpha^2} \frac{d c^2}{\alpha^2} \right].$$

Hence

$$\frac{I'}{I_0'} = \frac{I - p \int_{s_{\alpha/a}}^{\infty} (l/\lambda_c{}^0) e^{-c^2/\alpha^2} (c^2/\alpha^2) d(c^2/\alpha^2)}{I_0 - p_0 \int_0^{\infty} (l/\lambda_c{}^0) e^{-c^2/\alpha^2} (c^2/\alpha^2) d(c^2/\alpha^2)}$$

and for small values of p

$$\frac{I'}{I_0'} = \frac{I}{I_0} \left\{ 1 + p \left[\frac{1}{I_0} \int_0^{\infty} e^{-c^2/\alpha^2} \frac{c^2}{\alpha^2} \frac{d c^2}{\alpha^2} - \frac{1}{I} \int_{s_{\alpha/a}}^{\infty} \frac{l}{\lambda_c{}^0} e^{-c^2/\alpha^2} \frac{c^2}{\alpha^2} \frac{d c^2}{\alpha^2} \right] \right\}$$

$$= \frac{I}{I_0} (1 + Cp).$$

A similar proof can be given for every point of the deflection curve.

S63. Immanuel Estermann, Oliver C. Simpson und Otto Stern, The free fall of molecules (Minutes of the Washington, D. C. Meeting, April 28–30, 1938), Phys. Rev. 53, 947–948 (1938)

AMERICAN PHYSICAL SOCIETY

173. The Free Fall of Molecules. I. ESTERMANN, O. C. SIMPSON AND O. STERN, *Carnegie Institute of Technology.*—

© Springer-Verlag Berlin Heidelberg 2016
H. Schmidt-Böcking, K. Reich, A. Templeton, W. Trageser, V. Vill (Hrsg.), *Otto Sterns Veröffentlichungen – Band 4*, DOI 10.1007/978-3-662-46964-4_15

AMERICAN PHYSICAL SOCIETY   947

At 5.4 Mev, for a thick target, the relative activity indicates that to eject a neutron and an alpha-particle, respectively, 4×10^6 and 6×10^7 striking particles are required.

169. Dependence of Neutron Interaction with Nuclei on Neutron Energy. P. N. POWERS, H. H. GOLDSMITH, H. G. BEYER, AND J. R. DUNNING, *Columbia University.*—The dependence of neutron interaction on energy for a number of elements has been investigated by using a well collimated beam of neutrons from a paraffin "howitzer," which could be kept at room temperature, $\sim 295°K$, or at $\sim 105°K$, by circulating liquid air. The test samples were introduced into the neutron beam, which was about 70 cm long from source to BF_3 ion-chamber (see Table I). Using the $1/v$ law for boron the effective

TABLE I. *Total cross sections (scattering and capture)*

ELEMENT	CROSS SECTION AT $\sim 295°K \times 10^{24}$ CM^{-2}	CROSS SECTION AT $\sim 105°K \times 10^{24}$ CM^{-2}	PERCENTAGE INCREASE
B (B_4C)	550 ± 10	895 ± 90	63
B (Pyrex)	559 ± 9	837 ± 22	50
H ($\sim C_{16}H_{34}$)	42.5 ± 0.9	55.0 ± 1.4	29
D (D_2O)	5.3 ± 0.2	6.5 ± 0.3	12
Fe	12.0 ± 0.4	12.0 ± 1.0	0
Au	79.7 ± 5.1	134.2 ± 7.7	69
Ir	324 ± 7	418 ± 11	29

temperature of the neutrons corresponds to $\sim 120°K$. The n-p interaction for the proton in paraffin has already increased by at least the theoretical factor of 4, due to molecular binding, i.e., using 12 to 14×10^{-24} cm^2 as the value for ~ 2 ev neutrons. The n-d interaction is not as sensitive to molecular forces. The non-dependence of the iron cross section on temperature shows that the purely magnetic scattering can only be a small fraction of the total cross section.

170. Dependence of Magnetic Scattering of Neutrons on Magnetization of Iron. H. G. BEYER, H. CARROLL, C. WITCHER, AND J. R. DUNNING, *Columbia University.*—The variation in the magnetic scattering of neutrons with the intensity of magnetization of the iron has been investigated. A well-collimated slow neutron beam was passed through three $\frac{1}{4}$-inch Armco iron plates, spaced 6 cm apart, and placed between the pole pieces of a large electromagnet. The BF_3 pressure ion-chamber used as a detector was magnetically shielded, and tests showed that there was definitely no change in the sensitivity of the detector system to within ± 0.3 percent, due to the stray field. The magnetization curve of the iron plates was measured as a function of the magnet current and correlated with the amount of neutron polarization observed. The results show that the increase in number of neutrons transmitted through the iron when magnetized, as compared to demagnetized, does not follow the magnetization curve of the iron. The change in intensity is very small until a current approximately five times that corresponding to the "knee" of the magnetization curve is reached. A steep threshold then occurs; the magnetic scattering increases rapidly to above 3 percent, and then remains constant. Hence, under

these conditions, appreciable magnetic scattering does not occur until a threshold corresponding to a high degree of saturation of the iron is reached.

171. Scattering of Neutrons by Gases. H. CARROLL, H. G. BEYER, K. WILHELM, AND J. R. DUNNING, *Columbia University.*—The scattering of neutrons by gases has been further investigated by introducing cells containing the gases at appropriate pressures into a neutron beam, about 1 meter long, from paraffin "howitzer" to BF_3 pressure ion-chamber. The neutron beam, about 4 cm in diameter, was very accurately collimated by means of cadmium and B_4C shielding. A calibrated vacuum dummy cell was used as a comparison standard. The neutron-proton interaction has been measured, using H_2, methane, ethane, propane and butane. The effects of molecular binding for neutrons of $\sim 300°K$ are clearly shown by the results. H_2 has a n-p cross section, per proton, of 31.5×10^{-24}, methane 45×10^{-24}, while ethane, propane and butane have approximately the same value as methane. Argon and helium have the smallest cross sections for slow neutrons yet measured, approximately 1.0 and 1.5×10^{-24} cm^2. A number of other gases have also been measured.

172. Spin of the Neutron. H. H. GOLDSMITH AND LLOYD MOTZ, *Columbia University.*—Schwinger[1] has shown that the experimental results on the scattering of neutrons by ortho- and parahydrogen may be used to distinguish between the possible neutron spin values $\frac{1}{2}\hbar$ or $\frac{3}{2}\hbar$, and that these results decisively favor the former value. We reach a similar conclusion by considering the variation of the n-p scattering cross section with neutron energy on both spin assumptions and comparing the predicted and experimental cross sections at $2.5 - 3.0$ Mev. Using 14×10^{-24} cm^2 for σ_{np} at $E_n = 0$, and introducing the weight factors appropriate to the assumption $S_n = \frac{3}{2}\hbar$, we find from

$$\sigma_{np} = \frac{4\pi\hbar^2}{M} \left(\frac{3}{8} \frac{1+\alpha r}{\epsilon + \frac{1}{2}E_n} + \frac{5}{8} \frac{1+\beta r}{\epsilon' + \frac{1}{2}E_n} \right)$$

that ϵ', the binding energy of the excited (quintet) state, is ~ 240 kv. The equation then leads to values of σ_{np} which are appreciably higher in the region of $E_n = 0.1$ Mev -5 Mev than those obtained on the usual assumption $S_n = \frac{1}{2}\hbar$. For $E_n = 2.5 - 3.0$ Mev the cross section values are $\sigma \sim 3.5 \times 10^{-24}$ cm^2 for $S_n = \frac{3}{2}\hbar$, and $\sigma \sim 2.4 \times 10^{-24}$ cm^2 for $S_n = \frac{1}{2}\hbar$. The experimental value[2] is $\sim 2.0 \times 10^{-24}$ cm^2. Possible explanations of the discrepancy between the $S_n = \frac{1}{2}\hbar$ value and the experimental values will be discussed. Feenberg has pointed out that additional confirmation of the correctness of $S_n = \frac{1}{2}\hbar$ may be found in the evidence for the shell structure of light nuclei.

[1] Schwinger, Phys. Rev. **52**, 1250 (1937).
[2] Ladenburg and Kanner, Phys. Rev. **52**, 1255 (1937). Zinn, Seely, and Cohen, see abstracts of this meeting.

173. The Free Fall of Molecules. I. ESTERMANN, O. C. SIMPSON AND O. STERN, *Carnegie Institute of Technology.*—The free fall of molecules was studied as a preliminary experiment for the exact measurement of the Bohr magneton by the "molecular balance" (compensation of the magnetic force by gravity).[1] By using a molecular beam of two meters length, the deflection of the molecules by gravity was observed. The intensity distribution was in agreement with Maxwell's law of velocity distribution. A vacuum of about 10^{-7} mm was necessary in order to avoid too much scattering of the slow molecules.

[1] Phys. Rev. 51, 852 (1937).

174. Lattice Vibrations in Polar Crystals. R. H. LYD-DANE, *Johns Hopkins University* AND K. F. HERZFELD, *Catholic University.*—The calculation of frequencies for vibrations of a polar cubic crystal of the NaCl type is made by an extension of the Madelung method. The calculation is principally concerned with the Coulomb field at a point in the vibrating lattice. The results are used to obtain a better insight into the behavior of long waves, and values of the frequencies for certain of the short waves. The effect of the polarizability of the ions is considered.

175. An Important λT Relation for Black-Body Radiation. FRANK BENFORD, *General Electric Company* AND A. G. WORTHING, *University of Pittsburgh.*—A study of the efficiency of a black-body source as a producer of radiation within a narrow wave-length band shows that, for a given wave-length, the temperature of maximum efficiency is given by $\lambda T_m = 3652 \mu K°$. The constant is about 5/4 that, namely $2884 \mu K°$, occurring in a similar relation for the wave-length at which, for a given temperature, the spectral radiancy is a maximum. There are also three other λT equations containing the same constant, namely: $\lambda_m' T = \lambda T_m' = \lambda_s T = 3652 \mu K°$. The interpretations for the subscripted symbols are: λ_m' is the wave-length at which, for a given temperature, the spectral rate of emission of photons is a maximum; T_m' is the temperature at which, for a given wave-length, the efficiency of production of photons is a maximum; and λ_s is the wave-length, appropriately called the effective wave-length for total black-body radiation, at which the percentage rate of change of spectral radiancy with percentage change of temperature is exactly that for the total radiation, namely 4. That the relations involving T_m, T_m', and λ_s have the same constant is readily comprehended but that this is true for the λ_m' case is not so apparent.

176. Čerenkov Radiation. GEORGE COLLINS AND VICTOR G. REILING, *University of Notre Dame.*—The authors have continued[1] their investigation of the asymmetric radiation originally reported by Čerenkov[2] which is produced when very fast electrons pass through matter. A well collimated beam of 1.8 Mev electrons was passed through sheets of mica, glass, and Cellophane about 0.002 cm thick and the light produced was photographed after reflection from a conical mirror surrounding the source. The theoretical relationship $\cos \theta = 1/\beta n$ which expresses the direction of emission of light was accurately verified for these substances. By passing the electron beam into a thick liquid target a sufficiently intense source of Čerenkov radiation was obtained to photograph its spectrum. The radiation was found to be perfectly continuous, in agreement with the theory of Frank and Tamn,[3] and in every case investigated extended from the red to the beginning of the ultra-violet absorption of the liquid used.

[1] Collins and Reiling, Phys. Rev. 53, 205 (1938).
[2] Čerenkov, Comptes rendus Acad. Sci. USSR 14, 3 (1937); Phys. Rev. 52, 378 (1937).
[3] Frank and Tamn, Comptes rendus Acad. Sci. USSR 14, 3 (1937).

177. Factors Affecting the Measurement of Solar Radiation by Pyrheliometers. L. F. MILLER, *University of Minnesota.*—A comparison of flat and spherical absorbers in a pyrheliometer for the measurement of sun's radiation direct plus sky radiation shows that the spherical has a geometrical, thermal, and optical symmetry not exhibited by the flat disk absorber. The spherical absorber possesses the same sensitivity for all angles at which radiations are received. The flat disk absorber in its measurement of radiation involves the angle of incidence in such a manner in relation to the cosine of the angle that there are discrepancies of 58 percent at 85°; 35 percent at 75°; 13 percent at 60°, etc. The flat black surface does not operate as a simple black-body absorber at the different angles of incidence. This was determined by the differential absorption of a pair of blackened flat disks arranged within exhausted quartz bulbs which could be adjusted at various angles of incidence from zero to ninety degrees. The spherical absorber with its uniform sensitivity integrates the entire hemispherical firmament at once so that by calibration it gives a more nearly correct measure of sky radiation. This is an important feature where there is a constantly shifting sky radiation. Any two like pyrheliometers placed side by side to measure the same solar radiation should, if they are uniform and symmetrical in their geometrical and physical properties, give a one to one correspondence for observations at each instant throughout the day. Ratio values of these observations plotted against time should result in a horizontal straight line. Tests with two such arranged pyrheliometers having spherical absorbers enclosed in quartz bulbs showed this not to be the case. The above-mentioned symmetries of this type of pyrheliometer equalize this redistribution so that the correct measurement of total calories for the day is not affected.

178. The Density and Temperature of the Atmosphere to About 60 km from Twilight Sky Brightness Measurements. E. O. HULBURT, *Naval Research Laboratory.*—With a calibrated Macbeth illuminometer measurements were made of i_s, the brightness of the zenith sky and of i_g the energy flux across a vertical plane from the twilight horizon for the depression θ of the sun below the horizon from 0° to 13°. For clear sky conditions the i_s, θ and i_g, θ curves did not change with the season from October, 1937, to March, 1938, and were the same for evening and morning twilight. Calculation from the Rayleigh theory of molecular scattering and the observed i_s and i_g data showed that within ± 30 percent the densities of the atmosphere from sea level to about 60 km were those of the density-height relation known to 20 km and extrapolated for a temperature of 218°K. It follows that the temperature of the twilight temperate zone atmosphere is 218°±15°K from 20

S64. Immanuel Estermann, Oliver C. Simpson und Otto Stern, Deflection of a beam of Cs atoms by gravity (Meeting at Pittsburgh, Pennsylvania, April 28 and 29, 1944), Phys. Rev. 65, 346–346 (1944)

AMERICAN PHYSICAL SOCIETY

A4. Deflection of a Beam of Cesium Atoms by Gravity.
I. ESTERMANN, O. C. SIMPSON, AND O. STERN, *Carnegie Institute of Technology.*—In the course of experiments for

© Springer-Verlag Berlin Heidelberg 2016
H. Schmidt-Böcking, K. Reich, A. Templeton, W. Trageser, V. Vill (Hrsg.), *Otto Sterns Veröffentlichungen – Band 4*, DOI 10.1007/978-3-662-46964-4_16

calorimeter, this corresponds to a mean sensitivity of 2.5×10^{-4} cal./mm, with a probable error of the mean of ± 0.03. The heat conductivity constant of the calorimeter is 0.004 min.$^{-1}$ and that of the thermopile is 0.03 min.$^{-1}$ Measurements with the present thermopile of the heats of dilution of sodium chloride solutions agree satisfactorily with well-established values.

[1] E. Lange and A. L. Robinson, Chem. Rev. 9, 89 (1931).
[2] H. F. Launer, Rev. Sci. Inst. 11, 98 (1940).

A3. Amplifier with Logarithmic Response. J. A. HIPPLE AND D. J. GROVE, *Westinghouse Research Laboratories.*— An amplifier with d.c. output voltage logarithmically proportional to the input signal over a range of three decades has been developed. This response characteristic is based on the charging and discharging of a condenser through a resistance and is thus independent of the characteristics of the individual tubes in the circuit. At any fixed setting the d.c. output is constant to better than 0.2 percent. The condenser discharge is initiated periodically by means of a trigger circuit which also synchronizes a saw-tooth oscillator with the exponential circuit. The d.c. level of this saw-tooth is varied by means of the input signal so that a thyratron can be made to fire at any time from the beginning to the end of the interval. The impulse developed by the firing thyratron drives the grid of a hard vacuum tube from very negative to positive for an instant. The plate supply for this tube is the exponential voltage from the condenser-charging series resistance so that for the instant the grid is driven positive a signal appears across the load resistance equal to the voltage of the exponential at that instant. The output thus consists of a series of pulses of magnitude logarithmically proportional to the input voltage. These pulses are then averaged and filtered to d.c.

A4. Deflection of a Beam of Cesium Atoms by Gravity. I. ESTERMANN, O. C. SIMPSON, AND O. STERN, *Carnegie Institute of Technology.*—In the course of experiments for the exact measurement of the Bohr magneton[1] it was found necessary to determine the actual velocity distribution in a beam of cesium atoms 2 meters long with a cross section of 2 mm by 0.02 mm. In the apparatus used, this velocity distribution was measured by gravity deflection. The results showed that deviations from the Maxwell distribution in the range of low velocities occur at much lower oven pressures than expected.[2] The slow atoms remain longer in the neighborhood of the oven slit and have therefore a higher probability to be deflected from the beam by collisions. The results agree with an approximate calculation of this effect.

[1] O. Stern, Phys. Rev. 51, 852 (1937).
[2] Compare V. W. Cohen and A. Ellett, Phys. Rev. 52, 502 (1937).

A5. Performance Tests on the Penn State Type of G-M Circuits. HAROLD E. WALCHLI, *The Pennsylvania State College.*—Descriptions of the Penn State type of Geiger-Mueller circuits for the measurements of x-ray intensities were published in February, 1944 in *The Review of Scientific Instruments.* It is the purpose of the present paper to give the results of performance tests on such circuits. These tests are: 1. G-M high voltage supply, temperature effects, effects of changes in input voltage, effects of rheostat settings, improvements in circuits resulting from above tests. 2. Power and stabilized-bias supply, temperature effects, effect of load, voltage regulation, time constants. 3. Main amplifier, changes from original circuit, temperature effect, time constants. 4. Pre-amplifier, time constant, impedance, change in fixed bias *vs.* plate current. 5. Auxilliary amplifier, temperature effects and improvements in the circuit intended to reduce heating effects. 6. Complete circuit, voltage recovery of G-M supply, oscillograph records of pulses through G-M counter.

A6. The Influence of Statistical Fluctuations on the Observed Size-Frequency Distribution of Bursts in a Single Ionization Chamber. L. G. LEWIS AND R. HAYDEN, *The University of Chicago.*—A particular burst of ionization occurring in an ionization chamber will be recorded as a burst larger or smaller than its true size by an amount equal to the statistical fluctuation in the non-burst particles occurring within the collecting time of the ions generated by that burst. This phenomenon causes the shape and absolute values of the observed size-frequency distribution curve to differ from the true curve by an amount given by:

$$f(a) = \int_0^\infty F(x) \exp\left[-b(x-a)^2\right] dx.$$

$f(a)$ is the observed differential size-frequency distribution function and $F(x)$ is the true function. The constant b is obtained from the conditions of observation in the ionization chamber. The true distribution $F(x)$ corresponding to the observed size-frequency distribution curve for a single chamber given by Lewis and Lewis[1] has been determined.

[1] L. G. Lewis and E. W. Lewis, Phys. Rev. 65, 63A (1944).

A7. The Ratio of the Average Current Generated by Cosmic-Ray Air Showers to the Total Current Observed in the Ionization Chamber. E. W. LEWIS AND L. G. LEWIS, *The University of Chicago.*—The average ionization current generated in a single unshielded ionization chamber by air showers producing bursts of more than 50 particles has been computed from the size-frequency distribution curve given by Lewis and Lewis[1] for an elevation of 10,650 ft. The average shower current was found to be 1.8×10^{-15} ampere. The current produced by all ionizing radiation in the chamber was 2×10^{-13} ampere. This value was obtained by measuring the voltage drop produced by the ionization current flowing through a 10^{12}-ohm resistor. The ratio of these currents is then 0.9 percent.

[1] L. G. Lewis and E. W. Lewis, Phys. Rev. 65, 63A (1944).

A8. Calculations on Extensive Cosmic-Ray Showers in Air. LINCOLN WOLFENSTEIN, *University of Chicago.* (Introduced by M. Schein.)—Large cosmic-ray showers in air, investigated with ionization chambers and coincidence counters, have been explained hitherto as originating from primary electrons of very high energy. The recent measurements by Lewis[1] of the frequency of coincident bursts in

S65

S65. Immanuel Estermann, Oliver C. Simpson und Otto Stern, The free fall of atoms and the measurement of the velocity distribution in a molecular beam of cesium atoms. Phys. Rev., 71, 238–249 (1947)

PHYSICAL REVIEW   VOLUME 71, NUMBER 4   FEBRUARY 15, 1947

The Free Fall of Atoms and the Measurement of the Velocity Distribution in a Molecular Beam of Cesium Atoms

I. Estermann, O. C. Simpson,* and O. Stern**

Research Laboratory of Molecular Physics, Carnegie Institute of Technology, Pittsburgh, Pennsylvania

(Received November 29, 1946)

PHYSICAL REVIEW   VOLUME 71, NUMBER 4   FEBRUARY 15, 1947

The Free Fall of Atoms and the Measurement of the Velocity Distribution in a Molecular Beam of Cesium Atoms

I. ESTERMANN, O. C. SIMPSON,* AND O. STERN**

Research Laboratory of Molecular Physics, Carnegie Institute of Technology, Pittsburgh, Pennsylvania

(Received November 29, 1946)

The free fall of atoms is observed in long molecular beams of potassium and cesium atoms. The measurement of the intensity distribution in a beam deflected by gravity represents the velocity distribution of the beam atoms and permits an accurate determination of this distribution. The results show that the measured values agree in general with those calculated for a modified Maxwellian velocity distribution in the beam. At larger deflections, i.e., for slow atoms, a deficiency of intensity was observed, which increased both with increasing deflection and with increasing pressure in the oven where the beam originates. This deficiency is explained by collisions in the immediate vicinity of the oven slit.

1. INTRODUCTION

A METHOD for the exact measurement of the Bohr magneton devised recently by one of us[1] is based on the compensation of the acceleration of gravity acting on a molecular beam of cesium atoms by the magnetic acceleration produced by an inhomogeneous magnetic field. The effect of gravity on atoms, that is their free fall, is easily observable in a long molecular beam. In a cesium beam 2 meters long, the fall distance of atoms having the most probable velocity corresponding to an oven temperature of about 450°K is approximately 0.2 mm. The magnetic inhomogenity required to compensate the acceleration of gravity is in this case only about 25 gauss/cm. It is, therefore, possible to produce the magnetic field by a current in a straight conductor of circular cross section; thus the magnetic inhomogeneity does not need to be measured, but can be calculated from the geometrical dimensions and the electric current. Hence, it is only necessary to measure the current I_0 through the conductor which produces a magnetic field of the inhomogeneity $(\partial H/\partial r)_0$ exactly compensating the acceleration of gravity for the Cs atoms with the largest magnetic moment μ_0

FIG. 1. Principle of the method.

equal to one Bohr magneton. Since the compensation of the acceleration is independent of the velocity, this method is in principle independent of the velocity distribution in the beam. For the actual measurement of I_0, however, the exact knowledge of the velocity distribution in the beam is necessary.

If the current I through the conductor is less than I_0, all the atoms in the beam are deflected downwards. If $I>I_0$, those with the largest magnetic moment are deflected upwards. The compensating current I_0 can be determined by placing a detector slightly above the plane of the beam (position D' in Fig. 1), and by increasing I gradually until atoms deflected upwards strike the detector. In practice, the beam intensity i striking the detector must be measured as a function of the current I, and I_0 is found by an extrapolation, which requires the knowledge of the actual velocity distribution in the beam.

From published measurements by Cohen and Ellett[2] of the velocity distribution in beams of alkali-metal atoms undergoing magnetic deflection, it appeared that in such beams the modified Maxwellian distribution was correct to within a few percent down to velocities of one-half of the most probable velocity. Experiments for the measurement of the Bohr magneton carried out by us from 1938 to 1942 showed, however, that considerable deficiencies of slow molecules (up to 50 percent of the number expected on the basis of Maxwell's law) are present even at oven pressures lower than those used in

---

* At present on leave to the Argonne National Laboratory, Chicago, Illinois.
** Now in Berkeley, California.
[1] O. Stern, Phys. Rev. 51, 852 (1937).

[2] V. W. Cohen and A. Ellett, Phys. Rev. 52, 502 (1937).

the magnetic deflection experiments of Cohen and Ellett.* It was, therefore, necessary to determine these deviations from the modified Maxwellian distribution as a preliminary work. Since the apparatus designed for the measurement of the Bohr magneton allowed such measurements by means of deflection by gravity ("free fall"), this method was used.

2. PRINCIPLE OF THE METHOD

To observe the free fall of molecules, the following arrangement was used (Fig. 1). A beam of Cs atoms produced by the oven slit O and the collimating slit S was detected by a hot tungsten wire D. Both slits as well as the detector wire were horizontal. The Cs atoms striking the detector wire became ionized and the ions were collected on a negatively charged cylinder surrounding the wire (Langmuir-Taylor method).[3] The ion current between the detector wire and the collecting cylinder gave directly the number per second of Cs atoms impinging upon the wire. The dotted lines show the path of Cs atoms with different velocities.

We assume $OS = SD = l$. Then for an atom with the velocity v, the fall distance is $S = gl^2/v^2$ (not $gl^2/2v^2$). For Cs atoms of the most probable velocity α the fall distance S_α is 0.174 mm† for an oven temperature $T = 450°K$ and for $l = 100$ cm. Since the width of the slits defining the beam and the thickness of the detector wire in our experiments was only 0.02 mm, this fall distance is easily observable. For potassium atoms, S_α is approximately 0.04 mm, which is still well observable under our experimental conditions. The intensity distribution in the beam deflected by gravity measured in the vertical direction pictures the velocity distribution of the atoms in the beam.

With slits of the width b, the intensity distribution in the undeflected beam is given by a trapezoid (Fig. 2). Assuming Maxwellian distribution in the oven, the fraction of atoms in the beam in the velocity interval between v and

---

* Because of a different slit form, their "effective" pressure at the oven slit might have been much lower than their measured pressure. A comparison of their results with our results is, therefore, not possible.

[3] J. B. Taylor, Zeits. f. Physik. **57**, 242 (1929).

† The value 0.177 mm given in reference 1 is incorrect.

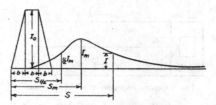

Fig. 2. Intensity distribution in a molecular beam deflected by gravity.

$v + dv$ is

$$\frac{dn}{n_0} = \frac{2v^3}{\alpha^3}\exp\left[-\frac{v^2}{\alpha^2}\right]d\left(\frac{v}{\alpha}\right) = x \cdot e^{-x}dx;$$

$$x = \left(\frac{v}{\alpha}\right)^2 \tag{1}$$

The intensity at the displacement S is given by:

$$\frac{i}{i_0} = \frac{S_\alpha}{b}\left[\frac{S}{S_\alpha}\exp\left[-\frac{S_\alpha}{S}\right] - \frac{S-b}{S_\alpha}\exp\left[-\frac{S_\alpha}{S-b}\right]\right.$$

$$- \frac{S-2b}{S_\alpha}\exp\left[-\frac{S_\alpha}{S-2b}\right]$$

$$\left. + \frac{S-3b}{S_\alpha}\exp\left[-\frac{S_\alpha}{S-3b}\right]\right]. \tag{2}$$

This is the intensity distribution as function of the displacements which would be measured with an infinitely thin detector wire. The finite width of the detector can easily be taken into account by integration; in our Cs experiments, this correction amounted to less than $1\frac{1}{2}$ percent near the maximum of the intensity distribution and was negligible elsewhere.

To compensate for the force of gravity by a magnetic force, one must produce a magnetic force on the Cs atoms of the same magnitude, but of direction opposite to the gravitational force. This can be accomplished by an electric current I underneath and parallel to the beam. At a distance d from the current, the magnetic field strength is $H = 2I/d$, the inhomogeneity $\partial H/\partial r = 2I/d^2$, and the force F on an atom whose component of magnetic moment in the direction of the field is μ_H is $F = \mu_H \cdot 2I/d^2$. Compensation takes place if

$$\mu_H \cdot 2I_0/d^2 = mg, \tag{3}$$

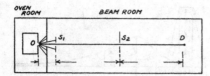

FIG. 3. General arrangement of the apparatus.

where m is the mass of the atom and g the acceleration of gravity. Because of the nuclear spin (7/2) of the Cs atom and the use of "weak" fields (not strong enough to uncouple the nuclear and electronic moments) the cesium beam is split by space quantization into 16 beams, each beam consisting of atoms with different values of μ_H. One-half of these values of μ_H result in a magnetic force in the same direction as gravity; for the other half, compensation is possible and will take place for those with the largest value of μ_H at the smallest value of I. (One-sixteenth of all the atoms will have the largest value of $\mu_H = \mu_B - \mu_N$, where μ_B is the Bohr magneton and μ_N the magnetic moment of the nucleus, which is of the order of magnitude of 1/1000 of the Bohr magneton.)

To measure I_0, the detector is placed a small distance above the position of the undeflected beam (position D'). As long as $I < I_0$, all atoms are deflected downwards and no atoms strike the detector. As soon as $I > I_0$, all the atoms with the largest magnetic moment ($\frac{1}{16}$ of the total number) will be deflected upwards and those in the proper velocity interval will strike the detector. As stated before, this method of measuring of I_0 is in principle independent of the velocity distribution in the beam. However, for practical reasons (small intensity of deflected atoms and background of scattered atoms) the intensity of the deflected atoms has to be measured at several detector positions as a function of I, and I_0 must be found by extrapolation. The extrapolation requires the knowledge of the actual velocity distribution in the beam. This is the reason for the experiments described in this paper.

To find the value of μ_B, the quantities m, g, and d in addition to I_0 have to be known. The mass*

_____
* If Eq. (3) is multiplied by Avogadro's number N, it becomes $N\mu_B 2I_0/d^2 = M_B \cdot 2I_0/d^2 = Mg$, where M is the atomic weight. Therefore, we measure actually the Bohr magneton per mole, M_B, with the accuracy discussed here.

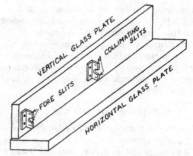

FIG. 4. Glass plates carrying slit system.

m is known to an accuracy of about one part in 10^4, and g, of course, at least to one part in 10^6. However, d is not only difficult to measure, but it is not simple to design an arrangement in which d is sufficiently defined and constant.

If we want the result to be exact to one part in 1000, the distance d between the center line of the current and the center of the beam has to be exact to one part in 2000. In our apparatus, this distance d was 2 cm. It is not possible to make this distance much larger, because then I_0 would be too large. Even with $d = 2$ cm, I_0 is about 500 amp. Therefore, d has to be exact to 1/100 mm. Even with a solid rod as conductor it is not easy to have the radius exact to 1/100 mm over a length of more than 2 meters, nor is it easy to hold this rod in such a fashion that the center line is straight and parallel to the beam within this accuracy. Moreover, because of the heat developed by the current, it is necessary to provide cooling. This requires the use of a tube instead of a rod. Even in the best precision tubes obtainable, the wall thickness was not uniform to 1/100 mm.

To overcome this difficulty, we used the following arrangement: In addition to the beam above the conductor, a second beam was arranged at the same distance below. If we determine the I_0 for both beams and take the average, this value will be the I_0 for d equal to one-half of the distance between the two beams within the following accuracy: If δ is the deviation from the 2-cm distance between the beam and the center line of the conductor, then the error in the average I_0 for both beams is of the order of magnitude $(\delta/d)^2$. The reason for this is that if the distance in one place is too small for one of the beams by the amount δ, it is too large by the same amount for the other beam. The distance between the two beams can be defined and measured very accurately by using a slit system in which both the source slits and the collimating slits are so designed that the edges of a single piece of metal form the lower jaw of the upper slit and the upper jaw of the lower slit. The distance between these edges was measured with a micrometer slide to a few thousandths of a mm. Even if the center line of the conductor should be misaligned by as much as 0.1 mm, the error produced hereby is only of the order of magnitude 10^{-4}. In our experiments, the error in alignment was less than 0.05 mm.

3. APPARATUS

(a) General Arrangement (Fig. 3)

The molecular beam was produced by Cs vapor streaming out from an oven slit and was defined by a foreslit S_1 and a collimating slit S_2. The introduction of a foreslit was necessary for two main reasons: First, in order to get a good vacuum in the "beam room," it was necessary to separate the latter from the "oven room." By this separation, it was possible to maintain a very good vacuum (10^{-7} mm Hg or better) in the beam room, where, because the beam was 2 m long, a long mean free path was required. In the oven room, the pressure was usually around 10^{-6} mm, but the beam length there was only 10 cm. Secondly, it was easier to maintain the correct mechanical alignment between foreslit, collimating slit, and detector than between the oven

slit and the other slits, since the oven position is not exactly fixed and changes during the heating. The alignment was the most important and difficult part of the experiments. For the magnetic deflection experiments, the detector was placed only a few hundredths of a mm above the "undeflected" beam, since the intensity i of deflected atoms decreases rapidly with increasing distance. In order to obtain the compensating current I_0, this intensity i was measured as a function of the current I producing the magnetic field. During these measurements, the relative position of the slits and the detector had to remain constant to about one-thousandth of a mm. Since the distance between the two slits and between the collimating slit and the detector was one meter in each case, the demands on the rigidity of the apparatus were considerable. In the first apparatus, the detector and the slits were mounted on a self-contained metal framework which was supported inside the evacuated beam room, but this construction did not produce the necessary rigidity. We finally chose the following arrangement.

The slits and detectors were mounted on a slab of plate glass ("vertical glass plate") 204 cm long, 9.5 cm high, and 1.9 cm thick, as shown in Fig. 4. The slits were mounted horizontally. The high degree of rigidity is, therefore, required only in the vertical direction, where the glass plate was very rigid with respect to bending because of its height of 10 cm. A slight displacement of the slits in the horizontal direction (up to 1/10 mm) does not affect the accuracy. The vertical glass plate was resting on another glass plate 210 cm long, 3 cm high, and 11.5 cm wide, which was mounted horizontally. This glass plate carried a

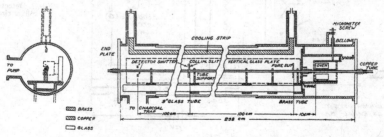

FIG. 5. (a) End view, (b) side view of apparatus.

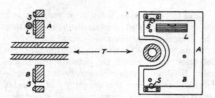

FIG. 6. (a) End view, (b) front view of slit system.

copper tube (0.947 cm O.D. and 0.47 cm I.D.) which served as conductor for the current producing the magnetic field. The horizontal glass plate was supported by two brass rings inside the vacuum envelope.

(b) Vacuum Envelope

The envelope consisted of a glass tube approximately 9″ in diameter with two brass end pieces as shown in Fig. 5. The glass tube had two side arms in the center for the shutter and for gas inlets, while the brass end pieces carried pump connections, traps, etc. It was divided by a brass plate into an oven room about 20 cm long, located inside one of the brass end pieces, and a beam room about 210 cm long. The oven room was evacuated by one large octoil diffusion pump,[4] and the beam room by two

similar pumps. Large liquid-air cooled traps were arranged between pumps and apparatus. The dividing plate had a central hole for the copper tube conductor and two narrow channels for the two beams. The central hole was equipped with a bushing mounted on a sylphon bellows which permitted a slight motion of the tube but furnished a seal of high flow resistance. The channels for the beams were 20 mm long, 5 mm wide, and 1 mm high. The total flow between the two parts was about 1 liter/sec. as compared with a pumping speed of more than 50 liters/sec. for the beam room; that means that a pressure of 10^{-6} mm Hg in the oven room produced only 2×10^{-8} mm in the beam room. The ends were closed with plate glass disks of 26 cm and 1.9 cm ($\frac{3}{4}''$) thickness which were equipped with central holes of 2 cm and with bushings carried by sylphon bellows allowing a slight motion of the copper tube. All vacuum seals were made with Apiezon sealing compound Q.

In order to obtain the required vacuum of the order of magnitude of 10^{-8} mm, it was necessary to pump for several days. For the efficient condensation of vapors, a copper strip 4.5 cm high, 0.5 cm thick, and 185 cm long was suspended parallel to the beam from two metal Dewar vessels filled with liquid nitrogen. For the mag-

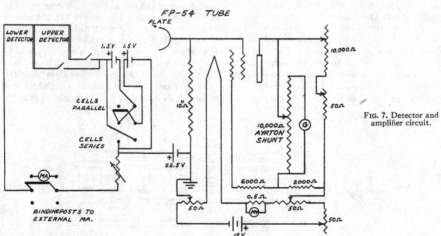

FIG. 7. Detector and amplifier circuit.

[4] L. Malter and N. Marcuvitz, Rev. Sci. Inst. 9, 92 (1938).

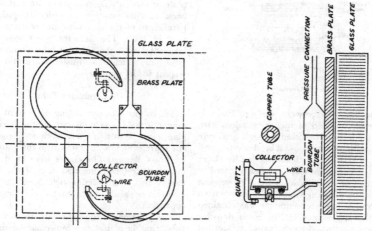

FIG. 8. (a) Side view, (b) end view of detector assembly and mounting.

netic deflection measurements, this copper strip could not be cooled, since it did not reach temperature equilibrium for several hours and changed the position of the beam during this period, apparently by changing the temperature of the slit system unevenly.

(c) Slit and Receiver System

The two foreslits and two collimating slits were each 3 mm long and the distance between the upper and lower slits was 4 cm. The upper slits were 0.022 mm and the lower slits 0.026 mm wide. They consisted of a base plate A and a slit plate B (Fig. 6). Plate A was made of brass and was screwed to a brass angle which in turn was fastened to the vertical glass plate by means of screws inserted through holes in the glass plate. The plates A and B had cut-outs for the copper tube T and plate A had two 3-mm holes underneath the slits, defining the "length" of the beams. The centers of the holes were 4 cm apart and in the same plane as the center of the copper tube. The upper jaw of the lower slit and the lower jaw of the upper slit were formed by the sharp edges of the center piece B. The distances between these edges were 3.994 cm for the foreslits and 3.991 cm for the collimating slits. They

were measured with a microscope and a Gaertner micrometer slide to a few thousandths of a mm. The upper jaw of the upper slit and the lower jaw of the lower slit were formed by two small brass pieces screwed to the base plate A. The width of the slits was determined by two methods: First, by a direct measurement with microscope and eyepiece micrometer, and secondly, by measuring the distance of diffraction fringes with sodium light.

(d) Detector

The beam atoms were detected by the Langmuir-Taylor method, in which each Cs atom striking a hot tungsten wire is re-evaporated as an ion and collected on a negatively charged plate. The plate current gives directly the number per second of atoms striking the wire surface, or the intensity of the beam. This current was measured with a FP-54 DC amplifier circuit and a galvanometer (Fig. 7). The FP-54 tube and the grid leak resistor of $10^{11}\Omega$ were mounted inside the vacuum in a side tube (see Fig. 5) and the connecting wire between the collector plates and the grid cap of the FP-54 tube was self-supporting. Each detector consisted of a tungsten wire of 0.02-mm diameter and 15-mm length

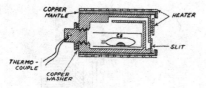

FIG. 9. Oven.

which was mounted between springs. The collector plates consisted of nickel cylinders with windows for letting the beam through and were insulated with quartz rods. The detectors had to be movable in the vertical direction by about 1.5 mm in order to measure the beam intensity as a function of the displacement. A movement which was insensitive against vibration, free from friction, and reliably reproducible was obtained in the following way (Fig. 8). Each detector assembly was attached to the tip of a Bourdon tube from a pressure gauge. This Bourdon tube was connected by a very flexible metal tube, wound in the form of a spiral, to a thin copper tube which was soldered through the vacuum mantle and led to a small glass bulb in which the pressure could be changed from vacuum to about two atmospheres. Calibration with a micrometer showed that a pressure change of 1 cm Hg produced a displacement of the detector wire by almost exactly 1/100 of a mm. The pressure was measured with a mercury manometer and adjusted with a mercury leveling bulb to about 1/10 mm. The position of the detector wire was therefore reproducible with an accuracy of 1/1000 mm, the actual displacements were measured to better than one percent.

(e) Alignment

The parallelism of foreslit, collimating slit, and detector wire was insured by making all of them horizontal. Each slit plate B was provided with a small level bulb L. Both edges of the slit plates were machined to be accurately parallel. Then a surface plate was made horizontal by means of a sensitive level. The slit plate was put on the surface plate so that the edges were horizontal, and finally the level bulbs were so adjusted that the bubble was in the center position. After mounting the slit plates on the vertical glass

plate, it was only necessary to bring the bubbles back to this position in order to guarantee parallelism of the slits with an accuracy of one part in 1000. The detector wires were made horizontal with the aid of a microscope with a cross hair, which was adjusted horizontally with respect to the same level.

(f) Conductor Tube

The copper tube conducting the current for the magnetic field was mounted on the horizontal glass plate. It rested on ten "chairs" spaced 20 cm apart, which were fastened to the glass plate by brass clamps. The chairs were lined up by means of stretched tungsten wires. The tube was loosely tied to the chairs with thread so that it could move parallel to its axis to allow for thermal expansion.

The position of the slits with respect to the tube, that is of the two molecular beams, had to be invariable to a few thousands of a mm, but did not have to be known to better than one-tenth of a mm because of the two-beam arrangement. For the slit alignment, the vertical glass plate rested on two supports on the horizontal glass plate, and its position was secured with stops and springs. The slits were then adjusted so that the center lines of the beams were directly above and below and equally distant from the center line of the copper tube. This adjustment was made with the aid of a microscope and adjustable parallel blocks and had to be accurate only to one-tenth of a mm. The whole alignment was made outside the vacuum envelope. The two glass plates could be separated and reassembled without destroying the alignment.

TABLE I. Ratio of measured to calculated intensities of the cesium beam.

T °K	p mm Hg	I_{meas}/I_{calc} for			Beam
		$S\alpha$	$2S\alpha$	$3S\alpha$	
439	1.9×10^{-2}	1.01	0.87		Lower
443	2.27	0.90	0.79	0.66	Lower
449	2.95	0.93	0.75	0.67	Upper
453	3.52	0.91	0.75		Lower
453	3.52	0.93	0.75	0.56	Lower
456	3.99	0.93	0.77	0.58	Lower
457	4.17	0.94	0.70		Lower
476	8.87	0.79	0.51	0.33	Upper
477	9.23	0.86	0.52	0.35	Lower
478	9.59	0.82	0.52	0.39	Upper

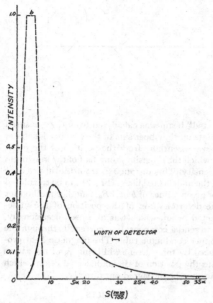

FIG. 10. Gravity deflection of a cesium beam.

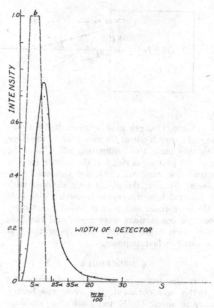

FIG. 11. Gravity deflection of a potassium beam.

(g) Ovens

The ovens were made of monel metal as shown in Fig. 9. The cesium was contained in sealed-off glass capsules holding about $\frac{1}{2}$ g. They were broken inside the ovens in a nitrogen atmosphere, and the plugs were closed immediately thereafter. The ovens were mounted in a cylindrical copper tube heated by a Nichrome coil. Another small heater unit was screwed on to the front of the oven near the slit. A thermocouple was attached to the back of each oven. In a separate test, a second thermocouple was attached to the front of the oven near the slit and the temperature difference between the two thermocouples (about 5°C) was recorded for different temperatures. The ovens were mounted in a cradle which could be moved inside the vacuum in a vertical direction by means of a micrometer screw and a sylphon bellows. The cradle was also equipped with a level in order to make the oven slits horizontal. The size of the slits was 3 mm

×0.06 mm. Each oven rested on 3 pins which insured the reproducibility of its position.

(h) Assembly

After the alignment was completed, the horizontal glass plate carrying the copper tube was inserted in the vacuum apparatus. Then, the brass plate separating the beam room from the oven room was attached to the front end of this glass plate. The brass plate was equipped with a sylphon bellows and a bushing for the copper tube and with two channels for the beams. (See Fig. 5.) The cradles for the ovens were also attached to it. Next, the vertical glass plate carrying slits and detectors was slid into the vacuum envelope and moved into its correct position where it was held by two springs. Then the electrical connections between the detectors and the amplifier tube, etc. and the vacuum and pressure connections between the Bourdon tubes and the outside were made. A shutter operated

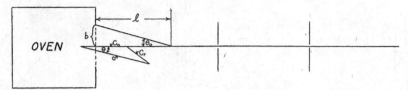

Fig. 12.

by pressure changes in a sylphon bellows was inserted through one of the side arms of the large glass tube near the collimating slit. Then the glass end plates provided with bellows for the copper tube were attached and tightened with Apiezon. Finally, the ovens were charged with Cs, inserted into the cradle through a side hole in the oven room and after the heater and thermocouple connections were made and the hole closed with a glass plate, the apparatus was evacuated as fast as possible.

4. PROCEDURE

After the necessary vacuum of 10^{-7} mm Hg or better was obtained, the oven was heated slowly to about 450°K and allowed to stabilize at a certain temperature in that region. The detector was moved to the position of maximum intensity and the oven was shifted up and down until the oven slit covered the collimating slit completely. The beam intensity was measured during this operation and the resulting "oven displacement curve" served as a check for the slit alignment. With the oven slit in the correct position, the detector was moved in the vertical direction through the beam in steps of one or several hundreds of a millimeter and the gravity deflection curve was obtained. For deflections of more than 0.1 mm from the maximum, it was necessary to move the oven slit slightly downwards with respect to the foreslit in order to keep all the slits, as well as the detector, on the parabolic trajectory of the atoms with the velocity corresponding to the detector position. The intensity of the beam was checked frequently by returning the detector to the maximum position, and a possible shifting of the position of the beam was controlled by checking a few points on the steep, upper side of the gravity deflection curve. The position of the "unde-

flected" beam was calculated from the measured points on the upper side of the gravity deflection curve, essentially from the position of the point at which the intensity is one-half of the maximum intensity. This distance S_l from the upper edge of the undeflected beam (Fig. 2) can be calculated for given values of b and S_α. Another method for the determination of the position of the undeflected beam, which was also used occasionally, is to send a compensating current I_0 through the copper conductor tube. The magnetic field produced by this current will bring $\frac{1}{16}$ of the atoms into the position of the undeflected beam, which can thus be measured out directly.

5. RESULTS

Experiments were carried out with potassium and cesium at different oven temperatures. The gravity displacement curves obtained agreed in general with the calculated curves. Figure 10 shows the results for a cesium beam, Fig. 11 for a potassium beam. The curves are calculated, the dots show the measured points. For larger deflections, viz., $S\alpha$, $2S\alpha$, and $3S\alpha$, the measured intensity values were definitely lower than the calculated values. This deficiency increased with increasing deflection (slower atoms) and also with increasing oven temperature (pressure).

TABLE II. Values of $F(\gamma)$.

$\gamma = c/c_0$	$\gamma' = c_0/c$	$F(\gamma)$	$F(\gamma)^*$	$\dfrac{F(\gamma) - F(\gamma)^*}{F(\gamma)}$
0	∞	0.5000	0.5000	0
0.250	4	0.4080	0.4045	0.87%
0.333	3	0.3804	0.3754	1.31%
0.500	2	0.3322	0.3248	2.24%
0.667	1.5	0.2952	0.2883	2.34%
0.833	1.2	0.2737	0.2703	1.24%
0.909	1.1	0.2711	0.2697	0.51%
1	1	0.2761	0.2761	0
1.1	0.909	0.2982	0.2967	0.51%
1.2	0.833	0.3285	0.3244	1.24%
1.5	0.667	0.4428	0.4324	2.34%
2.0	0.500	0.6645	0.6495	2.24%
3.0	0.333	1.1412	1.1261	1.31%
4.0	0.250	1.6320	1.6179	0.87%

Table 1 shows the deficiency; expressed as the ratio of the measured and calculated intensities $I_{\text{meas}}/I_{\text{calc}}$ for the positions $S\alpha$, $2S\alpha$, and $3S\alpha$ for different experiments with cesium. $S\alpha$, $2S\alpha$ and $3S\alpha$ are measured from the center of the undeflected beam (not from the upper edge as in Fig. 2).

6. DISCUSSION

The experiments serve as a demonstration that individual atoms follow the laws of free fall in the same way as other pieces of matter. Moreover, they permit a more accurate determination of the velocity distribution in molecular rays than those carried out earlier. The knowledge of this distribution is of great importance for many molecular beam experiments. It has usually been assumed that the Maxwellian distribution law is valid as long as the mean free path of the molecules in the oven is several times as large as the width of the oven slit. These experiments show, however, that there is a considerable deficiency of slow molecule seven at much lower pressures. This deficiency is probably caused by collisions in the immediate vicinity of the oven slit (see appendix).

7. APPENDIX

(a) Calculation of the Distortion of the Velocity Distribution

To estimate the order of magnitude of the distortion in the velocity distribution in the beam through collisions in the neighborhood of the oven slit ("cloud"), we calculate this effect under the following simplifying assumptions: The number of collisions is calculated for rigid spheres on the basis of the classical kinetic theory. The cross section of the spheres is taken from the experimental determination of the mean free path. It is assumed that every collision throws the beam molecule out of the beam. This assumption is certainly justified in our case where a deflection as

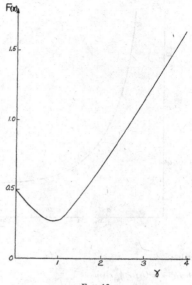

FIG. 13.

TABLE III. Values of $\overline{F}$ as a function of c_0/α.

$x_0 = c_0/\alpha$	$S/S\alpha = x_0^{-2}$	$\overline{F}$
3	1/9	0.3664
2	$\frac{1}{4}$	0.3261
$\sqrt{3}$	$\frac{1}{3}$	0.3172
$\sqrt{2.5}$	1/2.5	0.3148
$\sqrt{2}$	$\frac{1}{2}$	0.3167
1.3	1/1.69	0.3225
1.2	1/1.44	0.3320
1	1	0.3707
$1/\sqrt{2}$	2	0.5232
$1/\sqrt{3}$	3	0.6690
$\frac{1}{2}$	4	0.8018
$1/2.5$	$6\frac{1}{4}$	1.0624
$\frac{1}{3}$	9	1.3319
$\frac{1}{4}$	16	1.8827

small as 10^{-5} radian (1/100 mm to 1 m) removes the molecule from the beam. Furthermore, we assume that the density of the molecules inside the oven is uniform and that it and the velocity distribution of the molecules inside the oven are undisturbed up to the oven slit. We also neglect the number of molecules thrown into the beam by collisions outside the oven.* Finally, we consider the case of a circular oven opening and regard the beam, which is defined by the foreslit and the collimating slit, as emerging from the center of the oven opening perpendicular to it and with a cross section which is small compared to the area of the oven opening.

Let l be the distance from the oven hole (see Fig. 12), b the radius of the oven hole, n the number of molecules with the velocity c_0 passing the cross section of the beam at l per second, and N the number of molecules per cm³ in the oven with the velocity c. We consider first the case $c > c_0$. The angle between c and c_0 may be θ. Therefore the relative velocity is $c_r = (c^2 + c_0^2 - 2cc_0\cos\theta)^{\frac{1}{2}}$. The number of collisions at l during the time dt is:

$$dn = ndt \cdot \pi\sigma^2 N \int_0^{\theta_0} c_r \tfrac{1}{2} \sin\theta d\theta \qquad (4)$$

where $\pi\sigma^2$ is the collision cross section and $\tan\theta_0 = b/l$. The decrease of n in traversing the distance $dl = c_0 dt$ is therefore

* On the basis of some rough numerical estimates we believe that this assumption should not change the order of magnitude of our results.

248   E S T E R M A N N ,   S I M P S O N ,   A N D   S T E R N

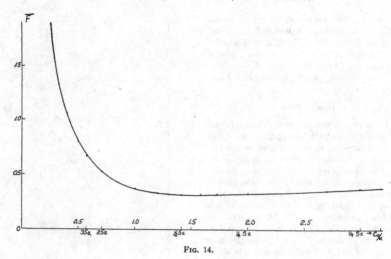

FIG. 14.

given by:

$$-d\,\ln n/dt = \pi\sigma^2(N/c_0)\int_0^{\theta_0} c_r \tfrac{1}{2}\sin\theta\,d\theta$$

$$= \pi\sigma^2(N/c_0)\int_{c_{r(0)}}^{c_{r(\theta_0)}} (c_r^2/2cc_0)dc_r$$

$$= [\pi\sigma^2 N/(6cc_0)][c_{r(\theta_0)}{}^3 - c_{r(0)}{}^3] \quad (5)$$

since $2c_r dc_r = 2cc_0 d\cos\theta$. Considering θ_0 as function of l ($\tan\theta_0 = b/l$), and setting $(1/6cc_0)[c_{r(\theta_0)}{}^3 - c_{r(0)}{}^3] = f(l)$ we get

$$n/n_0 = \exp[-\pi\sigma^2 N\int_0^\infty f(l)dl] \quad (6)$$

where n_0 is the number of beam molecules with the velocity c_0 leaving the oven slit per second. We are allowed to integrate to $l = \infty$ because at larger distances ($l \gg b$) the number of collisions is negligible. Substituting again θ_0 for l, setting $dl = (-b/\sin^2\theta_0)d\theta_0$, we obtain finally:

$$n/n_0 = \exp[-\pi\sigma^2 Nb\int_0^{\pi/2} f(\theta_0)d\theta_0] \quad (6a)$$

with

$$f(\theta_0) = [(c^2 + c_0^2 - 2cc_0\cos\theta_0)^{\frac{3}{2}} - (c - c_0)^3]/6cc_0\sin^2\theta_0.$$

For the case $c_0 > c$ we have to replace $(c - c_0)$ by $(c_0 - c)$.

The numerical value of the integral

$$\int_0^{\pi/2} f(\theta_0)d\theta_0 = F(\gamma)$$

depends only on $\gamma = c/c_0$. For $\gamma > 1$, we have:

$$f(\theta_0) = [(\gamma^2 + 1 - 2\gamma\cos\theta_0)^{\frac{3}{2}} - (\gamma - 1)^3]/6\gamma\sin^2\theta_0 \quad (7)$$

for $\gamma < 1$ with $\gamma' = 1/\gamma = c_0/c > 1$:

$$f(\theta_0) = [(\gamma'^2 + 1 - 2\gamma'\cos\theta_0)^{\frac{3}{2}} - (\gamma' - 1)^3]/6\gamma'^2\sin^2\theta_0 \quad (7a)$$
$$F(\gamma) = F(\gamma')/\gamma'$$

and for $\gamma = 1$,

$$f(\theta_0) = (2 - 2\cos\theta_0)^{\frac{3}{2}}/6\sin^2\theta_0. \quad (7b)$$

Limiting expressions are:

$\gamma \gg 1$ (slow beam molecules) $F(\gamma) = \tfrac{1}{2}\gamma - \pi/8 = \tfrac{1}{2}\gamma - 0.3927$

$\gamma \ll 1$ (fast beam molecules) $F(\gamma) = \tfrac{1}{2} - \pi\gamma/8 = \tfrac{1}{2} - 0.3927\gamma$.

Table II and Fig. 13 give some values of $F(\gamma)$.* The weakening of the beam molecules with the velocity c_0 by collisions with oven molecules of the velocity c is therefore given by:

$$n/n_0 = \exp(-\pi\sigma^2 bNF); \quad F = F(\gamma) = F(c/c_0), \quad (8)$$

where N is the number of oven molecules per cm³ with the velocity c. If we take c as the average velocity and N as the total number N_0 of molecules per cm³ we get already a fair approximation, especially for the case of slow beam molecules. It is, however, not difficult to take into account the velocity distribution of the oven molecules. We simply replace N according to Maxwell by

$$dN = N_0\frac{4}{\sqrt\pi}\exp[-c^2/\alpha^2](c^2/\alpha^2)d(c/\alpha).$$

* $F(\gamma)$ was calculated by numerical integration and by the formula

$$F(\gamma) = \tfrac{1}{3}(\gamma^2 + 1)^{\frac{1}{2}} + [(\gamma + 1)/6\gamma](\gamma - 1)^2\delta F$$
$$- [(\gamma + 1)/6\gamma](\gamma^2 + 1)\delta E,$$

where

$$\delta F = F(\kappa, \pi/2) - F(\kappa, \pi/4)$$
$$\delta E = E(\kappa, \pi/2) - E(\kappa, \pi/4);$$

and

$$\kappa^2 = 4\gamma/(\gamma + 1)^2.$$

F and E are the elliptic integrals of the first and the second kind.

VELOCITY DISTRIBUTION IN MOLECULAR BEAMS   249

Since the e-factors of the molecules with different velocities multiply, we get:

$$n/n_0 = \prod_{c=0}^{c=\infty} \exp[-\pi\sigma^2 b F dN] = \exp\left[-\pi\sigma^2 b \sum_{c=0}^{\infty} F dN\right]$$
$$= \exp[-\pi\sigma^2 b N_0 \bar{F}] \quad (9)$$

where

$$\bar{F} = \int_0^\infty F \frac{4}{\sqrt{\pi}} \exp[-c^2/\alpha^2](c^2/\alpha^2) d(c/\alpha).$$

To evaluate $\bar{F}$, the following approximation formula F^* was used for F:

For $\gamma > 1$; $\quad F^* = \dfrac{1}{2}\gamma - \dfrac{\pi}{8} + \dfrac{0.16884}{\gamma^2}$;

For $\gamma < 1$; $\quad F^* = \dfrac{1}{2} - \dfrac{\pi}{8}\gamma + 0.16884\gamma^3$;

$$\gamma = c/c_0.$$

This formula gives the right limiting expressions for small and large values of γ. The factor 0.16884 of the third term is so chosen that the value of F for $\gamma = 1$ is correct. In the intervals $0 < \gamma < 1$ and $1 < \gamma < \infty$, the largest deviation from the correct value is less than $2\frac{1}{2}\%$ (compare Table II).

The resulting values of $\bar{F}$ as function of c_0/α are given in Table III and Fig. 14.

(b) Comparison with the Experiments

Our theoretical formula gives the "weakening factor" Φ

$$\Phi = n/n_0 \exp[-\pi\sigma^2 Nb\bar{F}].$$

The cross section for collisions of Cs atoms with Cs atoms was measured by Foner:[*]

$$\pi\sigma^2 = 2.35 \times 10^{-13} \text{ cm}^2.$$

The number N of Cs atoms per cm³ in the oven is:

$$N = p/kT = 2.1 \times 10^{14} \times p',$$

where p' is the pressure of the Cs vapor in the oven in units of 10^{-2} mm Hg. For the temperature we took an average value $T = 460°$K.

The width of the oven slit in our experiments was 5×10^{-3} cm. In our theoretical equation, b is the radius of a circular oven opening. If we set $b = 5 \times 10^{-3}$ cm we should get the right order of magnitude.

With these numerical values we have:

$$\Phi = (n/n_0) \exp[-0.25 p'\bar{F}].$$

To compare our experimental results with this formula we have to consider that our $I_{\text{meas}}/I_{\text{calc}}$ (see Table I)

[*] S. N. Foner, Thesis, Carnegie Institute of Technology, Pittsburgh, 1945 (see also the following paper).

TABLE IV. Calculated values of $I_{\text{meas}}/I_{\text{calc}}$.

p'	$S\alpha$	$2S\alpha$	$3S\alpha$
2	0.98	0.90	0.84
4	0.95	0.82	0.70
8	0.90	0.67	0.50

refers to an I_{calc} which sets arbitrarily $\Phi = 1$ in the neighborhood of the maximum of the deflection curve. In reality we know only that Φ is approximately constant in this region. This follows directly from our experimental result that in the neighborhood of the maximum the shape of the measured intensity curve agrees with the shape calculated from the modified Maxwellian distribution. It also agrees with our theoretical result for $\bar{F}$ (see Fig. 14). We assume therefore that our I_{calc} corresponds to the minimum value of $\bar{F} = 0.32$. If we call the weakening factor in this region Φ_0, we have:

$$\Phi_0 = \exp[-0.25 p' \times 0.32] = \exp[-0.080 p'].$$

For the deflection $S\alpha$, the velocity of the beam molecules is α, and from our curve for $\bar{F}$ we take $\bar{F} = 0.37$, and finally obtain

$$\Phi_{S\alpha} = \exp[-0.25 \times p' \times 0.37] = \exp[-0.0925 p'].$$

Hence, for the deflection $S\alpha$, our $I_{\text{meas}}/I_{\text{calc}}$ is

$$I_{\text{meas}}/I_{\text{calc}} = \Phi_{S\alpha}/\Phi_0 = \exp[-0.0125 p'].$$

Correspondingly we have for the deflections $2S\alpha$ and $3S\alpha$:

$2S\alpha$: $\quad c_0 = \alpha/\sqrt{2}$; $\quad \bar{F}(1/\sqrt{2}) = 0.52$;
$$I_{\text{meas}}/I_{\text{calc}} = \Phi_{2S\alpha}/\Phi_0 = \exp[-0.050 p']$$

$3S\alpha$: $\quad c_0 = \alpha/\sqrt{3}$; $\quad F(1/\sqrt{3}) = 0.67$;
$$I_{\text{meas}}/I_{\text{calc}} = \Phi_{3S\alpha}/\Phi_0 = \exp[-0.0875 p'].$$

The following Table IV gives some calculated values of $I_{\text{meas}}/I_{\text{calc}}$:

A comparison with the measured values in Table I shows agreement in the dependence on pressure and velocity as well as in the order of magnitude of the numerical values. Generally, the measured deviations are somewhat larger than the calculated ones. That may be due to additional collisions, either with foreign gas molecules in the oven room, or directly at the oven slit with foreign gas molecules originating in the oven. The fluctuations in the measurements corroborate this explanation. The discrepancy could also be due, at least in part, to the choice of b. A slightly larger value of b ($7\frac{1}{2} \times 10^{-3}$) would give agreement within the limits of error of the measurements. Considering the number of serious simplifications made in the calculations we cannot expect a better agreement than in the order of magnitude.

S66. Otto Stern, Die Methode der Molekularstrahlen, *Chimia* **1**, 91–91 (1947)

Physikalische Gesellschaft Zürich

Sitzung vom 20. Januar 1947

O. Stern, *Die Methode der Molekularstrahlen*

© Springer-Verlag Berlin Heidelberg 2016
H. Schmidt-Böcking, K. Reich, A. Templeton, W. Trageser, V. Vill (Hrsg.), *Otto Sterns Veröffentlichungen – Band 4*, DOI 10.1007/978-3-662-46964-4_18

CHIMIA Vol. I/4 1947
                                                                                          91

Tabelle 1
Wasserstoff-Deuterium-Austausch

	$\left(\frac{D_2O}{H_2O}\right)^{\frac{1}{2}}$	$\frac{DCl}{HCl}$	$\frac{DBr}{HBr}$	$\left(\frac{D_2}{H_2}\right)^{\frac{1}{2}}$	$\frac{DI}{HI}$	$\frac{LiD}{LiH}$	$\frac{NaD}{NaH}$	$\frac{KD}{KH}$
$\left(\frac{D_2O}{H_2O}\right)^{\frac{1}{2}}$	1.000	2.334	2.854	3.354	3.518	7.187	7.864	8.743
$\frac{DCl}{HCl}$		1.000	1.223	1.437	1.508	3.080	3.370	3.746
$\frac{DBr}{HBr}$			1.000	1.175	1.233	2.518	2.756	3.063
$\left(\frac{D_2}{H_2}\right)^{\frac{1}{2}}$				1.000	1.049	2.143	2.345	2.607
$\frac{DI}{HI}$					1.000	2.043	2.235	2.485
$\frac{LiD}{LiH}$						1.000	1.094	1.216
$\frac{NaD}{NaH}$							1.000	1.112
$\frac{KD}{KH}$								1.000

Weitere ähnliche Tabellen betrafen den Austausch der Isotopen des Bor B^{10} und B^{11}, des Kohlenstoffs C^{12} und C^{13}, des Stickstoffs N^{14} und N^{16}, des Sauerstoffs O^{16} und O^{18} und des Chlors Cl^{35} und Cl^{37}. Mit steigender Ordnungszahl werden die Abweichungen der Gleichgewichtskonstanten von 1 immer kleiner. Bei reinen Gasreaktionen ist die Übereinstimmung zwischen berechneter und experimentell bestimmter Gleichgewichtskonstante ausgezeichnet. Sobald eine flüssige Phase mit im Spiel ist, wird die statistische Berechnung der Gleichgewichtskonstante unsicher oder unmöglich. Alle Reaktionen, deren Gleichgewichtskonstante wesentlich von 1 abweicht, lassen sich zu Anreicherungsverfahren verwenden.

Tabelle 2
Natürliches Vorkommen von Kohlenstoff- und von Sauerstoffisotopen

$C^{13} : C^{12}$	beobachtet	berechnet	Autor
CO_2 aus Luft	1.000		NIER und GUL-BRANSEN, Am. Soc. **61**, 697 (1939)
Vulkanische Kohle	1.004		
Kalkstein	1.018	1.012 (?)	
Pflanzen (fossil und rezent)	0.980		
Fleisch der Venusmuschel	0.997		
$O^{18} : O^{16}$			
Ozeanwasser	1.000		DOLE und SLOBOD, Am. Soc. **62**, 471 (1940)
Kalkstein	1.035	1.016 (?)	
Eisenerz	1.00		
Luftsauerstoff	1.019	1.003 bis 1.005	DOLE, J. Chem. Phys. **4**, 268 (1936)
Süßwasser	0.991	0.991	

Es handelt sich um Verhältniszahlen gegenüber dem Wert für Luftkohlensäure bzw. Ozeanwasser.

Die Dampfspannung isotoper Verbindungen ist im allgemeinen verschieden, und zwar sind bei niedrigerer Temperatur die leichteren und bei höherer Temperatur die schwereren Verbindungen die flüchtigeren; dazwischen liegt ein Punkt mit gleicher Dampfspannung. Dieses Verhalten kann zu Anreicherungen verwendet werden.

Auch in der Natur ist die Verteilung der Isotopen durchaus nicht konstant, so kann man zwischen dem natürlichen Wasser verschiedener Quellen und Wasser aus Luftsauerstoff und reinem Wasserstoff H^1 Dichteunterschiede im Betrage von 6,0 bis 8,6 Gamma feststellen. Das Verhältnis der Kohlenstoffisotopen C^{13} und C^{12} ist für CO_2 aus Luft, vulkanischer Kohle, Kalkstein und im Körper von Pflanzen und Tieren verschieden. Besonders auffallend sind die Unterschiede im Verhältnis der Sauerstoffisotopen O^{18} und O^{16} im Ozeanwasser, im Süßwasser und in verschiedenen Mineralien (Tab. 2).

Zur Gewinnung winzig kleiner Mengen von reinen Isotopen ist der Massenspektrograph vorzüglich geeignet, wo die Atome verschiedenen Gewichts durch magnetische und elektrostatische Ablenkung getrennt werden. Für die Herstellung größerer Mengen arbeitet die Thermodiffusion (CLUSIUS) am besten. Dagegen kommt zur Gewinnung großer Mengen reiner Isotopen nur eine chemische Methode in Frage. Abgesehen von der im größten Maßstabe durchgeführten Abtrennung der Uranisotopen wird in Amerika von der *Sun Oil Co.* das Element C^{13} industriell hergestellt (Monatsproduktion etwa 500 g). Die hierzu erforderliche Apparatur hat mehrere hunderttausend Dollars gekostet. Als Preis des Produktes wurde in der Diskussion etwa 300 $ pro Gramm angegeben.

Ferner bereitet die *Eastman Kodak Co.* die industrielle Herstellung von N^{16} vor. Das Produkt ist noch nicht im Handel. Die bisherige Produktion ist gratis an Forschungsinstitute abgegeben worden. Verwendet werden diese Isotopen in erster Linie als Markierungssubstanzen (Tracers) bei physiologischen Versuchen.   E. H e r z o g

Physikalische Gesellschaft Zürich
Sitzung vom 20. Januar 1947

O. S t e r n, *Die Methode der Molekularstrahlen*

Es handelt sich dabei nicht etwa um eine geheimnisvolle Strahlenart, sondern um Strahlen von verdampfender Materie (oder von Gasen). Die betreffende Substanz, z. B. Natrium, wird in einem kleinen elektrischen Ofen erhitzt. Ein Spalt in der Ofenwand von einigen Hundertstelmillimetern Breite erlaubt den Austritt des Dampfes, ein zweiter Spalt von ähnlichen Dimensionen begrenzt den Strahl, so daß er nur noch in einer Richtung fliegende Teilchen enthält. Das ganze befindet sich in einer möglichst hoch evakuierten Kammer, in welcher man Strahllängen von 1 bis 2 Meter erreichen kann. Weiter zu gehen verbieten experimentelle Schwierigkeiten, so erwünscht dieses auch im Interesse der Meßgenauigkeit wäre. Ein gekühlter Schirm am anderen Ende der Kammer fängt den Strahl auf. Messen läßt sich die Geschwindigkeit der Moleküle, die Ablenkung des Strahles durch die Schwerkraft, durch magnetische Felder usw. Die Methode gestattet in prinzipiell sehr einfacher Weise, durch direkte Messungen die Grundhypothesen der klassischen kinetischen Gastheorie und der Quantentheorie zu überprüfen.   E. H e r z o g

Sitzung vom 6. Februar 1947

J. J. T r i l a t, *Structure des films minces des Huiles de Graissage et Application à la détermination de l'Onctuosité*

Haben wir zwischen zwei parallelen Metallplatten eine

S67. Immanuel Estermann, Samuel N.Foner und Otto Stern, The mean free paths of cesium atoms in helium, nitrogen, and cesium vapor. Phys. Rev., 71, 250–257 (1947)

PHYSICAL REVIEW   VOLUME 71, NUMBER 4   FEBRUARY 15, 1947

The Mean Free Paths of Cesium Atoms in Helium, Nitrogen, and Cesium Vapor

I. ESTERMANN, S. N. FONER,* AND O. STERN**

Research Laboratory of Molecular Physics, Carnegie Institute of Technology, Pittsburgh, Pennsylvania

(Received November 29, 1946)

© Springer-Verlag Berlin Heidelberg 2016

H. Schmidt-Böcking, K. Reich, A. Templeton, W. Trageser, V. Vill (Hrsg.), *Otto Sterns Veröffentlichungen – Band 4*, DOI 10.1007/978-3-662-46964-4_19

115

PHYSICAL REVIEW   VOLUME 71, NUMBER 4   FEBRUARY 15, 1947

The Mean Free Paths of Cesium Atoms in Helium, Nitrogen, and Cesium Vapor

I. ESTERMANN, S. N. FONER,* AND O. STERN**
Research Laboratory of Molecular Physics, Carnegie Institute of Technology, Pittsburgh, Pennsylvania
(Received November 29, 1946)

The mean free paths of cesium atoms in helium, nitrogen, and cesium vapor were measured with a molecular beam apparatus permitting the measurement of scattering deflections of about 5 seconds of arc. Utilizing the free fall of the beam atoms, the variation of the mean free path with the velocity of the beam atoms could be determined directly. This variation was found to be in agreement with the equations calculated on the basis of classical theory treating the atoms as elastic spheres. The measured values of the sums of the effective atomic radii are 12.0×10^{-8} cm for Cs-He, 17.2×10^{-8} for Cs-N$_2$, and 27.3×10^{-8} cm for Cs-Cs collisions. These values correspond to mean free paths of 2.1 meters in He, 2.2 meters in N$_2$, and 1.36 meters in Cs-vapor of 10^{-6}-mm Hg pressure for cesium atoms with a velocity corresponding to the maximum intensity of the gravity deflection curve.

A S pointed out in a previous paper,[1] the deficiency of slow atoms in a molecular beam of Cs-atoms can be explained as arising from the scattering of the beam atoms in the immediate vicinity of the oven slit. For a quantitative estimate of the effect of this scattering, it is necessary to know the effective cross section for the Cs-Cs collision. The present investigation was undertaken to measure the mean free path of cesium atoms in cesium vapor, helium, and nitrogen, and to determine the velocity dependence of the mean free path.

I. THEORY

In the quantum-mechanical treatment of scattering, Massey and Mohr[2] consider a beam of atoms with the DeBroglie wave-length $\lambda = h/Mv$ incident upon an atom which is at rest in the coordinate system. The scattering cross section Q is defined as

$$Q = 2\pi \int_0^\pi I(\theta) \sin\theta d\theta, \qquad (1)$$

where $I(\theta)$ is the scattering intensity per unit solid angle of the beam atoms scattered through an angle θ from the direction of the incident beam. For a hard sphere model, Massey and Mohr[2] have given as a rough approximation the angular dependence of $I(\theta)$ shown in Fig. 1 as curve A. Here r_0 is the sum of the "classical" atomic radii and $k = 2\pi/\lambda$, where $\lambda = h/Mv_R$ is

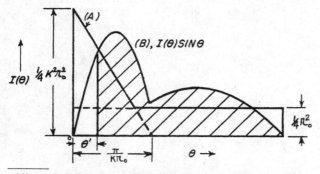

FIG. 1. Scattering intensity as function of angle.

* Now at Applied Physics Laboratory, Johns Hopkins University, Silver Spring, Maryland.
** Now in Berkeley, California.
[1] I. Estermann, O. C. Simpson, and O. Stern, Phys. Rev. 71, 238 (1947); referred to as I.
[2] H. S. W. Massey and C. B O. Mohr, Proc. Roy. Soc. 141, 454 (1933).

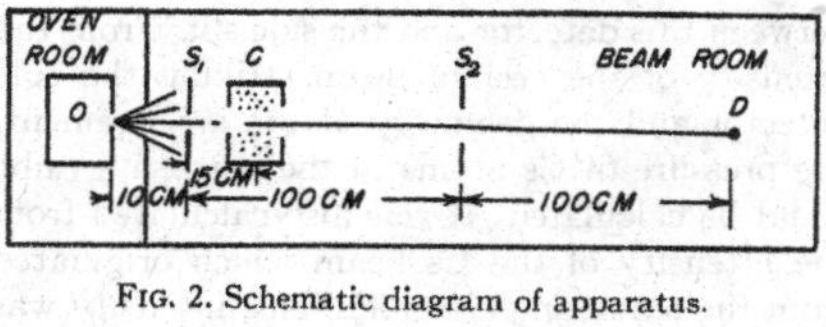

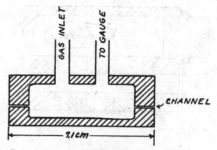

FIG. 2. Schematic diagram of apparatus.

FIG. 3. Scattering chamber for nitrogen and helium.

the DeBroglie wave-length associated with the system; $M = m_1 m_2/(m_1 + m_2)$ being the reduced mass and v_R the relative velocity of the atoms. The large increase in scattering intensity for small angles makes the cross section Q about twice the classical value πr_0^2. Curve B in Fig. 1 represents $I(\theta) \sin\theta$. The experimentally measured cross section depends on the resolving power of the apparatus. If a scattering corresponding to an angle θ' can be detected, the error made in measuring the total scattering cross section is found by comparing the unshaded area under curve B in Fig. 1 with the total area. The resolving power necessary to get meaningful results is reached if an increase in the resolving power will not materially increase the measured cross section. In our experiments, this condition was fulfilled.

If an attractive potential of the form $V = -C/r^S$ exists, the total cross section is given by[3]

$$Q = [\pi(2S-3)/(S-2)] f^{2/(S-1)} (C/k)^{2/(S-1)}, \quad (2)$$

where k is again $2\pi/\lambda = 2\pi M v_R/h$ and f is a known function of s. Assuming dipole-dipole Van der Waals forces with a potential $V = -C/r^6$, Q takes the form

$$Q = B v_R^{-2/5}, \quad (3)$$

where B is a constant, so that the cross section varies as the inverse $\frac{2}{5}$ power of the relative velocity. The expected dependence of Q on the relative velocity is therefore a slowly varying function, with the result that the variation of Q with the beam atom velocity is still smaller, so that for the range of velocities encountered in the experiments we can consider Q a constant, especially in view of the accuracy of the measurements and the degree of monochromization of the beam.

[3] H. S. W. Massey and C. B. O. Mohr, Proc. Roy. Soc. **144**, 188 (1934).

2. EXPERIMENTAL ARRANGEMENT

The mean free path was determined by measuring the weakening of a molecular beam of cesium atoms passing through a scattering chamber filled with helium, nitrogen, or cesium vapor. The apparatus used for these experiments was the one described in paper I, with a scattering chamber C mounted between the foreslit and the collimating slit of the upper beam, as shown in Fig. 2. For helium and nitrogen as scattering gases, the scattering chamber was made of two brass pieces (Fig. 3). The lower piece had a milled groove 0.4 mm deep and 5 mm wide, which together with the upper piece formed two channels 0.4 mm high, 5 mm wide, and 1 cm long through which the beam passed. The large flow resistance of these channels and the high pumping speed in the rest of the apparatus permitted the maintenance of a pressure ratio of about 1000 to 1 between the chamber and the apparatus. The gas was fed into the chamber through a flexible pipe line from a 5-liter flask outside the apparatus. The pressure in the chamber was controlled by a sensitive needle valve and measured with an ionization gauge connected to the chamber through another tube. A by-pass permitted the outgassing of the ionization gauge.

For the cesium-cesium experiments, the scattering chamber had to be made of a metal not affected by cesium. Monel metal was found to be satisfactory. As shown in Fig. 4, this scattering chamber was machined from a solid metal block. The scattering took place in a tube T 3.5 cm long and 0.476 cm in diameter through which

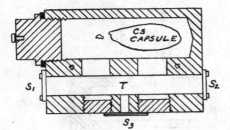

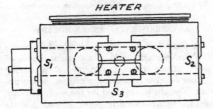

Fig. 4. Scattering chamber for cesium vapor.

the beam passed. The cesium vapor was supplied from a cesium capsule in the second part of the scattering chamber, which was connected to the first by two ¼-inch holes. Since the cesium vapor escaping from the scattering chamber was quickly condensed at the cooled copper strip (see Fig. 5 of paper I), it was possible to use slits S_1 and S_2 instead of channels at the ends of the scattering tube without materially increasing the pressure in the apparatus. A Nichrome ribbon heater was fastened to the top of the chamber and a thermocouple to the plug. For better thermal insulation, the chamber was mounted on a glass plate and supported by brass angles attached to the vertical glass plate (see Fig. 4 of paper I), which also carried the slit and detector system.

It was found that the Cs pressure in the scattering chamber could not be calculated reliably from the temperature measured by the thermocouple. In order to measure the pressure of the scattering Cs vapor, a third slit S_3 was attached to the side of the scattering tube and an auxiliary hot tungsten wire detector was mounted 2.3 cm away from the side slit. A collimating slit and a magnetically operated shutter were mounted

between this detector and the side slit. From the intensity of the cesium beam striking the side detector and the geometry of the arrangement, the pressure of Cs atoms in the scattering tube could be calculated. It was also calculated from the intensity of the Cs beam which originated from the scattering chamber. This intensity was measured with the beam detector after displacing the oven sufficiently as to cut out all the atoms originating in the oven. Because of the efflux of cesium vapor through the slits at the ends of the scattering tube, the pressure inside the chamber was not quite uniform. An appropriate correction for this effect was applied in the calculations.

3. RESOLVING POWER

The resolving power of the apparatus follows from the geometry of the molecular beam. The source slit (fore slit) and collimating slit were both 0.02 mm wide and 100 cm apart. The detecting wire had a diameter of 0.02 mm and was located 100 cm beyond the collimating slit. The distance between the middle of the scattering chamber and the collimating slit was 85 cm. Hence, if the direction of the velocity vector of a beam atom passing through the scattering chamber is changed by an angle of 2.4×10^{-5} radian or 5 seconds of arc (0.02 mm in 85 cm), the atom cannot pass through the collimating slit and is, therefore, measured as "scattered." The actual resolution will be slightly lower since atoms can be scattered into the beam from the 0.1-mm broad beam wedge inside the scattering chamber, which is formed by the oven slit and the fore slit.

In the theory of scattering, the angle of scattering is the angle through which the relative velocity vector v_R is turned. What is measured experimentally is the deviation of the beam atom. In the case of small angular deviations, this is roughly half the angle through which the relative velocity vector is turned.[4]

By using the hard sphere model and the Massey and Mohr approximation (Fig. 1) for Cs-Cs scattering, the angle $\theta_0 = \pi/kr_0$ at which quantum scattering begins to make itself noticed, turns out to be 0.3°, if the effective radius for the Cs atom is taken from our experi-

---

[4] W. H. Mais, Phys. Rev. **45**, 773 (1934).

ments as equal to approximately $\cdot 10 \times 10^{-8}$ cm. This means that beam atom deflections of less than 0.15° will show "quantum scattering" (see Fig. 1). Since the apparatus has a resolving power 100 times larger than this, the interpretation of the measurements seems justified, even allowing for the fact that there is no *a priori* reason for assuming that large atoms like Cs will behave in collisions like hard spheres, and that, therefore, the actual form of the angular function $I(\theta)$ is not known.

4. PROCEDURE

(a) Helium and Nitrogen Experiments

With the scattering chamber evacuated, the beam was stabilized in the manner described in paper I, and the gravity deflection curve of the unscattered beam was measured out. Then, a certain gas pressure was introduced into the scattering chamber. The measurement of the gravity curve was repeated for different scattering pressures between 8 and 33×10^{-6} mm Hg.

(b) Cesium Experiments

For the cesium experiments, the scattering chamber was charged with a Cs capsule which was broken in a N_2 atmosphere before assembling

the apparatus. After a vacuum of better than 10^{-6} mm was obtained, both the oven and the scattering chamber were heated slowly to a temperature somewhat higher than the operating temperatures and outgassed for several hours. Then the scattering chamber was allowed to cool off to room temperature and the unscattered beam was measured out. The scattering chamber was then heated again until the beam intensity was cut to $\frac{1}{2}$ or $\frac{1}{3}$ of its original value; and after stabilization, the gravity curve was measured again. Since part of the intensity measured by the beam detector came from cesium atoms originating in the scattering chamber, the oven was later displaced sufficiently as to cut out all the atoms originating from the oven, and the residual intensity was measured out. These measurements served as a second determination of the pressure in the scattering chamber. In some experiments, a check of the original beam intensity was made by letting the scattering chamber cool off again to room temperature.

5. RESULTS

(a) Helium and Nitrogen Scattering

Gravity deflection curves obtained in the helium and nitrogen experiments are shown in

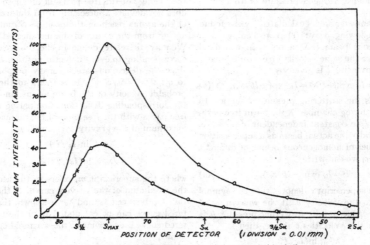

FIG. 5. Intensity distribution in cesium beam scattered by helium
(o measured points, x calculated points).

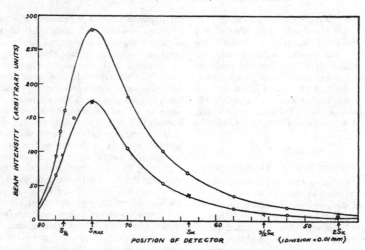

FIG. 6. Intensity distribution in cesium beam scattered by nitrogen
(o measured points, x calculated points).

Figs. 5 and 6, respectively. In both figures the higher intensity curve represents the "unscattered" beam. Similar curves were obtained with helium pressures of 8.5×10^{-6} mm and 17.9×10^{-6} mm Hg, and a nitrogen pressure of 18.0×10^{-6} mm Hg.

The points marked "calculated" were found in the following way: The weakening of a homogeneous beam (i.e., a beam in which all atoms have the same velocity) from an intensity I_0 to an intensity I is given by

$$I = I_0 \exp(-l/\lambda) = I_0 \exp(-lp/\lambda_0), \quad (4)$$

where p is the scattering pressure, l the length of the scattering chamber, λ the mean free path, and $\lambda_0 = \lambda/p$ a constant independent of pressure. If we consider the actual beam as a superposition of a number of homogeneous beams of different velocities c, we can write

$$I^c = I_0{}^c \exp(-lp/\lambda_0{}^c), \quad (4a)$$

where the superscript c denotes that the symbol pertains to the velocity c. If the weakening of the beam by a certain scattering pressure p is known for two velocities c and c', then

$$\frac{\lambda^{c'}}{\lambda^c} = \frac{\ln(I_0{}^c/I^c)}{\ln(I_0{}^{c'}/I^{c'})}. \quad (5)$$

Because of the finite width of the slits, all the atoms striking the detector at a given deflection position S do not have the same velocity. Calculations given elsewhere[5] show, however, that the average of the free paths of all these atoms does not deviate appreciably from the free path of the atoms reaching the position S and originating from the center of the undeflected beam. We may, therefore, define an effective velocity c corresponding to every detector position S, and, since the deflections are inversely proportional to c^2; $c^2/\alpha^2 = S_\alpha/S$, where α refers to the most probable velocity of the beam atoms, and S_α to the corresponding deflection. Comparing all the free paths with the free path of the atoms in the maximum of the gravity curve, we get

$$\frac{\lambda_0{}^m}{\lambda_0{}^c} = \frac{\ln(I_0{}^c/I^c)}{\ln(I_0{}^m/I^m)}, \quad (5a)$$

where the superscript m, refers to the atoms in the maximum of the gravity curve. If the relationship between $\lambda_0{}^c$ and $\lambda_0{}^m$ is known, the scattered curve can be calculated from the unscattered curve if one point of the scattered curve is known.

[5] S. N. Foner, Thesis, Carnegie Institute of Technology, 1945.

MEAN FREE PATHS OF CESIUM ATOMS   255

TABLE I. Mean free paths for cesium atoms in helium
and nitrogen.

S $(10^{-2}$ mm)	S_α/S	c/α	Helium		Nitrogen	
			$I^c/I_0{}^m$	$\lambda_0{}^c/\lambda_0{}^m$	$I^c/I_0{}^m$	$\lambda_0{}^c/\lambda_0{}^m$
3.0	5.70	2.38	0.268	1.460	0.346	1.212
6.4	2.67	1.63	0.415	1.000	0.620	1.000
12.8	1.34	1.16	0.148	0.711		
14.1	1.00	1.00	0.069	0.613	0.125	0.700
22.7	0.67	0.82	0.019	0.503	0.040	0.586
28.2	0.50	0.71	0.007	0.435	0.017	0.519

For helium scattering, the cesium atoms traversing the scattering chamber are essentially stationary targets for the much faster He atoms, hence the probability of a cesium atom being scattered out of the beam is simply proportional to the time spent in the chamber $t=l/c$. Therefore, $\lambda_0{}^m/\lambda_0{}^c=c^m/c$, and the intensity distribution in the scattered beam is given by

$$\ln(I_0{}^c/I^c) = (c^m/c) \ln(I_0{}^m/I^m)$$
$$= (S_\alpha/S^m)^{\frac{1}{2}}/(c/\alpha) \ln(I_0{}^m/I^m). \quad (6)$$

For the collisions between cesium atoms and nitrogen molecules, the relationship between free path and velocity is more complicated. Calculations for this case are given elsewhere.[5-7]

The absolute value of the mean free path of the cesium atoms is given for those atoms which make up the maximum of the gravity curve, since there the measurements are most accurate. For these atoms, and a scattering pressure of 10^{-6} mm Hg, the mean free path is

$$\lambda_0{}^m = 209 \text{ cm}/10^{-6} \text{ mm Hg for cesium in helium,}$$

and

$$\lambda_0{}^m = 216 \text{ cm}/10^{-6} \text{ mm Hg for cesium in nitrogen.}$$

The calculated values for the intensity I^c in the scattered beam as function of the deflection S are indicated on Figs. 5 and 6. They are also given in Table I together with the relative values for the mean free path for cesium atoms of different velocities in helium and nitrogen.

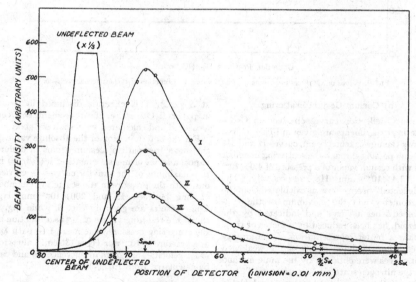

FIG. 7. Intensity distribution in cesium beam scattered by cesium vapor
(0 measured points, x calculated points).

[6] O. E. Meyer, *Kinetic Theory of Gases* (London, 1899).
[7] J. H. Jeans, *Dynamic Theory of Gases* (Cambridge, 1916) second edition.

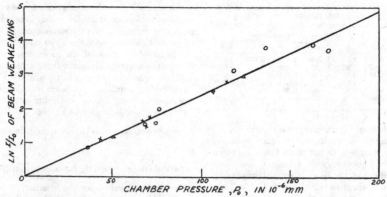

FIG. 8. Weakening of cesium beam scattered by cesium vapor as function of scattering pressure.

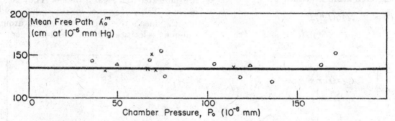

FIG. 9. Values of λ_0^m of cesium atoms in cesium vapor as a function of the scattering pressure.

(b) Cesium-Cesium Scattering

Gravity deflection curves obtained in Cs-Cs scattering experiments are given in Fig. 7. Curve I shows the unweakened beam, curves II and III the beam passing through the scattering chamber filled with cesium vapor of a pressure of 4.9×10^{-6} and 12.4×10^{-6} mm Hg, respectively. The "undeflected" beam curve, as calculated from the slit geometry and the maximum of the "unweakened" beam curve and indicated by the trapezoid, has been reduced by a factor of three to allow a better representation of the gravity curves. The calculated points of the weakened beam curves were obtained by the same method as in the nitrogen scattering experiments. The intensity of the unweakened curve as calculated on the basis of a Maxwellian velocity distribution in the undeflected beam indicates a deficiency of slow molecules (9 percent at $S=S_\alpha$, 30 percent

at $S=2S_\alpha$). This effect is discussed in detail in paper I. Otherwise, the agreement between measured and calculated values is very good.

For the determination of the absolute value of the mean free path of cesium atoms in cesium vapor, a series of measurements of $\ln(I_0^m/I^m)$ in the maximum of the gravity curve was carried out, with the pressure in the scattering chamber varying between 35 and 200×10^{-6} mm Hg. These results are given in Fig. 8, while Fig. 9 shows the resulting values of λ_0^m as a function of the scattering pressure. The mean free path λ_0^m at a pressure of 10^{-6} mm Hg is 136 cm. Values for other velocities are given in reference (5) and can be calculated from Eq. (7).

(c) Collision Cross Sections for Cesium Atoms

From the mean free path at a given pressure, the classical collision cross section $\pi\sigma_{AG}^2$ can be

MEAN FREE PATHS OF CESIUM ATOMS   257

calculated[7] by means of Eq. (7),

where
$$\lambda_x = x^2/(\pi^{\frac{1}{2}} \nu_G \sigma_{AG}^2 \psi(x)), \qquad (7)$$
$$x = c_A(m_G/2kT_G)^{\frac{1}{2}},$$

and ν_G is the number of scattering atoms per cm^3, c_A the velocity of the beam atoms, T_G the absolute temperature of the scattering gas, k Boltzmann's constant, m_A and m_G the mass of beam and scattering gas atoms, respectively, and

$$\psi(x) = xe^{-x^2} + (2x^2+1)\int_0^x e^{-y}dy.$$

Since

$$\tfrac{1}{2}m_G\alpha_G^2 = kT_G \quad \text{and} \quad \tfrac{1}{2}m_A\alpha_A^2 = kT_A,$$

where the subscripts G and A refer to the scattering gas and the beam atoms, respectively, we have $x = (c_A/\alpha_A)(T_A m_G/T_G m_A)^{\frac{1}{2}}$. For c_A, we choose the velocity of the atoms in the maximum of the intensity curve. From this curve, we take $c_A = 1.64\alpha_A$. Using the data for $\lambda_x = \lambda_0{}^m$ corresponding to this velocity, we obtain the values for the cross sections given in Table II, where σ_{AG} is the sum of the effective radii, $\pi\sigma_{AG}^2$ the quantum-mechanical collision cross section and r_0 the classical sum of the atomic radii calculated under the assumption[2] that the classical cross section is one-half of the quantum-mechanical cross section.

The values of the mean free path are estimated

TABLE II. Effective collision radii and cross sections.

Encounter	$\sigma_{AG}^2 \times 10^{16}$ cm	$\sigma_{AG} \times 10^8$ cm	$\pi\sigma_{AG}^2 \times 10^{16}$ cm	$r_0 \times 10^8$ cm
Cs-He	142	12.0	446	8.5
Cs-N$_2$	298	17.2	936	12.1
Cs-Cs	743	27.3	2350	19.3

to be accurate within 10 percent, hence the accuracy of the effective radii should be 5 percent. It is interesting to compare the classical radii for the Cs-Cs and Cs-He collisions. The radius of the Cs atom in the latter is 9.6×10^{-8} cm, which is larger than the sum of the radii of the Cs-He collision, which is 8.5×10^{-8} cm. This means, of course, that attractive forces are present in the Cs-Cs encounters.

The effective collision radius for Cs-He encounters was measured by Rosin and Rabi,[8] who found $\sigma_{AG} = 7.18 \times 10^{-8}$ cm, which is about 40 percent lower than our value. Their apparatus was much smaller (beam length about 10 cm), and the resolving power of the order of 1 minute of arc as compared with 5 seconds of arc in our apparatus. A possible explanation for this discrepancy is that the scattering intensity for small angles may be much higher than is expected on the basis of the simplified quantum theoretical treatment of the atoms as hard spheres.

[8] S. Rosin and I. I. Rabi, Phys. Rev. **48**, 373 (1935).

S68. Otto Stern, Nobelvortrag: The method of molecular rays. In: *Les Prix Nobel en 1946*, ed. by M. P. A. L. Hallstrom *et al*, pp. 123–30. Stockholm, Imprimerie Royale. P. A. Norstedt & Soner. (1948)

123

THE METHOD OF MOLECULAR RAYS.

Nobel Lecture, December 12, 1946
by OTTO STERN.

© Springer-Verlag Berlin Heidelberg 2016
H. Schmidt-Böcking, K. Reich, A. Templeton, W. Trageser, V. Vill (Hrsg.), *Otto Sterns Veröffentlichungen – Band 4*, DOI 10.1007/978-3-662-46964-4_20

123

THE METHOD OF MOLECULAR RAYS.

Nobel Lecture, December 12, 1946
by OTTO STERN.

In the following lecture I shall try to analyze the method of molecular rays. My aim is to bring out its distinctive features, the points where it is different from other methods used in physics, for what kind of problems it is especially suited and why. Let me state from the beginning that I consider the directness and simplicity as the distinguishing properties of the molecular ray method. For this reason it is particularly well suited for shedding light on fundamental problems. I hope to make this clear by discussing the actual experiments.

Let us first consider the group of experiments which prove directly the fundamental assumptions of the kinetic theory. The existence of molecular rays in itself, the possibility of producing molecular rays, is a direct proof of one fundamental assumption of that theory. This assumption is that in gases the molecules move in straight lines until they collide with other molecules or the walls of the containing vessel. The usual arrangement for producing molecular rays is as follows (Figure 1): We have a vessel filled with gas or vapor, the oven. This vessel is closed except for a narrow slit, the oven slit. Through this slit the molecules escape into the surrouding larger vessel which is continually

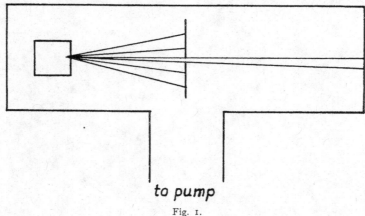

to pump

Fig. 1.

evacuated so that the escaping molecules don't suffer any collisions. Now we have another narrow slit, the collimating slit, opposite and parallel to the oven slit. If the molecules really move in straight lines then the collimating slit should cut out a narrow beam whose cross section by simple geometry can be calculated from the dimensions of the slits and their distance. That it is actually the case was proven first by DUNOYER in 1911. He used sodium vapor and condensed the beam molecules hitting the wall by cooling it with liquid air. The sodium deposit formed on the wall had exactly the shape calculated under the assumption that the molecules move in straight lines like rays of light. Therefore we call such a beam a molecular ray or molecular beam.

The next step was the direct measurement of the velocity of the molecules. The kinetic theory gives quite definite numerical values for this velocity, depending on the temperature and the molecular weight. For example, for silver atoms of 1 000° the average velocity is about 600 m/sec. (Silver molecules are monoatomic.) We measured the velocity in different ways. One way — historically not the first one — was sending the molecular ray through a system of rotating tooth wheels, the method used by FIZEAU to measure the velocity of light. We had two tooth wheels sitting on the same axis at a distance of several cm. When the wheels were at rest the molecular beam went through two corresponding gaps of the first and the second wheel. When the wheels rotated a molecule going through a gap in the first wheel could not go through the corresponding gap in the second wheel. The gap had moved during the time in which the molecule travelled from the first wheel to the second. However, under a certain condition the molecule could go through the next gap of the second wheel, the condition being that the travelling time for the molecule is just the time for the wheel to turn the distance between two neighboring gaps. By determining this time, that means the number of rotations per second for which the beam goes through both tooth wheels, we measure the velocity of the molecules. We found agreement with the theory with regard to the numerical values and to the velocity distribution according to Maxwell's law.

This method has the advantage of producing a beam of molecules with nearly uniform velocity. However, it is not very accurate.

As the last one in this group of experiments I want to report on experiments carried out in Pittsburgh by Drs. ESTERMANN, SIMPSON and myself before the war, which are now being published. In these experiments we used the free fall of molecules to measure their velocities.

In vacuo all bodies, large and small, fall equal distances in equal times, $s = \frac{1}{2}gt^2$ (t time, s distance of fall, g acceleration of gravity). We used a beam

125

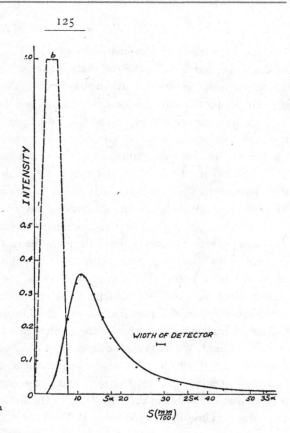

Fig. 2. Gravity deflection of a
cesium beam.

of cesium atoms about 2 m long. Since the average velocity of the atoms is
about 200 m/sec. the travel time is about 1/100 sec. During this time a body
falls not quite a mm. So our cesium atoms did not travel exactly on the straight
horizontal line through oven and collimating slit but arrived a little lower
depending on their velocity. The fast ones fell less, the slow ones more. So by
measuring the intensity (the number of cesium atoms arriving per second) at
the end of the beam perpendicular to it as a function of the distance from the
straight line, we get directly the distribution of velocities. (Figure 2. Full
line calculated from Maxwell's law, points measurements.) As you see
the agreement with Maxwell's law is very good. I might mention that we
measured the intensity not by condensation but by the so-called Taylor-
Langmuir method worked out by TAYLOR in our Hamburg laboratory in 1928.
It is based on Langmuir's discovery that every alkali atom striking the surface
of a hot tungsten wire (eventually oxygencoated) goes away as an ion. By
measuring the ion current outgoing from the wire we measured directly the
number of atoms striking the wire.

What can we conclude about the method of molecular rays from the group of experiments we have considered so far? It gives us certainly a great satisfaction to demonstrate in such a simple direct manner the fundamentals of the kinetic theory. Furthermore, even if so many conclusions of the theory were checked by experiments that practically no reasonable doubt about the correctness of this part of the theory was possible, these experiments reinforced and strengthened the fundamentals beyond any doubt.

I said this part of the theory.

The classical theory is a grandiose conception. The same fundamental laws govern the movements of the stars, the fall of this piece of chalk, and the fall of molecules. But it turned out that the extrapolation to the molecules did not hold in some respects. The theory had to be changed in order to describe the laws governing the movements of the molecules and even more of the electrons. And it was at this point that the molecular ray method proved its value. Here the experiment did not just check the results of the theory on which there was practically no doubt anyway, but gave a decisive answer in cases where the theory was uncertain and even gave contradictory answers.

The best example is the experiment which GERLACH and I performed in 1922. It was known from spectroscopic experiments (Zeeman effect) that the atoms of hydrogen, the alkali metals, silver, and so on, were small magnets. Let us consider the case of the hydrogen atom as the simplest one even if our experiments were performed with silver atoms. There is no essential difference, and the results were checked with hydrogen atoms a few years later by one of my students in our Hamburg laboratory.

The essential point is that the classical theory and the quantum theory predict quite differently the behavior of the atomic magnets in a magnetic field. The classical theory predicts that the atomic magnets assume all possible directions with respect to the direction of the magnetic field. On the other hand, the quantum theory predicts that we shall find only two directions parallel and antiparallel to the field. (New theory, the old one gave also the direction perpendicular to the field.)

The contradiction I spoke of is this. At this time according to Bohr's theory one assumed that the magnetic moment of the hydrogen atom is produced by the movement of the electron around the nucleus in the same way as a circular current in a wire is equivalent to a magnet. Then the statement of the quantum theory means that the electrons of all hydrogen atoms move in planes perpendicular to the direction of the magnetic field. In this case one should find optically a strong double refraction which was certainly not true. So there was a serious dilemma.

<u>127</u>

Our molecular ray experiment gave a definite answer. We sent a beam of silver atoms through a very inhomogeneous magnetic field. In such a field the magnets are deflected because the field strength on the place of one pole of the magnet is a little different from the field strength acting on the other pole. So in the balance a force is acting on the atom and it is deflected. A simple calculation shows that from the classical theory follows that we should find a broadening of the beam with the maximum intensity on the place of the beam without field. However, from the quantum theory follows that we should find there no intensity at all and deflected molecules on both sides. The beam should split up in two beams corresponding to the two orientations

Fig. 3.

of the magnet. The experiment decided in favor of the quantum theory. (Figure 3.)

The contradiction with respect to the double refraction was solved about four years later through the new quantum mechanics in connection with the Uhlenbeck-Goudsmit hypothesis that the electron itself is a small magnet like a rotating charged sphere. But even before this explanation was given the experiment verified directly the splitting in discrete beams as predicted by the quantum theory.

So again the directness stands out as characteristic for the molecular ray method. However, we can recognize another feature as essential in this experiment, namely that our measuring tool is a macroscopic one. I want to make this point clearer.

The first experiment which gave a direct proof of the fundamental hypothesis of the quantum theory was the celebrated experiment of FRANCK and HERTZ. These workers proved that the energy of one atom can be changed only by finite amounts. By bombarding mercury atoms with electrons they found that the electrons did lose energy only if their energy was higher than 4.7 eV. So they demonstrated directly that the energy of a mercury atom cannot be changed continuously but only by finite amounts, quanta of energy. As a tool for measuring the energy changes of the atom they used electrons, that means an atomic tool. In our experiment we used an electro-magnet and slits, that means the same kind of tools we could use to measure the magnetic moment of an ordinary macroscopic magnet. Our experiment demonstrated in a special case a fact which became fundamental for the new quantum mechanics, that the result of our measurements depends in a charac-teristic manner on the dimensions of the measured object and that quantum effects become perceptible when we make the object smaller and smaller.

We can see this better when we first consider a group of experiments which demonstrate the wave properties of rays of matter. In his famous theory which became the basis of the modern quantum theory, de BROGLIE stated that moving particles should also show properties of waves. The wave length of these waves is given by the equation $\lambda = h/mv$ (h Planck's constant, m mass, v velocity of the particle). The experimental proof was first given in 1927 by DAVISSON and GERMER and by THOMSON for electrons. Some years later we succeeded in performing similar experiments with molecular rays of helium atoms and hydrogen molecules using the cleavage surface of a lithium fluoride crystal as diffraction grating. We could check the diffraction in every detail. The most convincing experiment is perhaps the one where we sent a beam of helium gas through the two rotating tooth wheels which I mentioned at the beginning, thus determining the velocity v in a primitive purely mechanical manner. The helium beam then impinged on the lithium fluoride crystal and by measuring the angle between the diffracted and the direct beam we determined the wave length since we know the lattice constant of the lithium fluoride. We found agreement with de Broglie's formula within the accuracy of our experiments (about 2 %). There is no doubt that these experiments could be carried out also by using a ruled grating instead of the crystal. In fact we found hints of a diffracted beam with a ruled grating already in 1928 and with the improved technique of today the experiment would not be too difficult.

With respect to the differences between the experiments with electrons and molecular rays, one can say that the molecular ray experiments go farther. Also the mass of the moving particle is varied (He, H_2). But the main point is again that we work in such a direct primitive manner with neutral particles.

These experiments demonstrate clearly and directly the fundamental fact of the dual nature of rays of matter. It is no accident that in the development of the theory the molecular ray experiments played an important rôle. Not only the actual experiments were used, but also molecular ray experiments carried out only in thought. BOHR, HEISENBERG and PAULI used them in making clear their points on this direct simple example of an experiment. I want to mention

I29

only one consideration concerning the magnetic deflection experiment because
it shows the fundamental limits of the experimental method.

First, it is clear that we cannot use too narrow slits, otherwise the diffraction
on the slit will spread out the beam. This spreading out can roughly be described
as the deflection of the molecules by an angle which is the larger the narrower
the slit and the larger the de BROGLIE wavelength is. Therefore it causes a
deflection of the molecules proportional to the distance which the molecule
has traversed or to the length of the beam or to the time t since the molecule
started from the collimating slit. The deflection by the magnetic force must be
appreciably larger if we want to measure the magnetic moment. Fortunately
this deflection is proportional to the square of the length of the beam or
the time t, essentially as in the case of the gravity ($s = \frac{1}{2}gt^2$). Consequently it is always possible, by making the beam long enough, that means the
time t large enough, to make the magnetic deflection larger than the deflection
by diffraction. On the other hand it follows that a minimum time is necessary
to measure the magnetic moment and this minimum time gets larger when
the magnetic deflection, that means the magnetic moment, gets smaller.
That is a special case of a general law of the new quantum mechanics. This
law — applied to the measurement of moments — says that for *every* method
using the same field strength the minimum time is the same. This circum-
stance was decisive in the group of experiments measuring the magnetic moment of the proton.

The theory predicted that the magnetic moments of electron and proton
should be inversely proportional to the masses of those particles. Since the
proton has about a two thousand times larger mass than the electron its magnetic moment should be about two thousand times smaller. Such a small moment could not be measured by the spectroscopic method (Zeeman effect)
but we (FRISCH, ESTERMANN and myself) succeeded in measuring it by using
a beam of neutral hydrogen molecules. I don't have time to go into the details.
The main point is that in measuring with molecular rays we use a longer time t.
In the spectroscopic method this time is the lifetime of the excited atom which
emits light by jumping into the normal state. Now this lifetime is generally of
the order of magnitude of 10^{-8} sec. Working with molecular rays we use atoms
(or molecules) in the normal state whose lifetime is infinite. The duration of
our experiment is determined by the time t which the atom (or molecule)
spends in the magnetic field. This time was of the order of magnitude of 10^{-4}
sec. (the length of the field about 10 cm and the velocity of the molecules about

1 km). So our time is about 10 000 times larger and we can measure 10 000 times smaller moments with molecular rays than spectroscopically.

The result of our measurement was very interesting. The magnetic moment of the proton turned out to be about $2^1/_2$ times larger than the theory predicted. Since the proton is a fundamental particle — all nuclei are built up from protons and neutrons — this result is of great importance. Up to now the theory is not able to explain the result quantitatively.

It might seem now that the great sensitivity as shown in the last experiment is also a distinctive and characteristic property of the molecular ray method. However, that is not the case. The reason for the sensitivity as we have seen is that we make our measurements on atoms in the normal state. But of course many of the other experimental methods do that also.

We can see the situation clearly by considering the last achievement of the molecular ray method, the application of the resonance method by RABI. With the deflection method it is difficult to measure the moment to better than several per cent, mainly because of the difficulty of measuring the inhomogeneity in such small dimensions. With the resonance method R abi's accuracy is better than $1\ ^0/_{00}$, practically the theoretical limit given by the duration of about 10^{-4} sec. of the measurement. Theoretically it would be possible to increase the accuracy simply by making this time longer. But that would mean making the beam longer and for practical reasons we can't go much farther in this direction. In this connection it is significant that perhaps the best new measurements of the magnetic moments of the proton, neutron and deuteron were made with the resonance method, however not using molecular rays but just liquid water with practically no limit for the duration of the measurement. So the sensitivity cannot be considered as a distinguishing property of the molecular ray method. However, that we have such clear cut simple conditions was the reason for applying the ultrasensitive resonance method first to molecular rays.

In conclusion I would like to summarize as follows: The most distinctive characteristic property of the molecular ray method is its simplicity and directness. It enables us to make measurements on isolated neutral atoms or molecules with macroscopic tools. For this reason it is especially valuable for testing and demonstrating directly fundamental assumptions of the theory.

S69

S69. Immanuel Estermann, W. J. Leivo und Otto Stern, Change in density of potassium chloride crystals upon irradiation with X-rays. Phys. Rev., 75, 627–633 (1949)

PHYSICAL REVIEW   VOLUME 75, NUMBER 4   FEBRUARY 15, 1949

Change in Density of Potassium Chloride Crystals upon Irradiation with X-Rays*

I. ESTERMANN, W. J. LEIVO,** AND O. STERN***

Department of Physics, Carnegie Institute of Technology, Pittsburgh, Pennsylvania

(Received April 20, 1948)

© Springer-Verlag Berlin Heidelberg 2016
H. Schmidt-Böcking, K. Reich, A. Templeton, W. Trageser, V. Vill (Hrsg.), *Otto Sterns Veröffentlichungen – Band 4*, DOI 10.1007/978-3-662-46964-4_21

PHYSICAL REVIEW   VOLUME 75, NUMBER 4   FEBRUARY 15, 1949

Change in Density of Potassium Chloride Crystals upon Irradiation with X-Rays*

I. ESTERMANN, W. J. LEIVO,** AND O. STERN***
Department of Physics, Carnegie Institute of Technology, Pittsburgh, Pennsylvania
(Received April 20, 1948)

Alkali halide crystals become colored when irradiated with x-rays. Theoretical considerations indicate that the coloration is due to absorption centers which consist of electrons trapped at negative ion vacancies. Precision measurements of the density of uncolored crystals, however, indicate that it is very unlikely that there is a sufficient number of vacancies present in well annealed crystals to account for the number of color centers, which may be determined optically, unless vacancies are formed as a result of the irradiation.

Potassium chloride crystals were irradiated with x-rays. Their change in density was measured by the "crystal suspension method." It was found that the crystals changed in density, and that the number of vacancies calculated from the decrease in density was in reasonable agreement with the number of color centers determined by optical measurement.

I. INTRODUCTION

CRYSTALS of alkali halides may be colored by irradiation with x-rays or cathode rays, as well as by several other methods.[1] Among the different theories proposed for this phenomenon, the theory that it is due to the trapping of electrons in negative ion vacancies (color centers or F-centers), seemed to be the most free from objections. An experimental test of it is the subject of this paper.

Experiments with single crystals of KCl have shown that darkening by cathode rays leads to concentrations of several times 10^{18} (F-centers/cm^3) as determined by optical measurements. However, an analysis of the precision density measurements of several different crystals indicates that the number of vacancies which may be present in well annealed crystals is not sufficient to permit F-center concentrations of several times 10^{18}/cm^3 to be formed by simple trapping of electrons in negative ion vacancies unless vacancies are formed during the process of irradiation.

As a result, it was concluded that an accurate measurement of the difference in density, if

any, of a crystal due to the formation of F-centers would be a crucial experiment to determine whether vacancies were produced during irradiation, and that the measurement of the difference in density could probably be made with sufficient accuracy by the method of crystal suspension which had been used to make precision measurements of densities of crystals. If no change in density should occur, the entire vacancy theory of F-centers would have a serious objection. If a change did occur, the vacancy theory would be greatly strengthened.

In the determination of difference in density by the method of "crystal suspension in a liquid," use is made of the fact that the temperature coefficient of expansion of a solid crystal is generally much smaller than that of a liquid which has the same density at some particular temperature. The difference in density between two crystals can be obtained by placing the crystals in the liquid and then observing at what particular temperature each crystal will remain suspended in the liquid. From the difference in the suspension temperatures the difference in density can be computed. In making density measurements with crystals colored by cathode rays, a difficulty arose because the surface of the crystal became pitted to such an extent that density measurements were not reliable. Crystals colored by x-rays would have been satisfactory except that the highest concentrations of F-centers produced by x-rays in a single crystal were reported to be of the order of 10^{16}/cm^3. This concentration would not produce a

* This work was begun in September, 1943, by O. Stern and W. J. Leivo and was continued since June, 1945, by I. Estermann and W. J. Leivo.
** Abstract of Thesis submitted by W. J. Leivo in partial fulfillment of the requirements for the degree of Doctor of Science at Carnegie Institute of Technology.
*** Now at Berkeley, California.

[1] See, for example, R. W. Pohl, Physik. Zeits. **39**, 36 (1938); also Mott and Gurney, *Electronic Processes in Ionic Crystals* (Oxford University Press, London, 1940); F. Seitz, Rev. Mod. Phys. **18**, 384 (1946).

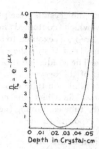

FIG. 1. Variation of the concentration of F-centers in a KCl crystal with the distance from the surface of the crystal.

sufficient change in density to be detectable. Higher concentrations than this had been produced on evaporated screens, but the screens undoubtedly do not compare with an annealed single crystal since the nature of production of evaporated screens would probably produce imperfections such as holes.

It was found, however, that crystals could be darkened to the point where they contained several times 10^{18} (F-centers/cm^3) by using soft x-rays from a tube with a beryllium window. This concentration of F-centers should produce a measurable difference in density. As a result of the experiments it was found that the crystals changed density upon irradiation with x-rays, and that this decrease in density was in reasonable agreement with that predicted from the concentration of F-centers as measured optically.

II. GENERAL PROCEDURE

As mentioned above, the change in density of the potassium chloride was obtained by determining the difference in suspension temperature between a colored and an uncolored crystal. The suspension liquid was 1,3-dibromopropane which has the same density as potassium chloride at a convenient temperature around 15°C. The method of "crystal suspension" has been developed by C. A. Hutchison, H. L. Johnston, D. A. Hutchison,[2] and others. After the change in density had been determined, the concentra-

tion of F-centers was determined ·by measuring the absorption coefficient of the crystal at the maximum of the F band for KCl. The measurement of the absorption coefficient and the calculation of the F-center concentration from this will be discussed later.

III. EXPERIMENTAL DETAILS

A. General Precautions

It was found in preliminary experiments that crystals which had been exposed to air during and after the cutting process did not yield reproducible density values. Consequently, great care had to be taken throughout the handling of the crystals in order to prevent them from being exposed to the atmosphere. Any moisture on the crystals or in the liquid would cause hydrolysis of the liquid. The resulting HBr acts as a catalytic agent causing an ion exchange between the KCl and the $BrCH_2CH_2CH_2Br$, the Cl^- ion being replaced by a Br^- ion with a resulting change in the density of the crystal. The 1,3-dibromo-propane also had to be free of HBr or Br_2 which might result from heating or decomposition due to light.

B. Preparation of Single Crystals of Potassium Chloride

A single crystal of potassium chloride, approximately three centimeters in diameter and five centimeters long, was grown from a melt of potassium chloride (C. P. Baker's Analyzed) by the method developed by Kyropolus.[3] The crystal was slowly cooled to room temperature.

Since the crystals could not be exposed to air while cutting them, the crystals were cut inside a box which could be filled with helium and was fitted with rubber gloves and a glass top. The crystals could be cut inside this box. The helium used was dried by passing it through a liquid nitrogen trap. In addition, the box contained phosphorus pentoxide as a drying agent to remove moisture entering through the rubber gloves.

The large crystal was cut into approximately one-centimeter cubes. These cubes were placed in a quartz tube containing helium, which was

[2] D. A. Hutchison and H. L. Johnston, J. Am. Chem Soc. 62, 3165 (1940); Phys. Rev. 62, 32 (1942); D. A. Hutchison, Phys. Rev. 66, 144 (1944); J. Chem. Phys. 10, 383 (1945); H. L. Johnston and C. A. Hutchison, J. Chem. Phys. 8, 869 (1940).

[3] S. Kyropolus, Zeits. f. anorg. allgem. Chemie 154, 308 (1926).

CHANGE IN DENSITY   629

then sealed. The tube with the crystals was placed in an annealing oven (Leeds and Northrup Micromax control). The rate of rise of the temperature was 4.2°C/min. The temperature was held constant at a point 56°C below the melting point for eight hours. The crystals were cooled at a rate of 3°C/min.

After removal from the annealing oven the tube with the crystals was again placed in the "glove box" containing helium. From a large crystal several small crystals were cleaved to a size of about $3 \times 3 \times 0.5$ mm. One of the crystals was irradiated with x-rays while the rest were to serve as control specimens. At least one control crystal was cut from a place adjacent to the one to be darkened.

The penetration of the x-rays which are effective in coloring the crystal is of the order of 0.05 mm (see Fig. 1). This is computed from $I = I_0 e^{-\mu x}$ where I is the intensity of the incident x-rays, μ is the absorption coefficient for x-rays of a wave-length believed effective for coloring the crystal, and x is the distance from the surface of the crystal. For $I/I_0 = 1/e$, and using $\mu = 185/cm$, this gives $x = 0.05$ mm. Crystals of this thickness could not be cleaved; it was therefore desirable to irradiate the crystal from both sides. Since the crystal could not be exposed to air, it was necessary to construct a radiation tube which would permit this and yet not reduce the intensity of the x-rays appreciably. In addition, the tube should be flat so that the crystal could be brought near the window of the x-ray tube where the intensity of the beam would be high. A satisfactory tube for holding the crystal while being irradiated was constructed by placing a piece of 9-mm Pyrex tubing over a copper strip $0.6 \text{ mm} \times 7 \text{ mm} \times 150$ mm. The glass was heated and then pulled lengthwise, putting a skin of glass over the copper strip. The copper was dissolved with nitric acid, leaving a thin walled glass tube having a rectangular cross section. One end of the tube was sealed and to the other end was connnected a cap made from a "no lube" platinized tapered joint. A small arm was connected to the tube to hold the control crystals where they wouldn't be exposed to the x-rays. Also a small bulb was attached in which phosphorus pentoxide was placed as a drying agent.

After cleaving, the crystals were placed in the radiation tube which contained helium. The crystal to be colored was exposed to 50-kv x-rays with a beam current of 15 ma, the exposure time being a variable. The irradiation tube was placed directly in front of the beryllium window. After darkening the crystal, the tube was placed back in the "glove box" in which the crystals were transferred to the tube containing the suspension liquid, without exposure to the air.

C. Preparation of the Suspension Liquid

1,3-dibromo-propane, obtained from the Eastman-Kodak Company, was used for the suspension liquid. This liquid has a suitable density and temperature coefficient.[4] However, as mentioned above, care has to be taken to insure that the liquid is free of water, HBr, and Br_2, which may cause the crystal to react with the liquid.

The 1,3-dibromo-propane was treated with concentrated sulfuric acid in a separatory funnel. This process was repeated until the 1,3-dibromo-propane separated from the sulfuric acid as a clear liquid. The 1,3-dibromo-propane was then washed with a saturated solution of sodium bicarbonate, after which it was washed with distilled water and then dried over $CaSO_4$. The liquid was vacuum distilled and stored over $CaSO_4$ with a drop of mercury to precipitate any HBr or Br_2 formed.

D. Description of Vessel Containing Suspension Liquid and Crystals

The vessel containing the suspension liquid and the crystals was constructed so that the liquid could be distilled into it without exposure to air. The crystals also had to be transferred to the liquid without exposure to air. It was further

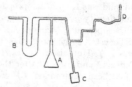

Fig. 2. Crystal suspension apparatus.

---

[4] Density KCl at 20°C = 1.987 g/ml. Density 1,3-dibromo-propane at 20°C = 1.979 g/ml.

630   ESTERMANN, LEIVO, AND STERN

TABLE I.

Thickness of crystal mm	Total radiation time hrs.	F-centers cm²	
		by optical measurement	from density measurement
0.518	17	5.94×10^{17}	12.3×10^{17}
0.420	17	6.40×10^{17}	11.6×10^{17}
0.543	17	5.27×10^{17}	10.2×10^{17}
0.417	8½	6.48×10^{17}	9.0×10^{17}
0.433	8½	7.62×10^{17}	10.1×10^{17}
0.388	8½	5.62×10^{17}	12.6×10^{17}
0.545	4¼	2.25×10^{17}	3.63×10^{17}
0.458	2¼	1.25×10^{17}	—
0.528	2⅛	1.17×10^{17}	—

desirable to evacuate the crystals for about twenty minutes before immersing in the liquid so that any surface gases on the crystals would be removed. All this could be satisfactorily accomplished with the vessel shown in Fig. 2.

It was also found necessary to shield the crystals from electrostatic charges on the surface of the glass. The electrostatic forces caused by these charges were appreciable because of the small size of the crystals which had to be used. Shielding was obtained by lining the inside of the glass vessel with a platinum mesh through which the crystals could still be observed.

E. Procedure for Immersion of Crystals and the Distillation of the Liquid

The 1,3-dibromo-propane was placed in the distilling flask (A), Fig. 2, with some $CaSO_4$ ("Drierite" brand). The distillation was made at room temperature. Application of heat would cause decomposition of the liquid forming Br_2 which would produce the aforementioned reaction with KCl. The distillate was caught in the U tube (B) which was immersed in liquid nitrogen. After distillation the flask (A) was removed. The liquid from the U tube could then

FIG. 3. Suspension temperatures of non-irradiated KCl crystals. Lower curve—comparison of suspension temperatures of thin plate of KCl (□) and cube of KCl (○). Upper curve—suspension temperatures of quartz float.

be poured into the vessel (C), which contained the crystals. A drop of mercury was also introduced to inhibit reaction. Helium was then let into the system through a liquid nitrogen trap. The tube (D) with the cap on it was projected into the "glove box" which contained the crystals in a helium atmosphere. The crystals were removed from the radiation tube and placed in the tube (D), after which the cap was replaced. The system was then evacuated for about twenty minutes, during which time the crystals were heated to 100°C to remove surface gases and moisture which might have been present. After the crystals were immersed in the liquid, the evacuation was continued for another ten minutes. Helium was finally introduced into the tube until atmospheric pressure was reached, and all connections were sealed. All the operations with the colored crystal were performed in the dark to prevent bleaching.

F. Determination of Suspension Temperatures

The temperature bath consisted of an insulated tank with windows for observing the crystals. Light entering the box was filtered with amber glass to prevent possible decomposition of the liquid. The temperature was manually controlled by allowing ice water to enter the tank. Temperatures were measured with a Beckmann thermometer. In spite of all precautions the 1,3-dibromo-propane was not quite homogenous. This caused the suspension temperature to vary with different trials, dependent mainly upon the length of time of evacuation of the crystals, since during this time the more volatile components (apparently isomers) of the liquid could escape. In order to have a correlation between the various trials a quartz float was made similar to the micro floats used in the determination of the concentration of heavy water.[5] The suspension temperature of the quartz float could be adjusted by altering the size of an air bubble in it so that it would be on the scale of the Beckmann thermometer in the neighborhood of the suspension temperature of the crystals. Corrections for slight changes in density of the liquid with time could be made by the use of the quartz float. The quartz float also proved valu-

[5] See, for instance, M. Randall and F. B. Longtin, Ind. Eng. Chem. 7, 44 (Jan. 15, 1939).

able in the work in case a reaction started to occur, since then it was possible to determine whether it was the liquid, the crystal, or both, which were changing. If a reaction did occur it would generally proceed quite rapidly, with the crystal getting more dense. However, if a reaction did not occur within a few days, the liquid and crystals remained stable as long as measurements were continued, in some cases for as long as one month.

IV. PRELIMINARY EXPERIMENTS

As was pointed out previously, crystals had to be cleaved to a thickness of about 0.4 mm in order that they could be colored throughout. This, however, brought up the question as to whether the density of the crystal might be changed by cleaving such a thin piece. Also the liquid might not completely penetrate holes in the surface of the crystal, or other surface effects might exist, in which case the density would depend upon the amount of surface area of the crystal. To test these possible effects, various size crystals were cleaved, some large cubes, others thin plates. It was found that to the degree of accuracy of the measurements no difference in density existed between a thin plate and a large cube (see Fig. 3).

V. RESULTS OF CHANGE IN DENSITY MEASUREMENTS

A number of crystals were irradiated for varying lengths of time. The change in suspension temperature for a crystal about 0.5 mm thick which had been exposed to x-rays for $8\frac{1}{2}$ hours was about 0.09°C, which corresponds to a change in density of 1.4×10^{-4} g/cm³. Increasing the length of time that the crystal was irradiated above this did not change the density further, indicating that saturation had been attained in this time. Decreasing the time of irradiation decreased the change in density. The results obtained for different crystals for various radiation times are given in Table I. A typical experiment is represented in Fig. 4.

VI. OPTICAL DETERMINATION OF F-CENTER CONCENTRATION

The concentration of F-centers was computed from the absorption coefficient of each crystal

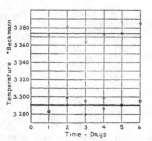

FIG. 4. Suspension temperatures of colored and uncolored KCl crystals. Upper curve—crystal irradiated $17\frac{1}{2}$ hours with x-rays. Lower curve—(O) uncolored crystal No. 1; (□) uncolored crystal No. 2.

measured at the maximum of the F-band for KCl using the equation developed by Smakula.[6]

$$n_0 = 18mn'\alpha_m W/\pi e^2 h(n'+2)^2 f,$$

n_0 = number of F-centers per unit volume,
m = mass of electron,
e = charge of electron,
n' = index of refraction of crystal,
α_m = absorption coefficient at maximum of F band,
W = width at half-maximum of F band[1],
f = oscillator strength of absorbing center = 0.81 for KCl,
h = Planck's constant.

A diagram of the optical system used in the measurement of the absorption coefficient is shown in Fig. 5. The image of the filament of a lamp which was controlled by a voltage regulator was projected on the entrance slit of a prism monochromator after which it was focused on the crystal. The crystal was mounted so that it could be quickly moved in or out of the light beam. After passing through the crystal the light fell on a photo-cell. The photoelectric current was amplified by an FP54 tube used in a DuBridge and Brown[7] circuit. The dark current was compensated by a similar photo-cell in opposition to the other.

VII. COMPUTATION OF NUMBER OF F-CENTERS FROM CHANGE IN DENSITY MEASUREMENTS

The computation of the number of F-centers from the change in density was based on the assumption that there is one F-center for each pair of missing ions—a pair consisting of a

[6] A. Smakula, Zeits. f. Physik 59, 603 (1930).
[7] L. A. DuBridge and H. Brown, Rev. Sci. Inst. 4, 532 (1933).

632   ESTERMANN, LEIVO, AND STERN

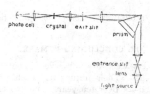

FIG. 5. Diagram of optical system for measuring
F-center concentration.

potassium ion and a chlorine ion. This assumption is in general agreement with the behavior of crystals darkened by x-rays, in contrast to those subjected to additive coloring.[1] In addition, theoretical calculations[8] show that pairs are more mobile than isolated vacancies, and further, that the isolated vacancies would not have had sufficient time to migrate distances which have been observed in the length of time necessary to produce the coloration. On this basis the number of *F*-centers may be computed as follows:

$$\Delta\rho = -\rho\Delta v = -\rho n v_0,$$

where $\Delta\rho$ is the change in the density of KCl, Δv is the change in volume per unit volume of the crystal due to the migration of the ions from the interior to the surface of the crystal, n is the number of pairs of ions per cm³ which migrate to the surface, v_0 is the volume of a pair of ions. v_0 may be computed from the molecular weight M of KCl, the density of KCl, and Avogadro's number N:

$$v_0 = \frac{M}{\rho N}.$$

Now,

$$n = -\frac{\Delta\rho}{\rho v_0} = -\frac{N}{M}\Delta\rho.$$

Also,

$$-\Delta\rho = \rho(\alpha - \beta)\Delta t,$$

where α and β are the volume expansion coefficients of liquid and KCl, and ρ their common density at the suspension temperature, and Δt the change in suspension temperature due to the coloring of the crystal. Inserting this value for $\Delta\rho$, one obtains

$$n = \frac{N\rho}{M}(\alpha - \beta)\Delta t$$

Upon substituting the numerical values ($N = 6.02$

[8] G. Dienes, thesis, Carnegie Institute of Technology.

$\times 10^{23}$, $M = 74.6$, $\rho = 1.989$, $\alpha = 8.89 \times 10^{-4}$, and $\beta = 1.13 \times 10^{-4}$), we obtain $n = 1.24 \times 10^{19}\Delta t$ (ion pairs/cm³) or *F*-centers/cm³.

This calculation does not allow for the possibility of a change in density resulting from an alteration of the lattice constants of the crystal caused by the missing ions. It is believed that this change is small; however, experiments to verify this are planned.

VIII. COMPARISON BETWEEN CHANGE IN DENSITY WITH THE *F*-CENTER CONCENTRATION

Table I gives a comparison of the number of *F*-centers per cm³ in the crystal, as computed from the change in suspension temperature, with the number of *F*-centers per cm³ as determined from the optical measurements. It can be seen that the *F*-center concentration reaches a saturation value after about $8\frac{1}{2}$ hours of exposure to x-rays. The *F*-center concentration calculated from optical measurements is less than that obtained from the change in density. This is to be expected for several reasons. First, in the calculation of the absorption coefficient, monochromatic light is assumed. Secondly, since the amount of light transmitted through the crystal is of the order of 0.1 percent, a small amount of stray light can affect the results appreciably, reducing the computed number of *F*-centers. Thirdly, some bleaching will occur, since even to make a measurement of the absorption coefficient it is necessary to expose the crystal to light in the *F*-band. The significant fact, however, is that there is a correlation between the values in the two columns in Table I, giving strong support to the hypothesis that the *F*-centers are vacancies with trapped electrons which are responsible for the change in density.

It should be noted that the density measurements and also the optical measurements give the *average* number of *F*-centers per cm³ in the crystal. The maximum number of *F*-centers per cm³ may be considerably greater than this since the crystal is not uniformly colored. One may obtain a rough approximation, neglecting diffusion, for the number of *F*-centers per cm³ by assuming that the concentration falls of exponentially according to

$$n = n_0 e^{-\mu x},$$

HIGH FREQUENCY FUNDAMENTAL BANDS   633

where n is the concentration of F-centers, μ is the absorption coefficient of the x-rays, and x is the distance from the surface of the crystal. Figure 1 shows the concentration of F-centers calculated in this manner as a function of x for the first crystal appearing in Table I. The average ordinate in Fig. 1 (shown dashed) gives the experimentally measured concentration $\bar{n}$. The value of n_0 can be obtained from

$$2 \int_0^d n_0 e^{-\mu x} dx = \bar{n}d,$$

where d is the thickness of the crystal. This gives

$$n_0 = \mu d / 2(1 - e^{-\mu d})\bar{n}.$$

For

$$\mu = 185 \text{ cm}^{-1}, \quad d = 0.0518 \text{ cm}, \quad n_0 = 4.8\bar{n}.$$

Thus the maximum concentration of F-centers

may be around five times the value given in Table I.

IX. CONCLUDING REMARKS

F-centers were first observed about a half-century ago. Their nature has been seriously considered for over ten years. The exigencies of war particularly accelerated the study of the problem. Despite the enormous amount of experimental and theoretical work, their very nature still remained uncertain. As a result of these density measurements, the theory that the F-center is an electron occupying the position of a missing negative ion in the crystal lattice has been greatly strengthened. As a further result it has been found that the vacancies in which the electrons become trapped are largely produced during the process of irradiation.

S70. Otto Stern, On the term k ln n in the entropy. Rev. of Mod. Phys., 21, 534–535 (1949)

REVIEWS OF MODERN PHYSICS   VOLUME 21, NUMBER 3   JULY, 1949

On the Term $k \ln n!$ in the Entropy

OTTO STERN
Berkeley, California

© Springer-Verlag Berlin Heidelberg 2016
H. Schmidt-Böcking, K. Reich, A. Templeton, W. Trageser, V. Vill (Hrsg.), *Otto Sterns Veröffentlichungen – Band 4*, DOI 10.1007/978-3-662-46964-4_22

REVIEWS OF MODERN PHYSICS　　　　　VOLUME 21, NUMBER 3　　　　　JULY, 1949

On the Term $k \ln n!$ in the Entropy

OTTO STERN

Berkeley, California

THE term $k \ln n!$ appearing in the classical calculation of the entropy of n atoms of a pure substance (k Boltzmann's constant) has been the subject of many discussions. However, some of the arguments still used can hardly be justified.

The reason for the term is clearly that classical mechanics deals with individual particles. In quantum theory the term disappears when the atoms lose their identity. Now it is often stated that the experiments prove the non-existence of the term because the entropy according to its measurements is proportional to n. That is not a valid argument.

Let us consider mercury, an element consisting of many isotopes. The correct expression for the entropy of a mol of mercury contains no doubt the term $-R\sum_i x_i \ln x_i = k \ln(N!/\prod_i n_i!)$ (R gas constant, x_i mol fraction of the i-th isotope, N Avogadro's number, $n_i = x_i N$). However, it is not easy to find this term by experiments. Now let us assume for the moment, for the sake of argument, that *all* Hg-atoms have different masses, but different only by very slight amounts. Then the correct expression for the entropy would certainly contain the term $k \ln N!$. But it would be practically impossible to find this term by experiments. It is obvious that by measuring the entropy we cannot decide about the existence or non-existence of the term $k \ln n!$ Only the quantum theory justifies *indirectly* the conclusion that the entropy of n atoms is proportional to n and the omission of the term $k \ln n!$. Beyond this we can only say that the measurements of the entropy do not contradict this omission but not that they prove it.

Another argument in connection with the term $k \ln n!$ concerns the statement that classical statistics is the limiting case of quantum statistics for high enough temperatures. In this case both theories give the same result. The reason for an apparent contradiction, recently emphasized,* is just the omission of the term $k \ln n!$ at one step in the classical calculation.

The problem in question is an old one, the calculation of the vapor pressure of a solid. The method used consists in calculating for one mol atoms the entropy of the gas S_g and the solid S_s separately. The equilibrium condition is then $S_g - S_s = \lambda/T$ (λ heat of vaporization, T abs. temperature). The omission occurs in the classical calculation of S_s. This can best be seen by comparing it with the familiar calculation for the gas.

Calculating in the usual manner the entropy S by

means of the formula

$$S = E/T + k \ln \int e^{-E/kT} d\tau$$

(E energy, $d\tau = dq_1 \cdots dp_{3N}$, q_i coordinates, p_i impulses), one gets classically for the gas

$$\int e^{-E/kT} d\tau = V^N (2\pi mkT)^{\frac{3}{2}N}$$

(V volume of one mol gas, m mass of one atom). In this case the atoms are considered as different because one integrates for each atom separately over the whole volume and therefore counts two arrangements as different if two atoms change places. In quantum theory they count as one arrangement and therefore, in the limit for high temperatures where we can approximate the quantum theoretical sums by integrals, one gets the classical result but divided by $N!$ (and h^{3N}):

$$\sum_i e^{-E_i/kT} \sim \frac{1}{N! h^{3N}} \int e^{-E/kT} d\tau = \frac{1}{N! h^{3N}} V^N (2\pi mkT)^{\frac{3}{2}N}.$$

For the solid the situation is different. By carrying out the integration in the usual manner, one gets classically:

$$\left(\int e^{-E/kT} d\tau \right) = (kT/\bar{\nu})^{3N}$$

[$\bar{\nu} = \left(^{1,3N}\prod_i \nu_i\right)^{1/3N}$, ν_i the i-th eigenfrequency of the solid]. But, considering again all atoms as different, this represents only *one* special arrangement of the atoms in the solid. We have to multiply the result with $N!$, the number of possible arrangements of N atoms. Thus we get classically:

$$\int e^{-E/kT} d\tau = N! (kT/\bar{\nu})^{3N}$$

and in quantum theory, in the limit for high temperature:

$$\sum_i e^{-E_i/kT} \sim (1/h^{3N}) \left(\int e^{-E/kT} d\tau \right) = (1/h^{3N})(kT/\bar{\nu})^{3N}.$$

Therefore for high temperatures we have:

class.

$$S_g = \tfrac{3}{2}kN + k \ln V^N (2\pi mkT)^{\frac{3}{2}N} + \text{const.}$$
$$S_s = 3kN + k \ln(kT/\bar{\nu})^{3N} + k \ln N! + \text{const.}$$

quant.

$$S_g = \tfrac{3}{2}kN + k \ln V^N (2\pi mkT)^{\frac{3}{2}N} - k \ln h^{3N} - k \ln N!$$
$$S_s = 3kN + k \ln(kT/\bar{\nu})^{3N} - k \ln h^{3N}.$$

---

* E. Schrödinger, *Statistical Thermodynamics* (Cambridge University Press, London, 1946). S assumes the solid at low temperature. The essence of the argument remains the same.

In the classical theory only the difference $S_g - S_s$ is defined.

If we put $S_g - S_s = \lambda/T$ we get the same formula, the experimentally verified vapor pressure formula, for the classical as well as for the quantum theoretical expressions. But we cannot combine the classical S_g with the quantum theoretical S_s. That would mean that we consider the atoms as distinguishable in the gas but not in the solid.

In conclusion it should be emphasized that in the foregoing remarks classical statistics is considered in principle as a part of classical mechanics which deals with individual particles (Boltzmann). The conception of atoms as particles losing their identity cannot be introduced into the classical theory without contradiction. That is possible only on the ground of the non-classical ideas of quantum theory.

S71. Otto Stern, On a proposal to base wave mechanics on Nernst's theorem. Helv. Phys. Acta, 35, 367–368 (1962)

On a proposal to base wave mechanics on Nernst's Theorem

by **Otto Stern**
Berkeley, Calif., USA

(20. II. 1962)

On a proposal to base wave mechanics on Nernst's Theorem

by Otto Stern
Berkeley, Calif., USA

(20. II. 1962)

The following considerations are founded on the conviction that Nernst's Theorem is a fundamental law of nature and is really the third law of thermodynamics (3. L.). Wave mechanics is not only compatible with the 3. L. but I believe that it should be possible, under quite general assumptions, to derive the content and formalism of wave mechanics with the help of the 3. L. One of the general assumptions would certainly be that classical mechanics is a limiting case of wave mechanics. I am not able to prove my conjecture but in the following present some arguments for the validity of the proposal in the hope that a proof will be forthcoming.

Usually the 3. law is derived from wave mechanics, however I propose to reverse this procedure. It might be necessary for this purpose to generalize the 3. L. An evident generalization is the assumption that the entropy $S \to 0$ not only for the temperature $T \to 0$ but for any process diminishing the entropy of a system, e.g. the isothermal compression of gas in a temperature bath.

To apply the 3. L. to a mechanical system we have to use statistical mechanics. There the entropy is determined by the volume Φ of the phase space $\Phi = \int dV$ or in the case of one mass point $\Phi = \int dp \, dq$ (p momentum, q coordinate). Than the 3. L. means that Φ has a finite lower limit experimentally determined to be essentially h (Planck's constant). We cannot measure simultaneously p and q with arbitrary accuracy but we have to assume that we have only a probability of measuring certain values. This probability cannot be arbitrary but has to have the following property. If we measure q very accurately and find a value between q and $q + dq$ and then measure p with greater accuracy than $dp = h/dq$ we destroy the result of the measurement of q. This consequence of the 3. L. requires – so it seems to me – an interference effect. That means that the probability of a certain value of q is determined by the super-position of wave functions with p's as parameters and in the right phases and that the measurement of p destroys this phaseconnection. It puts in its place the corresponding superposition of wavefunctions with q's as parameters and the right phases. In other words, I conjecture that the 3. L. applied to a mechanical system already requires the dependence of the probability on wavefunctions, i.e. the existence of a probability amplitude ψ. That the probability is simply the absolute square of ψ should follow from Ehrenfest's theorem which I propose to assume as a premise rather than a conclusion.

The connection between energy and frequency follows from the theorem and the 3. L. using $\Phi = \int dE\, dt$ (Energy, t time), e.g. for the mass point by equating the group velocity to the macroscopic velocity.

Finally I would like to mention how the idea of the 'pure case' follows directly from an idealized experiment. We make a molecular ray experiment by splitting the beam into different energy states and collecting every state in a different vessel. With some idealization the separation can be considered as reversible*). The 3. L. requires that it should be impossible to further split a definite energy state. If we try to make this splitting using some property of the atom completely determined by the energy, e.g. the total angular momentum, then of course we do not get any further splitting. (The property is 'exchangeable' with the energy.) If however we use any other property, e.g. a component of angular momentum, the law requires that it is impossible to obtain any splitting without disturbing the energy measurement. Again we have to assume interference which is destroyed by the measuring apparatus.

If one could succeed in working out the theory along the lines of the proposal it would not only constitute a more satisfactory foundation for wave mechanics but might also be of help in giving a new approach to unsolved problems.

---

*) By providing the oven and the receivers each with a parabolic mirror we can attain equilibrium. Each reveicer works finally as oven and the oven as receiver. By providing pistons we get the usual arrangement as with semipermeable walls.

M0. Walther Gerlach, Über die Richtungsquantelung im Magnetfeld II, Annalen der Phys., 76, 163–197 (1925)

4. *Über die Richtungsquantelung im Magnetfeld II.*

Experimentelle Untersuchungen über das Verhalten normaler Atome unter magnetischer Kraftwirkung;

von Walther Gerlach.

© Springer-Verlag Berlin Heidelberg 2016
H. Schmidt-Böcking, K. Reich, A. Templeton, W. Trageser, V. Vill (Hrsg.), *Otto Sterns Veröffentlichungen – Band 4*, DOI 10.1007/978-3-662-46964-4_24

163

4. Über die Richtungsquantelung im Magnetfeld II.

Experimentelle Untersuchungen über das Verhalten normaler Atome unter magnetischer Kraftwirkung;

von Walther Gerlach.

(Hierzu Tafel IV und V.)

Vor einiger Zeit wurde in diesen Annalen über die Messung des magnetischen Moments des normalen Silberatoms berichtet.[1] Es ließ sich ferner zeigen, daß das Verhalten normaler ungestörter Silberatome unter magnetischer Kraftwirkung gerade solcher Art ist, wie es die Quantentheorie in der sogenannten *räumlichen Quantelung* oder *Richtungsquantelung*[2] fordert. Im folgenden soll über die Fortführung der Untersuchungen und ihre Ausdehnung auf eine Anzahl

---

1) W. Gerlach u. O. Stern, Ann. d. Phys. **74**. S. 673. 1924; im folg. zit. a. a. O. I.

2) Die Theorie der Richtungsquantelung wurde fast gleichzeitig von P. Debye (Gött. Nachr. Juni 1916 und von A. Sommerfeld (Phys. Zeitschr. **17**. S. 491. 1916) zur modellmäßigen quantentheoretischen Deutung des Zeemaneffekts erdacht. A. Sommerfeld führte sie zu einer allgemeinen Theorie der räumlichen Quantelung durch, die er erstmalig Phys. Zeitschr. **17**. S. 491. 1916 auch anschaulich darstellte. Für die Realität der Sommerfeldschen Konstruktionen sprechen die bisher vorliegenden experimentellen Untersuchungen.

164   *W. Gerlach.*

von anderen Elementen[1]) berichtet, sowie eine eingehende Darstellung des Ausbaus der in der ersten Mitteilung beschriebenen
Atomstrahlmethodik vorgelegt werden, da der Verfasser glaubt,
daß mit der jetzigen Methode unschwer auch von anderer
Seite solche Versuche ausgeführt werden können.

§ 1. Das Prinzip der neuen Versuchsanordnung.

Fig. 1 erläutert schematisch die schon a. a. O. I gegebene
Versuchsanordnung. Ein Öfchen O mit der Offnung O' stellt
die Strahlungsquelle der Atomstrahlen dar. Von den aus O'
infolge der Temperaturbewegung der Atome im Dampfraum
innerhalb O herausfliegenden Atomen wird durch zwei Spaltblenden $S_1 S_2$ ein sehr enger Strahl ausgesondert, in welchem

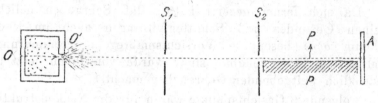

Fig. 1.

also praktisch nur parallel fliegende Atome vorhanden sind.
Der Atomstrahl fliegt hinter S_2 durch ein inhomogenes magnetisches Feld zwischen den Polschuhen PP eines Elektromagneten. Die Inhomogenität des Feldes und das Feld selbst
sind parallel und beide senkrecht zur Atomstrahlbahn gerichtet. Am Ende des Feldraumes befindet sich ein Plättchen A
zum Auffangen des Atomstrahls. Die ganze Anordnung ist
in ein evakuierbares Gefäß eingeschlossen.

Wie in der genannten ersten Abhandlung näher ausgeführt, liegen die Einzelschwierigkeiten des Versuchs in der
Justierung der geraden Atomstrahlbahn, in der Konstruktion
der Öfchen und in der Auffangung, Erhaltung und Sichtbarmachung des sehr dünnen Niederschlags auf dem Auffangeplättchen A. Während die erste Schwierigkeit, die Justierung

---

1) W. Gerlach u. A. C. Cilliers, Zeitschr. f. Phys. **26**. S. 126.
1924. In dieser vorläufigen Mitteilung sind einige Resultate kurz mitgeteilt. Sämtliche Versuche wurden neuerlich mit besserer Anordnung
wiederholt; hierüber s. u. im Text im folg. zit. a. a. O. II.

Über die Richtungsquantelung im Magnetfeld II.   **165**

des Strahlengangs, durch eine völlige Umkonstruktion der ganzen Versuchsanordnung vollständig beseitigt wurde, wuchsen die beiden anderen Schwierigkeiten bei Übergang zu andern Elementen (als Silber, a. a. O. I) bedeutend an und konnten noch nicht für alle Elemente überwunden werden.

Bei der neuen Apparatur wurde an zwei Punkten, die stets wieder als wesentlich erkannt wurden, festgehalten: Die Polschuhe werden in das Vakuum eingeführt und der Verdampfungs- (Öfchen-) Raum ist vom Laufraum der Atomstrahlen (vom Blendenspalt S_1 gerechnet) vollständig getrennt, bis auf die enge Öffnung des Spaltes S_1 selbst, durch welche der Atomstrahl aus dem Verdampfungsraum in den Laufraum übertritt; beide Räume werden getrennt evakuiert.

Da sich ferner gezeigt hatte, daß Schrauben beliebig kleinen Gewindes und Schlittenführungen auch im Hochvakuum *ohne* besondere Vorsichtsmaßregeln (Evakuierungsschlitze o. dgl.) verwendbar sind, wurde von ihnen jetzt unbedenklich weitgehender Gebrauch gemacht.

Folgende 6 Gesichtspunkte waren für die Neukonstruktion der Apparatur grundlegend:

1. Die Justierung der Spaltblenden und damit der Atomstrahlbahn im Magnetfeld mußte vereinfacht werden, zuverlässig ausführbar sein und beliebig lange Zeit erhalten bleiben.

2. Die Justierung der durch die Spaltblenden gegebenen Bahn auf die Mitte des Loches des Öfchens sollte so möglich sein, daß ohne Änderung am Zusammenbau der wesentlichen Teile Auswechselungen und Neufüllungen des Ofchens möglich sind.

3. Die gerade Laufstrecke des Atomstrahls von O bis A (Fig. 1), darf, einmal justiert, sich nicht mehr ändern, vor allem nicht mit dem die Apparatur zur Evakuierung nach außen abschließenden Glasapparat in Verbindung stehen, da erfahrungsgemäß Verschiebungen dieses Teiles nicht vermeidbar sind.

4. Reinigung der Spalte, Nachmessung ihrer Weite, Auseinandernehmen und Wiederzusammensetzen der ganzen Apparatur muß möglich sein, ohne daß nachher die Justierung verändert ist.

W. Gerlach.

5. Es soll die Möglichkeit zur Temperaturmessung des Ofchens und einer Kontrolle der Verdampfungsgeschwindigkeit vorhanden sein.

6. Das Auffangeplättchen soll mit flüssiger Luft kühlbar sein, damit auch solche Substanzen, welche nur an gekühlten Flächen haften bleiben, untersucht werden können.

§ 2. Die Einzelteile der Apparatur.

Das Hauptstück ist die *Schneide*. Wie a. a. O. I besteht der eine Polschuh des Magneten aus einer Schneide (Fig. 2).[1] Diese Eisenschneide — bei 2 Apparaten 30 mm bzw. 47 mm lang mit einem Winkel von 90 bzw. 60° — erhält eine Verlängerung aus Messing von der (etwa) 1,6-fachen Länge der Eisenlänge. Beide Teile werden zuerst hart verlötet und

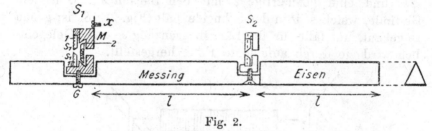

Fig. 2.

dann bearbeitet, schließlich geschliffen, so daß ein vollständig gerades Stück entsteht. Die Schneidehöhe beträgt ungefähr 7 mm. Unmittelbar an der Schweißstelle Eisen-Messing wird eine Vertiefung in die Schneide eingefräst und eine zweite solche im Messingteil, so weit entfernt von der Schweißstelle, als die Eisenschneide lang ist. In diesen Einschnitten werden die Spaltblenden befestigt.

Die *Spalte* sind nach Art der Spektrometerspalte gebaut. Die Messingbacken (etwa $2^1/_2 \times 3^1/_2$ mm groß) sind scharfkantig abgeschliffen. Der erste Spalt S_1 ist so gestellt, daß die ebene Spaltfläche zum Öfchen zugerichtet ist: ein solcher Spalt wächst durch die sich ansetzenden Metallkriställchen nicht so leicht zu. S_1 besteht aus 2 hintereinander liegenden Spalten, deren einer von oben nach unten bewegliche Backen hat um die Breite des Atomstrahls zu begrenzen, deren anderer (in

---

1) Photographien der Einzelteile vgl. Fig. Nr. 11.

Über die Richtungsquantelung im Magnetfeld II. 167

der Figur) von vorn nach hinten bewegliche Backen hat, um die Ausdehnung des Strahls senkrecht zur Zeichenebene zu begrenzen. Der Messingklotz M, zentrisch durchbohrt, hat hierzu eine Schwalbenschwanzführung 1 mit den Spaltbacken

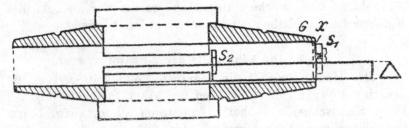

Natürliche Größe des kleinen Apparates.
Fig. 3.

$s_1 s_1$ und eine gleichartige 2 mit den Backen s_2. G ist ein Gewinde, welches M in der Schneide hält (Fig. 2). S_2 ist genau so gebaut, nur fällt für die Längsbegrenzung s_2 weg. Gelegentlich wird sie durch aufgelegte Folie hergestellt.

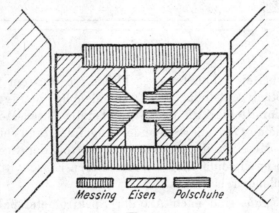

Messing Eisen Polschuhe

Fig. 4.

Die Schneide paßt in eine eiserne Schwalbenschwanz-führung, welche in dem die ganze Apparatur zusammen-haltenden Mittelstück eingelötet[1]) ist. Dieses Mittelstück ist aus einem 22 mm Vierkantmessing gearbeitet, Längsschnitt Fig. 3,

---

1) Zinn-Bleilot mit 70 Proz. Zinn, sorgfältige Reinigung des Eisens, vorherige Verzinnung und sehr gutes Lötwasser erforderlich. Einlöten unter starkem mechanischem Druck. Sonst halten die großen Lötfugen nicht dicht.

168 *W. Gerlach.*

Querschnitt Fig. 4. Es ist auf der ganzen Länge mit einer rechtwinkligen Durchbohrung versehen. Die beiden Eisenführungen sind entweder rechtwinklig (wie in der Figur gezeichnet) oder abgeschrägt eingesetzt. Die Enden des Vierkantmessing sind zu Schliffen abgedreht, man versieht sie mit je einer Unterdrehung in der Mitte, damit etwaige Längskratzer in dem weichen Material keine Einlaßbahn für Luft bilden. In die eine Eisenführung paßt die Schneide, in die zweite ein

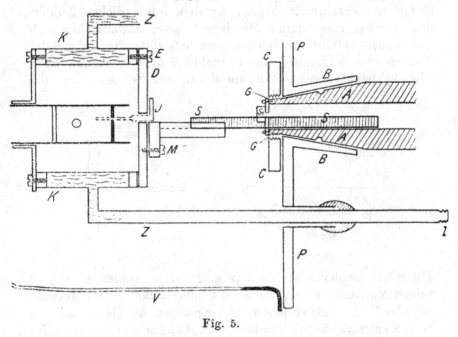

Fig. 5.

spaltförmiger Polschuh, in denen mehrere mit verschiedener Höhe existieren, so daß der Abstand Schneide—Spalt und damit das Feldgefälle variiert werden kann. Die Führungen gehen ziemlich streng. In Fig. 3 ist gezeichnet, wie die Schneide mit den Spalten in dem Mittelstück sitzt. Bei x (vgl. auch Fig. 2) ist der erste Spalt und damit die ganze Schneide durch eine Schraube am Mittelstück angeschraubt, *und damit alles starr verbunden.*

Die starre Verbindung wird nun auch auf die Verbindung von Schneide und Ofenloch übertragen. Das Öfchen sitzt selbst in einem Kühler, an dem es auch befestigt ist; es ge-

Über die Richtungsquantelung im Magnetfeld II.　　169

nügt also, die Schneide mit dem Deckel des Kühlers zu ver-
binden, so daß die durch die beiden Blenden gegebene Gerade
durch die Mitte eines Loches im Kühlerdeckel hindurchgeht
und dann besonders Kühlerdeckelloch und Öfchenloch auf
einmal zu justieren. Dies empfiehlt sich auch schon deshalb,
daß ohne Eingriff in die Justierung der anderen Teile die
Öfchen ausgewechselt werden können.

　　Nach mehreren Zwischenstufen gelangte man zu folgender
einfacher Konstruktion Fig. 5. An dem 5 mm dicken Kühlerdeckel wird eine stabile Messingschwalbenschwanzführung M
genau rechtwinklig zur Deckelebene befestigt[1]), in welche das
über den ersten Spalt s_1 der Schneide S hinausstehende Stück
(Fig. 2) paßt, derart, daß die Kante der Schneide auf die

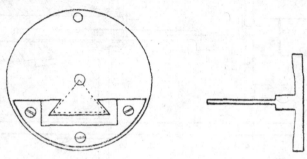

Fig. 6.　　　　　　　　　　　Fig. 7.

Mitte des Kühlerloches zeigt (Fig. 6). Der Kühler K ist mit
seinen Zuleitungen $z\,z$ in eine 6 mm dicke große Messingscheibe P ebenfalls rechtwinklig eingekittet, die Messingscheibe
trägt zentrisch einen Metallkonus B, welcher auf den Schliff A
des Mittelstückes paßt. Es wird zur Erhöhung der Festigkeit
über das schon in Fig. 3 gezeichnete Gewinde G eine Mutter C
geschraubt, welche Mittelstück und Messingscheibe zusammen-
halten und mit einer Schraube E der Kühlerdeckel D an dem
Kühler selbst befestigt, so daß auch eine Drehung des Konus
nicht mehr möglich ist.

　　Das Öfchen O (vgl. § 3) wird auf der andern Seite des
Kühlers so angeschraubt, daß seine 1,2-mm-Öffnung konzen-

---

　　1) Nicht zu kleine Gewinde nehmen, weil der unvermeidliche
Quecksilberdampf das Messing angreift. Die Schrauben müssen gelegentlich erneuert werden.

170   *W. Gerlach.*

trisch zur 2,4-mm-Öffnung im Kühlerdeckel liegt. Das erreicht man leicht durch einen Justierstift der Form Fig. 7,
welcher in das Öfchenloch eingreift und durch das Kühlerloch
gesteckt wird (in Fig. 5 punktiert gezeichnet *J*).

Es seien noch einige Maße gegeben: *Kühler*, Länge 40 mm,
innere Weite 24, äußere Weite 32 mm. *P* Durchmesser
95 mm. Entfernung *C D* 25—30 mm. Glasglocke innen
etwa 75 mm.

Die große Metallplatte *P* stellt den einen Teil eines
Planschliffs dar, über ihn wird eine mit Ansätzen versehene

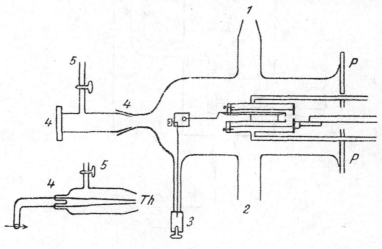

Fig. 8.

Glasglocke gesetzt. Die Messingplatte ist fein gedreht, *nicht*
geschliffen, die Fettdichtung hält so besser. Der Abschluß
dieses Planschliffs hielt, obwohl die Auflageflächen stellenweise
nur 2 mm breit waren, immer — oft tagelang — vollkommen
dicht. Allerdings muß man ein gutes, sehr zähes Gummifett verwenden, von dem man verschiedene Sorten mit verschiedener
Zähigkeit (variiert durch Paraffinzusatz) für die verschiedenen
Jahreszeiten hat. Die Glasglocke, Fig. 8, hat Ansätze für
Pumpe (*1*), Kühlgefäß (*2*) (evtl. mit Kohle beschickt), Zuleitung
zur Ofenheizung (*3*) und Thermoelement (*4*), bzw. Planplatte
zur optischen Temperaturmessung der Öfchentemperatur, und
zum Einlassen von trockener Luft oder Stickstoff (*5*). In Fig. 8
setzt sich bei *P P* Fig. 5 an, es ist in 8 zur schnelleren Über-

Über die Richtungsquantelung im Magnetfeld II. 171

sicht der Einbau des Kühlers und Ofchens eingezeichnet. Der
Anschluß der Heizstromleitung geschieht durch den Schliff 4
mit einem Schraubenzieher.

Man sieht, daß somit alle in § 1 genannten Wünsche er-
füllt sind: alle Teile sind starr verbunden, sind genau justierbar.

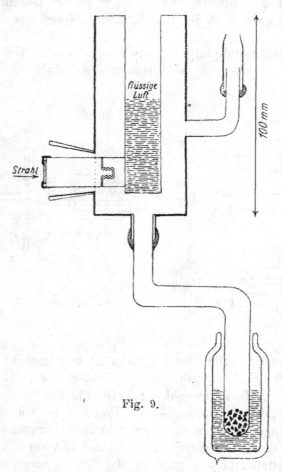

Fig. 9.

Die Einstellung der Spaltmitten auf eine bestimmte Höhe
über der Schneide geschieht leicht mit einem kurzbrennweitigen
Fernrohr mit Okularskala, in welchem man die Ecken der
Schneide und die Spaltbacken gleichzeitig scharf sieht; man
erhält eine Genauigkeit von etwa 5 μ, welche bei Breiten der
Spaltblenden von 30—60 μ vollkommen ausreicht.

172   *W. Gerlach.*

Die Reinigung des ersten Spaltes geschieht durch Durch-
schieben von Stanniol, was nach Abnahme der Glocke ohne
weiteres möglich ist. Bemerkt sei noch, daß über dem
Messingstück M des ersten Spaltes ein größeres Blech federnd
geschoben wird, welches die Ofenstrahlung von dem Metallschliff abhält. An diesem Blech kann eine polierte Metallplatte angeschraubt werden, so daß sie von außen durch die
Glocke sichtbar ist: sie steht so, daß sie dem Spalt keine
Atome wegnimmt, selbst aber doch bestrahlt wird. Man kann
an dem Metallniederschlag auf ihr das Beginnen und den
Fortgang der Verdampfung verfolgen.

Der Plättchenhalter, mit flüssiger Luft kühlbar, ist ganz
aus Metall und paßt auf den andern Schliff des Mittelstücks.
Aus Fig. 9 ist alles zu ersehen. Der Verbrauch von flüssiger
Luft ist nicht sehr groß, alle 15 Minuten ist das Innengefäß
zu füllen.

§ 3. Das Verdampfungsöfchen.

Wesentlich geändert gegen früher wurde die Konstruktion
der kleinen Öfchen. Da hierin einerseits ein wesentlicher Be-
standteil des Fortschritts der Methodik liegt, der nicht nur
eine Abkürzung der Auspump- und Bestrahlungszeiten auf
$1/5$—$1/10$ der früheren Versuchsdauer brachte, sondern auch
die Untersuchung der hochschmelzenden Elemente Eisen,
Kobalt, Nickel, Chrom mühelos ermöglicht, da andererseits
aber beim Bau des Öfchens scheinbare Nebensächlichkeiten von
ausschlaggebender Wichtigkeit sind, sei dieser etwas ein-
gehender beschrieben.

Zunächst sei bemerkt, daß von einem Einsatz zur Auf-
nahme des Schmelzguts in den Heizkörper ganz abgesehen
wurde. Das Öfchen besteht aus einem Rohr hochfeuerfester
Marquardtscher Masse von der Berliner Porzellanmanufaktur
(Form 0,6042); es ist 50 mm lang, etwa 7 mm weit bei einer
Wandstärke von etwa 1 mm. Das Röhrchen r wird mit einer
Schraube in einer Messingfassung $g\,a\,b$ gehalten, die in der
schematischen Zeichnung Fig. 10 und der Photographie Fig. 13
zu sehen ist; für Aufnahme der Heizwicklung steht eine
Länge von 35—36 mm zur Verfügung. Es werden nun am
oberen und unteren Ende dieses Teiles 2 Windungen ll von

Über die Richtungsquantelung im Magnetfeld II. **173**

0,2 mm Molybdändraht um das Röhrchen gewickelt und ver-
drillt. Sodann wird 0,2-mm-Molybdändraht zwischen diesen
beiden Abschlußwindungen um das Röhrchen gewickelt und
zwar zwischen 50 und 65 Windungen auf 34 mm (mehr oder
weniger, je nachdem, ob hohe oder niedrigere Temperaturen
erreicht werden sollen). Anfang und Ende der Heizwicklung
werden fest an die genannten Doppelwindungen angedrillt.
Das hintere, der Messingbrücke zunächst liegende Ende wird
mit Kupfer oder Eisendraht an diese angebunden, die andern,
drei oder vierfach genommen, durch ein durch die Messingbrücke führendes Isolierröhrchen i an einen dicken Kupfer-
draht e angebunden.

Der Molybdändraht, bezogen vom Wolframlaboratorium
Dr.-Ing. Schwarzkopf in Berlin hat sich sehr gut bewährt;
er ist mechanisch leicht zu behandeln und eignet sich besser
als Wolframdraht, welcher viel stärker mit dem Öfchen-
material reagiert.

Das gewickelte Öfchen wird mit einem ganz dünnen Brei
von in Wasser angeschlämmter „calcinierter Tonerde" (reines
Al_2O_3) mit einen Pinsel mehrfach bestrichen, bis die Windungen
gut bedeckt sind (etwa 1 mm Schichtdicke). *Es darf keine
Spur von Wasserglas hierbei verwendet werden*, sowohl die
Schnelligkeit des Auspumpens als auch die Haltbarkeit der
Öfchen leidet sehr durch die Verwendung von Wasserglas.
Nachdem das so isolierte Öfchen einen oder mehrere Tage an
der Luft getrocknet hat, bringt man es sehr vorsichtig —
denn der Al_2O_3-Belag bröckelt schon bei Erschütterungen ab —
in eine Hilfsapparatur, wo es im Hochvakuum langsam erhitzt und bei etwa 1600° ungefähr 1 Stde. gebrannt wird.
War der Belag stellenweise abgefallen, so bestreicht man da
neu und brennt nochmals.

Jetzt setzt man Boden und Deckel ein: rundgefeilte oder
geschliffene, gut passende Plättchen von 1—2 mm Dicke aus
Marquardtscher Masse oder Al_2O_3, welche ebenfalls mit
Al_2O_3-Brei eingekittet werden. Auch wird vor dem Einsetzen
des Deckels nochmals das Innere des Ofchens mit Al_2O_3-Brei
ausgestrichen. Dieser nach dem Brennen harte Überzug verhindert die Reaktion zwischen Schmelzgut und Marquardt-

174 *W. Gerlach.*

rohr, die z. B. bei Eisen und Zinn[1]) recht merklich ist. Der
Deckel hat exzentrisch ein Loch von 1,2 mm Durchmesser,
aus welchem der Atomstrahl austritt. Das Loch muß in der
oberen Hälfte sitzen, damit kein flüssiges Metall herausfließt,
auch das Ausspritzen kommt seltener vor. Soll das Öfchen
bei sehr hoher Temperatur verwendet werden, so brennt man
es nun noch einmal, weil das Material „arbeitet"; dennoch
traten auch bei Versuchen manchmal solche Deformationen
noch ein, daß die Justierung des Öfchenloches vollständig zerstört war.

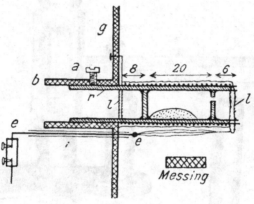

Fig. 10.

Die Dimensionen sind in der Fig. 10 in mm angegeben.
Fig. 13 gibt eine Photographie eines Öfchens, in der man
seinen Bau und (am liegenden Öfchen) den Deckel mit den Loch
sieht. Die Öfchen für die höchsten Temperaturen hatten
einen kurzen Innenraum (10—15 mm lang) zwischen Deckel
und Boden, und noch einen zweiten Boden zur Herabsetzung
der Ausstrahlung.

Über das fertige Öfchen wird ganz lose ein weiteres Rohr
geschoben (innerer Durchmesser 14—16 mm, 2 mm Wandstärke) aus Marquardtscher Masse o. dgl., so daß zwischen
Öfchen und dem Rohr überall einige Millimeter Abstand sind.
Eine dickere innere Isolierschicht ist schlecht.

---

1) Geschmolzenes Zinn frißt im Hochvakuum bei 1100—1200° ein
Quarzrohr von 1 mm Wand in kurzer Zeit durch, offenbar durch Bildung
von SnO_2 und Si. Eisen diffundiert durch das Marquardtrohr hindurch
und zerstört die Heizwicklung.

Über die Richtungsquantelung im Magnetfeld II. 175

Geheizt wird mit Wechselstrom: Gleichstromheizung ver-
dirbt bei 1100—1200° in kurzer Zeit das Öfchen, weil die
Isoliermasse leitend wird und offenbar die elektrolytischen
Zersetzungsprodukte mit dem Heizdraht chemisch reagieren.
Spektroskopisch ließ sich dabei stets entweichender Sauerstoff
nachweisen. Für die höchste Temperatur ($\sim 1700°$ C.) waren
2,3—2,5 Amp. (bis zu 200 Watt) erforderlich. Diese Belastung

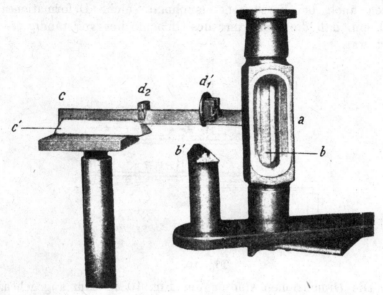

Fig. 11.

hält das Öfchen einige Versuche lang aus, wenn langsam erhitzt und abgekühlt wird.

Die Temperatur wird entweder optisch durch Anvisieren des
Bodens oder — unter 1000° — thermoelektrisch während des
Versuchs gemessen. Die höchste Temperatur ermittelt man
durch besonderen Versuch, es ist nicht möglich und auch
nicht wichtig, sie während der Verdampfung zu messen.

§ 4. Die Apparatur.

Die beiden Photographien Figg. 11 und 12 zeigen die
einzelnen Teile und ihre Zusammensetzung. In Fig. 11 bedeuten: *a* ist das mittlere Messingstück, welches die beiden
Polschuhe enthält, mit den Schliffen und (oben) der auf-

12*

176   *W. Gerlach.*

geschraubten Mutter zum Gegenhalten der großen Metall-
schliffplatte. *b* ist der eine Eisenschlitten, in welchem der
Spaltpolschuh *b'* durch einen der Schliffe hineingeschoben
wird. *c* ist die lange Schneide, welche im zweiten Eisenschlitten *c'* gehalten ist, welcher aus dem Mittelstück *a* ausgelötet ist. d_1 und d_2 sind die beiden Spalte, bei d_1 sieht
man die runde Messingscheibe, mittels welcher die Schneide
an die Stirnfläche des Messingmittelstückes angeschraubt wird.

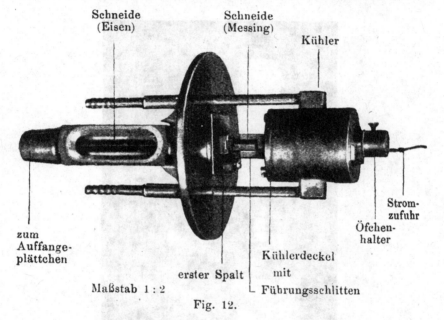

Maßstab 1 : 2

Fig. 12.

Fig. 12 ist nach den Bezeichnungen ohne weiteres zu
verstehen. Auch hier ist der eine Eisenschlitten aus dem
Mittelstück ausgelötet, so daß man die innere Schneide sieht.
Man sieht besonders den am Kühlerdeckel befestigten Führungs-
schlitten, welcher automatisch für die Justierung der Schneide
auf das Loch im Kühlerdeckel sorgt. Hinter dem ersten
Spalt ist das Schutzblech für den Schliff zu sehen, mit der
daran befindlichen Schraube werden die Kontrollplättchen angeschraubt.

Fig. 14 gibt ein Bild des Zusammenbaus der Apparatur
mit dem Magneten, von welchem ein Schenkel weggenommen
ist (**Hartmann** und **Brauns** kleines Modell des **Du Bois**

Über die Richtungsquantelung im Magnetfeld II.   **177**

Elektromagneten). Schließlich gibt Fig. 13 eine Ansicht des
Ofchens mit dem Messinghalter, und zwar seitlich und von
vorn; auf letzterem sieht man das exzentrisch nach oben sitzende
Verdampfungsloch.

§ 5. Evakuierung und Vakuumkontrolle.

Das Auspumpen der Apparatur erfolgte mit Wasserstrahl-
pumpe als erste Vorpumpe, einer Hanff-Buestschen Quarz-

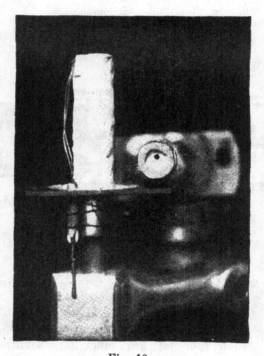

Fig. 13.

stufenpumpe für das Hauptvorvakuum und zwei parallel ge-
schalteten Volmerschen *K*-Pumpen mit besonders weiten
Spalten für das Hochvakuum. Die von Hanff und Buest
gelieferten Pumpen haben sich ausgezeichnet bewährt[1]); die
eine *K*-Pumpe (mit elektrischer Heizung) ist seit 3 Jahren

---

1) Als Kuriosum sei erwähnt, daß der zum Vorvakuum führende,
normalerweise schwach *aufwärts* führende Ansatz der einen *K*-Pumpe
durch den Druck der Glasleitung sich allmählich zu einem Winkel von
10° *abwärts* durchgebogen hat.

178   *W. Gerlach.*

dauernd im Betrieb, die zweite (mit Gasflammenheizung) in
der gleichen Zeit einmal durch Ungeschicklichkeit gebrochen.
Wichtig ist eine gleichmäßige Durchwärmung der Pumpe,
welche durch einen bis zur Höhe des Spaltes reichenden
Asbestmantel und langsames Anheizen erzielt wird. Beide
K-Pumpen sind so in Stativen gehalten, daß sie selbst, sowie
die Glasleitung zum Vorvakuum beträchtliche Bewegungsfreiheit

Fig. 14.

haben. Das ist nötig, weil die etwa 1 m langen Leitungen
von den *K*-Pumpen zur Apparatur von 25 mm Weite ganz
starr sind, und etwaiger Zwang sich durch Nachgeben der
Pumpen ausgleichen muß. Gedichtet wird überall mit selbst
hergestelltem Gummifett, dessen Paraffinzusatz so gewählt
wird, daß die Zähigkeit der jeweils herrschenden Temperatur
entspricht; das ist besonders wichtig für die Dichtung des
Planschliffes, welcher tagelang vollkommen dicht hält. Zur
Kontrolle des Vakuums sind auf beiden Seiten der Apparatur
— an der Glocke und am Auffangeraum — Geißlerröhren

Über die Richtungsquantelung im Magnetfeld II.   **179**

angebracht, welche bei einer Induktorentladung bei 8 cm
Parallelfunken vollkommen dunkel bleiben. An den Pumpen
— zur Abhaltung von Hg-Dampf — und an der Glocke und
dem Auffangeraum sind Kühlgefäße, welche mit flüssiger Luft
beschickt werden, sobald der Wasserdampf aus der Apparatur
fortgepumpt ist.

§ 6. Die Entwicklung der Niederschläge.

Bereits in der ersten Mitteilung wurde eine Methode beschrieben, mit der es gelingt, unsichtbare Niederschläge von
Silber auf Glas so zu verdicken, daß sie sichtbar werden.
Diese Methode ist mittlerweile von Estermann und Stern
näher untersucht und auch zur Entwicklung von Kupfernieder-
schlägen brauchbar befunden worden. Es wurde nun ermittelt,
wieweit die gleiche Methode auch Niederschläge anderer,
weniger edler und weniger luft- und wasserbeständiger Metalle
zu entwickeln gestattet. Hierzu wurden zunächst von den zu
untersuchenden Metallen *sichtbare Spiegel verschiedener Ausdehnung* hergestellt und diese in den Entwickler gebracht. Erst
dann ging man zu noch sichtbaren Niederschlägen immer
kleinerer Dimension und schließlich unsichtbaren Niederschlägen
über. Die bis jetzt gemachten Erfahrungen seien im folgenden
der Reihenfolge nach besprochen:

Silber, Kupfer, Gold. Die Entwicklung dieser Elemente
ist in gleicher Weise leicht möglich und gelingt immer. Es
erwies sich als vorteilhaft, die Entwicklerzusammensetzung so
zu verändern, daß möglichst wenig $AgNO_3$ verwendet wird.
Es wird gewöhnlich auf 60—80 ccm 1proz. Hydrochinon-
lösung, welche nicht zu frisch sein soll, nach reichlichem Zu-
satz von Gummiarabikum etwa 1 ccm einer 1proz. $AgNO_3$-
Lösung genommen. Die Lösungen werden mit destilliertem
Wasser hergestellt und peinlich sauber gehalten. Einmal
(unter mehr als 100 Fällen) kam es vor, daß die Entwicklung
versagte: Das destillierte Wasser war der Grund, jedoch konnte
Näheres nicht aufgeklärt werden.

Zinn und Nickel lassen sich ebenfalls sehr leicht in normaler Weise entwickeln. Der entwickelte Zinnniederschlag hat
einen ganz charakteristischen bräunlichen Glanz, wesentlich
verschieden von anderen Metallen.

180   *W. Gerlach.*

Wismut, Antimon, Eisen, Blei, Thallium lassen sich in
der beschriebenen Art ebenfalls entwickeln, jedoch mit in der
vorstehenden Reihenfolge wachsenden Schwierigkeiten. Diese
beruhen zum Teil darauf, daß die Atomstrahlen dieser Elemente (mit Ausnahme von Eisen) auf stark gekühlten Flächen
aufgefangen werden müssen; hierbei schlagen sich alle möglichen anderen Atome, besonders Hg und Fett- und Wasser-
dampfreste, mit auf dem Plättchen nieder, so daß dieses mit
einem wenn auch dünnen, so doch zur Entwickelbarkeit
reichenden Niederschlag über die ganze Fläche bedeckt ist.
Besonders in Betracht kommt aber die leichte Oxydier- und
Hydroxydierbarkeit der Niederschläge in dünnster Schicht.
Man brachte deshalb die Niederschlagsplättchen aus dem
Vakuum so schnell als möglich in fertigen Entwickler, aus
dem schon Silber sich auszuscheiden begann. Unsichtbare
Wismutniederschläge lassen sich noch ganz gut entwickeln,
bei Antimon gelingt es meistens. Bei Eisen und Blei manchmal, bei Thallium nie. Man erhält zwar auch hier eine „Entwicklung", d. h. einen Silberniederschlag, aber dieser hat nicht
mehr die Form des ursprünglichen Niederschlags, sondern ist
zackig und verwaschen. Charakteristisch ist, daß sich bei den
letztgenannten Metallen ein dünner Fadenkreuzschatten *nicht*
hält, sondern bei der Entwicklung mit bedeckt wird. Auch
zeigt der entwickelte Niederschlag stets mehr oder weniger
fleckige Struktur.[1])

Man muß also die Niederschläge dieser Elemente so dick
werden lassen, daß sie ohne Entwicklung sichtbar sind; zur
Herstellung einer Photographie mit stärkerer Vergrößerung
lassen sie sich dann stets mit der Entwicklerlösung verdicken
(„versilbern"). Sehr auffällig war, daß bei Antimon und vor
allem bei Blei aus gut sichtbaren Niederschlägen im Entwickler einzelne Stellen langsam verschwanden, während andere
dicker wurden. Daß sich Eisenniederschläge so schlecht entwickeln, liegt offenbar an der außerordentlich gesteigerten Oxy-
dierbarkeit der dünnen Niederschläge. Dickere, auf Metall
aufgefangene Eisenspiegel, im Vakuum glänzend, verwandeln
sich an der Luft fast momentan in rostbraunes Pulver.

------

1) Vgl. z. B. den Sb-Niederschlag auf Taf. V, Fig. 24.

Über die Richtungsquantelung im Magnetfeld II. 181

Sehr wichtig ist, eine besondere Eigenart des Aussehens des entwickelten Metallbeschlags zu kennen, welche leicht eine falsche Deutung eines Magnetversuchs herbeiführen kann. Es sei ein Beispiel angeführt. Ein Wismutniederschlag von 0,15 mm Breite war ohne Entwicklung als feiner grauer Strich auf dem Plättchen sichtbar. Er wurde nun in den Entwickler gebracht. Er verstärkte sich schnell und verbreiterte sich etwas, da ja auch über die Mitte hinaus immer noch eine schwächer bestrahlte Randzone liegt. Betrachtet man nun diesen Niederschlag im durchfallenden Licht, so ist seine Mitte, die ursprünglich ohne Entwicklung sichtbar war, durchsichtig, während die bei der Entwicklung erst erscheinenden Randpartien vollkommen undurchsichtig sind; im reflektierten Licht dagegen erscheint die Mitte silberglänzend und die Ränder mattschwarz oder grau. Man hat es hier offensichtlich mit einem Diffraktionsphänomen zu tun: Die dicht belegte Mitte entwickelt sich zu einer zusammenhängenden Schicht, welche eben so dünn ist, daß sie noch reichlich hindurchläßt. Die schwach mit Atomen besetzten Randpartien entwickeln sich dagegen nicht mehr zusammenhängend, sondern zu separaten Anhäufungen, an denen das durchfallende Licht abgebeugt wird. Man erkennt das Analogon: Ein Nebel ist undurchsichtig, wird er dagegen zu einer Wasserschicht verdichtet, so ist er lichtdurchlässig. Fig. 25 zeigt eine Mikrophotographie eines Teils dieses Niederschlags im durchscheinenden Licht. Die Erscheinung ist in gleicher Weise bei anderen Metallen, auch (nur seltener) bei den gut entwickelbaren Ag, Cu, Sn und Ni beobachtet worden.

Sichtbare unentwickelte und entwickelte Niederschläge von Antimon, Wismut, Blei, Thallium verändern sich an der Luft mit der Zeit sehr stark: sie teilen sich auf, erhalten fleckige Struktur, meist kreisförmige Ansammlungen getrennt voneinander. Auf diese Fragen, zu denen mancherlei Material gesammelt ist, soll an anderer Stelle später näher eingegangen werden.

§ 7. Beispiel einer Versuchsausführung.

Zur Bestimmung der richtigen Verdampfungstemperatur und Verdampfungszeit sind einige Vorversuche zu machen. Zu hohe Strahldichte gibt unscharfe Niederschläge, weil die

182   *W. Gerlach.*

mit verschiedener Geschwindigkeit (entsprechend der **Maxwell**-
schen Geschwindigkeitsverteilung) hintereinander fliegender Atome
sich aus ihrer Bahn herausstoßen. S. 190 wird ein solches Beispiel besprochen werden; zu niedrige Dampfdichte verlangt zu
lange Versuchszeiten. Die endgültigen Versuche werden jetzt
alle (mit der Apparatur mit 30 mm Schneidelänge) mit Ver-
dampfungszeiten von rund 45 Minuten gemacht; für zweifache
Aufspaltung genügt dies; früher waren hierzu 8 Stunden erforderlich. Die Entgasung der Apparatur und die Anheizung
des Öfchens verlangt bei den höchsten Temperaturen etwa
$1^1/_2$ Stunde (früher 4—6 Stunden).

Dimensionen und Justierung der Apparatur:

Magnetschneide 30 mm Länge;

Abstand Ofenloch—erster Spalt 30 mm;

„   erster Spalt—zweiter Spalt 30 mm;

Erster Spalt: Breite 0,06 mm;

Länge 0,28 mm;

Höhe der Spaltmitte über der Schneide
$0,24_0$ mm;

Zweiter Spalt: Breite 0,036 mm;

Länge etwa 2 mm;

Höhe der Spaltmitte über der Schneide
$0,24_7$ mm.

Der Austritt der Mitte des Atomstrahls erfolgt nach dem
Ergebnis des Justierungsversuchs in einem Abstand von $0,25_3$
über der Schneide; also sind die gemessenen Höhen der Spaltmitten über der Schneide auf wenige μ richtig und die Bahn
des Strahls hinreichend parallel zur Schneide.

Versuch 25. 8. 1924. Zinn mit Magnetfeld.

Zeit	Heizstrom	Magnetfeld $\dfrac{\partial \mathfrak{H}}{\partial s}$		Bemerkungen
7^{15}	1 Amp.		0	Dauernd gepumpt. Heizstrom langsam gestei-gert bis
7^{40}	bis 1,3 „		0	das Vakuum gut ist. Der Ofen glüht schwach rot. Die Pumpen und Kühlan-sätze werden mit flüssiger Luft beschickt.

Über die Richtungsquantelung im Magnetfeld II. 183

Versuch 25. 8. 1924. (Fortsetzung.)

Zeit	Heizstrom	Magnetfeld $\dfrac{\partial \mathfrak{H}}{\partial s}$	Bemerkungen
7^{45}	1,5 ,,	200 000	Sodann wird die Stromstärke immer erst weiter gesteigert, wenn etwa abgegebenes Gas fortgepumpt ist.
7^{55}	1,7 ,,	200 000	
8^{00}	1,7 ,,	200 000	Beginn der Verdampfung.
8^{05}	1,8 ,,	200 000	Wasserstrahlpumpe abgestellt.
8^{35}	1,85 Amp. 50 Volt	200 000	
9^{00}	1,85 ,, 50 ,,	200 000	*Schluß.*

Das Öfchen erkaltet langsam bei Aufrechterhaltung des Vakuums. Der Apparat wird 9^{15} mit trockener Luft gefüllt, das Plättchen herausgenommen und entwickelt. *Es ist keinerlei magnetische Beeinflussung zu erkennen.* Sodann wird ein neues Plättchen eingesetzt und — ohne den Ofenraum zu öffnen — wieder neu ausgepumpt und ein Kontrollversuch mit

Zinn ohne Magnetfeld

genau nach der gleichen Zeiteinteilung gemacht: 12^{10}—1^{50}. Nachdem auch dieser Versuch entwickelt — *man erhält einen ganz geraden Strich gleicher Form wie beim ersten Versuch* — ist, wird das Zinnöfchen gegen das Kupferöfchen vertauscht und ein weiterer Kontrollversuch gemacht mit

Kupfer mit Magnetfeld.

Zeit	Heizstrom	Magnetfeld	Bemerkungen
5^{15}	1,0 Amp.	0	Dauernd gepumpt.
5^{55}	1,3 ,,	0	
6^{05}	1,5 ,,	0	Wie vorstehend bei Zinn.
6^{15}	1,7 ,,	200 000	Kühlung mit flüssiger Luft.
6^{27}			Vakuum sehr gut.
6^{25}	1,8 ,,	200 000	Starke Sauerstoffabgabe.
			Vakuum sehr gut.
6^{30}	1,9 ,,	200 000	Beginn der Verdampfung.
6^{35}	2,1 ,,	200 000	
6^{55}	2,15 ,,	200 000	
7^{00}	2,20 Amp., 52 Volt	200 000	
7^{20}	2,20 ,, 52 ,,	200 000	*Schluß.*

Das Plättchen wird entwickelt, der Niederschlag erscheint sofort bei ganz schwacher Entwicklung dick, *und zeigt an der regelmäßigen Aufspaltung, daß die Apparatur in Ordnung war.*

184 *W. Gerlach.*

§ 8. Absolute Bestimmung des Bohrschen Magnetons.

Bereits früher wurden zwei Bestimmungen des Magnetonwertes mitgeteilt, welchen eine Genauigkeit von ± 10 Proz. zuerkannt wurde. Diese weite Fehlergrenze ist erst in zweiter Linie durch die kleine Aufspaltung bedingt, in erster Linie aber durch die Auseinanderziehung, Verbreiterung des Atomstrahls im magnetischen Kraftfeld, welche auf der verschiedenen Geschwindigkeit der Atome im Atomstrahl (Maxwellsche Geschwindigkeitsverteilung) beruht. Eine Homogenisierung ist ebensowenig möglich wie — wenigstens vorerst — eine genaue experimentelle Messung der Geschwindigkeiten oder Auswertung der Geschwindigkeitsverteilung. Doch scheint diese Frage jetzt der experimentellen Behandlung zugänglich.

Es wurden in der ersten Abhandlung die Gründe angegeben, welche berechtigen, für die Geschwindigkeit der Atome mittlerer Ablenkung den Wert

$$v = \sqrt{\frac{3,5 \, R \, T}{M}}$$

einzusetzen, worin R die absolute Gaskonstante $8,3 \times 10^7$, T die absolute Temperatur des strahlenden Dampfraumes und M das Molekulargewicht der Atomstrahlsubstanz bedeutet.

Da es nun gelang, gegen die früheren Versuche eine Aufspaltung von doppelter Größe auf eine viel größere Länge gleichmäßig stark zu erreichen, bei etwa gleicher Breite des Niederschlags, wurde ein solcher Versuch zum Zwecke einer neuen Magnetonmessung ausgeführt. Die Dicke des *abgestoßenen* Streifens (nur dieser kann, wie früher schon bemerkt, aus Gründen der mit der Verlagerung des Streifens sich ändernden Inhomogenität des Feldes zur Auswertung herangezogen werden) als Funktion der Entfernung von dem Niederschlag des — ohne Feld — unabgelenkten Streifens ist von der Art der Fig. 15. Es wurde als mittlere Ablenkung die beim Anblick im Mikroskop als natürlich und leicht einzustellen sich ergebende Strecke s in die Rechnung eingesetzt. Es ergibt sich dann aus der Sternschen Theorie des Versuchs für das magnetische Moment M

$$M^{-1} = \frac{1}{2} \cdot \frac{1}{s} \left(\frac{\partial \mathfrak{H}}{\partial s}\right)_0 \frac{l^2}{3,5 \, R \cdot T} \left[1 + \frac{1}{12} \frac{\left(\frac{\partial \mathfrak{H}}{\partial s}\right)_l - \left(\frac{\partial \mathfrak{H}}{\partial s}\right)_0}{s} \frac{M \cdot l^2}{3,5 \, R \, T}\right],$$

Über die Richtungsquantelung im Magnetfeld II. 185

worin $\partial\mathfrak{H}/\partial s$ die Inhomogenität des Feldes in Gauss·cm⁻¹ bei Eintritt (Index 0) des Atomstrahls in das Feld und Austritt (Index *l*) nach Durchlaufen der Länge *l* des Feldes aus dem Feld und *s* die in vorstehendem Sinne gemessene Ablenkung bedeuten.

Es folgen die Daten des Versuchs.

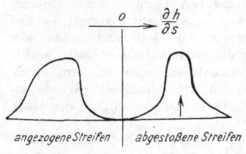

Fig. 15.

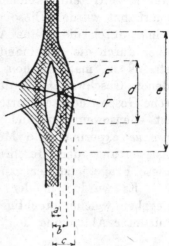

Fig. 16.

Silber. 5. XII. 1923.

Verdampfung 7ʰ bei 1020⁰ ± 10⁰ C., thermoelektrisch gemessene Temperatur, Schneidenlänge 47 mm, Schneidenwinkel 60⁰, auf 0,3 mm Breite abgeflacht.

	Abstand der Spaltmitten von der Schneide	Breite der Spalte
I. Spalt	0,32 mm	0,10 × 0,2 mm²
II. „	0,31 „	0,063 × 1,2 „

Fadenkreuzjustierung: Der Strahl läuft bis auf 0,03 mm Gesamtabweichung parallel zur Schneide.

$$\left(\frac{\partial\mathfrak{H}}{\partial s}\right)_{0} = 13,4 \times 10^4 \text{ Gauss·cm}^{-1} \cdot \left(\frac{\partial\mathfrak{H}}{\partial s}\right)_{l} = 8 \times 10^4 \text{ Gauss·cm}^{-1}.$$

Dimensionen des Niederschlags (vgl. die obenstehende schematische Zeichnung Fig. 16[1]) und die Mikrophotographie Fig. 17, Taf. IV).

---

1) Die beiden Schatten des Fadenkreuzes *F* sind in der schematischen Figur als dunkle Striche gezeichnet.

186   *W. Gerlach.*

Volle Öffnung der Aufspaltung .	$2a = 0,1$ mm,
mittlere Ablenkung des abgesto- ßenen Strahles	$b = 0,21 \pm 0,01$ mm,
weiteste Ablenkung	$c \sim 0,4$ mm,
Länge der vollkommenen Auf- spaltung	$d = 1,2$ „
Gesamtlänge der magnetischen Be- einflussung	$e = 2,3$ „

Hieraus folgt für

$$M = 5690 \text{ Gauss} \cdot \text{cm}.$$

Hiermit wird das frühere Ergebnis, daß aus dem Silberversuch der theoretisch aus der Bohrschen Theorie folgende
Magnetonwert $M = 5600$ aus dem Experiment erhalten wird,
bestätigt.

Über zwei weitere Messungen mit Kupferatomstrahlen,
welche zu dem gleichen Magnetonwerte führen, wird im folgenden
Paragraphen berichtet werden.

§ 9. Magnetische Atommomentbestimmungen.

a) Kupfer, Silber, Gold.

Silber. Nachdem die soeben mitgeteilten Untersuchungen
das frühere Ergebnis vollkommen bestätigt hatten, wurde von
nun an Silber als Kontrollsubstanz genommen, um die Apparatur
zu prüfen und vor allem um das inhomogene Magnetfeld aus-
zumessen. Es liegen 12 Aufspaltungsmessungen von Silber
vor, von welchen keine auch nur durch die geringste Besonderheit sich von den früheren veröffentlichten Bildern unterscheidet. Vor allem war bei einer Aufnahme so viel Silber
verdampft worden, daß der aufgespaltene Niederschlag schon
ohne Entwicklung sichtbar war; trotz starker Entwicklung kam
nicht der geringste Niederschlag in der Mitte zum Vorschein,
so daß man nun *mit großer Sicherheit* das *Fehlen* von solchen
Stellungen der Momentachse im Magnetfeld behaupten darf,
in denen diese senkrecht zu der magnetischen Kraft steht.
Von diesen Silberversuchen seien noch zwei hier veröffentlicht
(Fig. 18 und 28c auf Taf. IV), weil sie mit ganz verschiedenen
Feldverteilungen gewonnen sind. Die Mitte des Feldes ist

Über die Richtungsquantelung im Magnetfeld II.   187

durch einen sehr dünnen Quarzfaden markiert, welcher an der Schneide angebracht war. Nachdem einmal mit Fadenkreuz justiert ist, ersetzt man dieses besser durch den dünnen Faden, welcher das Bild weniger stört und dessen Zweck nur ist, die Mitte des Feldes automatisch zu registrieren.

Beide Versuche sind mit dem kleinen Apparat von 30 mm Schneidelänge gemacht. Aus der Größe der Aufspaltung ergeben sich die Inhomogenitäten. Die Daten der Versuche sind die folgenden:

Versuch 11. 8. 1924, Fig. 18: Scharfe Schneide, Spalt im Spaltpol 1,2 mm breit, Abstand Schneide—Ebene des Spaltpols 1,2 mm. Abstand des unabgelenkten Strahls von der Schneide 0,26 mm. Mittlere Ablenkung des abgestoßenen Strahls 0,075 mm. *Niederschlag nicht entwickelt.* Inhomogenität 120 000 Gauss·cm^{-1}.

Versuch 14. 8. 1924, Fig. 20c: Schwach (etwa 0,15 mm) abgeflachte Schneide, Spalt im Spaltpol 1,2 mm breit. Abstand Schneide—Ebene des Spaltpols 0,6 mm. Abstand des unabgelenkten Strahls von der Schneide 0,26 mm. Verdampfungstemperatur 1400° absolut. Mittlere Ablenkung des abgestoßenen Strahls 0,12 mm. Inhomogenität 200 000 Gauss·cm^{-1}.

Die letzte Figur zeigt, daß die Aufspaltung sich auf eine viel größere Länge (0,8 mm) erstreckt und auf ihr merklich gleichmäßig groß ist. Diese günstige Anordnung wurde daher für fast alle folgenden Versuche beibehalten.

Kupfer. Reines Elektrolytkupfer wurde zunächst im Vakuum geschmolzen und erstarren gelassen. Sodann wurde das Ofchen zertrümmert, das Metall in kleine Stückchen zerschnitten und etwa 0,5 g in ein Öfchen gebracht. Diese Füllung reicht für vier Versuche. Wenn bei schwacher Rotglut kein Wasserdampf mehr abgegeben wurde, wurden Kühlgefäße mit flüssiger Luft beschickt. Über etwa 650° erfolgte dann eine mehr oder weniger starke Sauerstoffabgabe, indem das beim Lagern des Kupfers sich bildende Oxyd reduziert wird. Etwa beim Schmelzpunkt beginnt schwächste Verdampfung; es wurde bei rund 1700° absolut etwa eine halbe bis eine Stunde lang verdampft. Verdampfte man in 20 Minuten die gleiche Menge (also bei höheren Temperaturen), so wurde der Niederschlag unscharf.

188 *W. Gerlach.*

Fig. 19 zeigt einen Versuch, welcher ganz schwach mit Silber entwickelt wurde, um eine bessere Mikrophotographie davon herstellen zu können. Im ganzen sind 5 Kupferversuche gemacht, davon zwei im direkten Wechsel mit Silberversuchen, so daß diese zu einer relativen Messung des magnetischen Moments des Kupferatoms verwendet werden können. Nach der obenstehenden Formel (S. 184) müssen bei gleichen geometrischen Abmessungen und Feldwerten ($\partial \mathfrak{H} / \partial s = 200\,000$ Gauss·cm^{-1}) die Ablenkungen sich umgekehrt wie die Verdampfungstemperaturen verhalten. Das Verhältnis der letzteren war

$$\frac{T_{\text{Kupfer}}}{T_{\text{Silber}}} = 1{,}2 \, .$$

Die Daten der Kupferversuche sind

	Versuch 25. 8. 1924	Versuch 16. 8. 1924
Aufspaltungsstrecke breit . .	±0,013 mm	±0,02 mm
„ lang . .	0,75 „	0,75 „
Mittlere Ablenkung des abgestoßenen Strahls . . .	0,092 „	0,10 „

Zum Vergleich wurde der beste Silberversuch herangezogen, der eine Ablenkung von 0,12 mm ergeben hatte.

Das Verhältnis der gemessenen Ablenkungen bei den zwei Versuchen

$$\frac{s_{\text{Silber}}}{s_{\text{Kupfer}}} = 1{,}2 \text{ bzw. } 1{,}3, \text{ Mittel } 1{,}25.$$

Berücksichtigte man die für Kupfer geringere Korrektion wegen der kleinen Veränderung der Inhomogenität bei der kleineren Ablenkung längs des Weges im Feld, so wurde die Übereinstimmung besser. Doch führte man die Rechnung nicht aus, um keine nicht vorhandene Genauigkeit des Experiments vorzutäuschen. Die übrigen drei, mit anderen Anordnungen ausgeführten Versuche ergaben stets eine ganz gleichartige Aufspaltung.

Gold. (Fig. 20, Taf. IV.) Es sind 3 Versuche mit Magnetfeld ausgeführt, davon einer mit einer früheren Apparatur und zwei wechselweise mit einem Silberversuch. Die Aufspaltung dieser beiden Versuche wurde zu 0,09—0,10 mm, also im Mittel 0,095 mm gemessen. Die Verdampfungstemperatur

Über die Richtungsquantelung im Magnetfeld II.   189

wurde nicht bestimmt. Jedoch ist diese zu schätzen als nur
wenig höher als die Kupferverdampfungstemperatur, da beide
Metalle in ganz gleichen Öfchen verdampft wurden, Gold mit
142, Kupfer mit 139 Watt Öfchenbelastung. Die 25 Proz. geringere Aufspaltung als Silber entspricht also dem rezi-
proken Verhalten der Verdampfungstemperatur. Das normale
Goldatom hat ebenfalls *ein* Bohrsches Magneton. Hiermit
ist bewiesen, daß die in der ersten Spalte des periodischen
Systems stehenden Elemente Kupfer, Silber, Gold, ein magnetisches Moment haben, welches für alle den von der Quantentheorie geforderten Wert hat. Die Einstellung der Atome
im Feld erfolgt gemäß der Richtungsquantelungstheorie.

b) Thallium.

Mit Thallium sind bisher nur die schon a. a. O. II. mitgeteilten Versuche ausgeführt. Das Ergebnis, eine schwache
Verbreiterung im Felde, läßt auf eine geringe magnetische
Beeinflussung schließen. Die Verbreiterung und das Fehlen
nicht abgelenkter Atome ist leicht sicher zu stellen, weil hiermit
eine sofort in die Augen fallende Intensitätsverminderung des
unentwickelten Bildes im Inhomogenitätsbereich einhergeht.

c) Zinn.

Mit Zinn waren früher (a. a. O. II.) zwei Versuche gemacht, welche eine sichere Entscheidung nicht gestatteten.
Nun sind sieben weitere Versuche, darunter einer ohne Feld, abwechselnd mit Kontrollmessungen mit Silber und Kupfer ausgeführt worden. Wie in der vorläufigen Notiz mitgeteilt, ver-
breiterten sich die Sn-Niederschläge mit längerer Entwicklung
recht beträchtlich. Dies kam, wie sicher aufgeklärt ist, durch
zu hohe Strahldichte. Zinn ist zunächst mit einer Oxydschicht
bedeckt, welche die Atome nicht hindurch läßt. Man muß
auf über 1200^0 erhitzen, bis merkliche Verdampfung eintritt.
Dann nimmt die Verdampfung plötzlich ganz außerordentlich
zu, man muß die Temperatur des Öfchens um $200—300^0$
erniedrigen. Offenbar wird das Oxyd im Hochvakuum reduziert
oder durch das Hin- und Herlaufen des geschmolzenen Zinns
im Öfchen[1]) mechanisch entfernt. Bei schnell hintereinander

---

1) Vgl. E. Tiede u. E. Birnbräuer, Ztschr. f. anorgan. Chem. 87.
S. 129. 1914.

folgenden Versuchen ohne neue Beschickung des Öfchens fällt die anfängliche Überhitzung fort, die Oberfläche oxydiert sich an der Luft nur langsam. Alle Versuche ergaben nun eindeutig *keine* Beeinflussung des Atomstrahls durch das Magnetfeld: Fig. 21 auf Taf. V gibt einen Versuch mit Feld.

Überraschende Bilder ergaben sich bei Verdampfung mit sehr hoher Strahldichte (Fig. 22, Taf. V). Bei der Entwicklung des unsichtbaren Niederschlags erschien fast momentan ein Profil des ganzen Feldraumes; die hintereinander herlaufenden Atome stören sich, der Atomstrahl verbreitert sich und „photographiert" so als Schattenbild das Profil der Polschuhe. Der eigentliche Strich, das Spaltbild selbst, erscheint dabei als Negativ, es entwickelt sich nicht. Gleichzeitig sieht man auch aus dieser Photographie — die mit Magnetfeld 200000 Gauß cm^{-1} aufgenommen —, daß das Spaltbild vollkommen glatt an der Schneide vorbeiläuft, also keine Beeinflussung vorhanden ist.

d) Blei.

Zu den 5 Versuchen mit 100000 Gauß cm^{-1} der a. a. O. II Mitteilung wurden zwei weitere mit starkem Feldgefälle hinzugefügt. Die Fig. 23 auf Taf. V gibt einen *ohne Entwicklung* erhaltenen Niederschlag; um ihn genügend dick zu bekommen, mußten 2 Verdampfungsversuche auf dasselbe Plättchen ausgeführt werden. Dies ist mit der Anordnung ohne irgendwelche Bedenken möglich, da das Plättchen relativ zum Feld starr gehalten ist. Man kann aber die erforderliche Menge nicht in einem Versuch verdampfen, da der Spalt völlig zuwachsen würde. Das Niederschlagsplättchen aus 0,2 mm dickem Spiegelglas ist mit flüssiger Luft gekühlt. Das frühere Ergebnis: *Keine Einwirkung des Magnetfeldes* ist also völlig bestätigt.

e) Antimon und Wismut.

Es wurden 5 Versuche mit *Antimon* ausgeführt, davon drei mit Magnetfeld 200000 Gauß cm^{-1}. Die Verdampfungstemperatur lag zwischen 400 und 500⁰ C, das Auffangeplättchen war mit flüssiger Luft gekühlt. Fig. 27 zeigt einen Versuch mit Feld. Der Niederschlag war ohne Entwicklung gut sichtbar als gerader Strich. Während der ohne Feld aufgenommene

Niederschlag nicht verdickt wurde, entwickelte man den mit
Feld, um eine eventuelle schwache Beeinflussung doch sichtbar
zu machen: Der Strich blieb absolut gerade: es tritt keinerlei
Beeinflussung des Strahls durch das Feld ein. Bezüglich der
Frage, ob der Strahl aus Atomen oder Molekülen besteht,
siehe das folgende Kapitel.

Auch *Wismut* wurde auf gekühlten Plättchen aufgefangen.
Es ergab sich stets — 7 Versuche mit Feld und Kontrollversuch mit Silber — außer dem unabgelenkten Strahl ein
außerordentlich stark angezogener Strahl. Fig. 25, 26 auf
Taf. V zeigt zwei Bilder. Eine nähere Diskussion sei zurück-
gestellt, bis weitere Versuche vorliegen. Auch hier sei nochmals auf die äußerst auffallende Entwicklungsanomalie hingewiesen: im durchfallenden Licht ist die Mitte des unabgelenkten Strahles hell, begrenzt von dunklen Rändern:
sicherlich keine Aufspaltung! Und weiterhin sieht man sehr
deutlich das Herauslaufen des abgelenkten Strahls aus dem
unabgelenkten an der Verminderung der Niederschlagsdichte.

f) Nickel.

Mit Nickel (chemisch reinstes Metall von W. C. Heraeus,
Hanau, vakuumgeschmolzen) wurden 11 Versuche gemacht,
darunter zwei ohne Magnetfeld. Verdampft wurde $1^1/_4$ bis
2 Stunden bei einer Heizung von etwa 130 Watt; das entspricht einer Temperatur von rund 1400—1500°; gemessen
wurde die Temperatur nicht. Die Inhomogenität bei 2 Versuchen war 100000, bei den übrigen 200000 Gauß cm⁻¹.
Sämtliche Niederschläge mußten entwickelt werden, jedoch
kam das Bild stets nach sekundenlanger Entwicklung schon
ganz stark heraus. *Alle mit Magnetfeld gemachten Aufnahmen
zeigten eine außerordentlich starke Beeinflussung des Atomstrahls
durch das Feld*: Der Niederschlag war zunächst nach beiden
Seiten sehr stark verbreitert, so daß sich stets die Konturen
der Magnetpole abzeichneten. Da die Verteilung der Inhomogenität bei dem weiten (1,1 mm) Abstand der Polschuhe zu
ungünstig ist, ergab sich in der Mitte nur ein kurzer dicker
verwaschener Klecks. Es wurden daher die neun übrigen Versuche mit dem engen Abstand gemacht, wo sich eine starke
Beeinflussung des Silberatomstrahls auf über 1 mm Länge

192   *W. Gerlach.*

ergeben hatte. Schon der erste Versuch mit dieser Anordnung
zeigte deutliche Struktur: der mittler verbreiterte Teil ließ
deutlich 3 Intensitätsmaxima erkennen, die bei einem Versuch,
Fig. 28a auf Taf. IV, sich auch recht gut entwickelten. Es
sei dieser Versuch besprochen an Hand eines stark schemati-
sierten Bildes, Fig. 27. Man erkennt zunächst die beiden
Polschuhe mit dem Quarzfaden. Der eine Teil des Spaltpol-

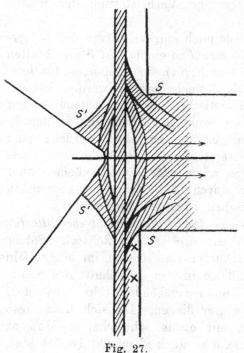

schuhes war etwa 0,25,
der andere etwa 0,17 mm
von der Mitte des Strahls
entfernt. Bei der Ent-
wicklung des Niederschlags
erscheinen zuerst die beiden Enden und sofort da-
rauf drei diskrete Striche
in der Mitte, davon einer
an Stelle des unabgelenk-
ten Strahles. Bei stär-
kerer Entwicklung *ver-
breitern* sich die beiden
Enden und die beiden
abgelenkten Strahlen, wäh-
end der mittlere Streifen
scharf bleibt. Es entstehen
dann erst die beiden breiten Schwänze *ss* gegen-
über den Ecken des Spalt-
poles, welche sich nun
aber sehr schnell dick ent-

Fig. 27.

wickeln, sowie die ausgezogenen Verbreiterungen am Schneiden-
pol *s's'*.

Die Mikrophotographie zeigt außer dem Schatten des
Fadens in der Mitte noch einen Schattenstrich gerade an der
Grenze der Aufspaltung, welcher von einem kleinen Faden an
der einen Ecke des Spaltpols herrührt (zu dessen Markierung)
und einem breiteren Schatteneinschnitt; letzterer rührt von
einer Unebenheit des einen Teils des Spaltpols her; und sein
Auftreten zeigt, daß auch der Teil des Strahls, welcher in
0,15 mm Entfernung von dem flachen Polschuhteil entfernt

Über die Richtungsquantelung im Magnetfeld II. 193

vorbei ging (× × in der schemat. Fig. 27) schon durch das Feld ganz beträchtlich verbreitert ist. Das ohne Feld aufgenommene, gleichfalls sehr starke — wohl sogar stärker als der Magnetversuch — entwickelte Bild der Fig. 28 b der Tafel zeigt die wahre Breite des unbeeinflußten Strahls und die Fig. 28 c der Tafel gibt einen *unmittelbar anschließend* an die beiden Nickelversuche ausgeführten Silberversuch mit Feld, bei welchem höchstens eine nur sehr geringe Verbreiterung der beiden Enden vorhanden ist.

Werden die Niederschläge noch stärker entwickelt, so verbreitert sich der *abgestoßene Strahl* zu einem fast 3 mm breiten Schwanz (⤝ der schematischen Figur), in dem aber bis jetzt keine Struktur mit Sicherheit nachgewiesen werden konnte. Die beiden Schwänze (schematische Fig. *s, s*) gegenüber den Ecken des Spaltpols müssen wohl als Ablenkung in der da recht beträchtlichen Inhomogenität angesehen werden, man möchte in ihnen also vorerst nicht eine Andeutung eines weiteren Aufspaltungsgliedes sehen; für dieses scheinen aber die in ihrer Ausdehnung durch die Schneide begrenzten Schwänz *s′ s′* der schematischen Figur zu sprechen.

Die Verbreiterung —▸ *des Atomstrahls spricht ebenfalls für die Anwesenheit von Atomen mit sehr starkem Moment.* Solche Atome werden schon nach kurzer Laufstrecke im Magnetfeld so stark abgelenkt sein, daß sie in den Ausschnitt des Spaltpols kommen und in dem da herrschenden sehr schwachen Feldgradienten tangential weiter fliegen. Da sich über diese die Atome lagern, welche mit etwas schwächerem Moment erst nach größerer Laufstrecke so stark abgelenkt ist, ist klar, daß eine quantenmäßige Struktur verwischt sein muß. Die den abgestoßenen Atomen korrespondierenden angezogenen fallen auf die Schneide und gehen somit verloren. Man hat, bis jetzt leider ohne Erfolg, versucht, Aufspaltungsbilder mit klareren Einzelheiten zu bekommen; doch ist von weiteren etwas modifizierten Versuchen Aufklärung zu erhoffen.

Von den 9 Versuchen zeigen drei sehr deutlich die drei diskreten Strahlen, andere nur die ganz starke Verbreiterung; ein gutes Bild zu erhalten, hängt vom Zufall ab, es muß gerade eine bestimmte Niederschlagsdicke erreicht sein; die Entwicklung eines feines Striches hängt nämlich stark davon

W. Gerlach.

ab, ob in seiner Nähe auch Kristallisationskerne liegen: hat man — wie bei Nickel — schmale und breite belegte Flächen nebeneinander, so entwickeln sich letztere viel schneller, auch wenn erstere dicker belegt sind.

Die Ausmessung des abgelenkten Streifens, unter dem Mikroskop an dem Originalplättchen gut möglich, ergibt eine Verlagerung desselben um etwa 0,18 mm, gegen 0,12 mm bei dem Silberversuch.

g) Eisen.

Die Verdampfung von Eisen in genügender Strahldichte verlangt Temperaturen solcher Höhe, welche ein Öfchen nur einmal aushält. Das Öfchen muß immer mit Al_2O_3 dick ausgestrichen sein, da die Marquardtsche Masse durchfressen wird. Die Verdampfungstemperatur lag wesentlich über dem Schmelzpunkt des reinsten, vakuumgeschmolzenen Elektrolyteisens (von Herrn Dr. F. Specketer von Griesheim-Elektron freundlichst zur Verfügung gestellt); die Marquardtsche Masse selbst wurde so weich, daß das Öfchen sich deformierte (Energiezufuhr 190—200 Watt); es hielt meist 2 Stunden. Der Niederschlag war bei allen 4 Versuchen zunächst unsichtbar, erschien aber im Entwickler *schnell zunächst als feiner gerader Strich gleichmäßiger Stärke*, zu dünn, um photographisch aufgenommen werden zu können; mit fortgesetzter Entwicklung zerreißt der anfänglich zusammenhängende Strich in einzelne Flecken, welche sich nur schwach verstärken. Fig. 29 auf Taf. V zeigt ein solches Bild.[1] Es ist so lange weiter entwickelt worden, bis das Plättchen stark verschleierte. Man erkennt aber doch deutlich an der mit dem Pfeil bezeichneten Stelle das gerade Durchlaufen des Strichs durch den Inhomogenitätsbereich. Es wurde niemals weder eine Verbreiterung, noch eine Intensitätsverminderung an dieser Stelle beobachtet, so daß eine *magnetische Beeinflußbarkeit des Eisenatoms bisher nicht festgestellt werden konnte.*

§ 10. Diskussion der Versuchsergebnisse.

Wir besprechen znuächst die Versuche, welche ein eindeutiges und endgültiges Ergebnis geliefert haben. Das sind

---

[1] Sämtliche Originale sind natürlich viel deutlicher!

Über die Richtungsquantelung im Magnetfeld II.   195

zunächst die Metalle *Kupfer*, *Silber*, *Gold*, deren vollständig
übereinstimmendes Verhalten oben bereits diskutiert wurde:
nicht nur *qualitativ* ergibt sich eine Aufspaltung des Atomstrahls in zwei Strahlen, deren einer im Sinn der Kraftlinien,
deren anderer im Gegensinn der Kraftlinien abgelenkt wird.
Auch *quantitativ* folgt aus der Größe der Aufspaltung ein
gleiches wirkendes magnetisches Moment der Atome. Da an
der Einatomigkeit[1]) des Dampfes nicht gezweifelt werden kann
(durch Dampfdichtemessungen scheint diese allerdings nur für
Silber nachgewiesen), gehört das Moment zum Normalzustand.
Die Aufspaltung in gleich große Anzahl angezogener und abgelenkter Atome war bereits a. a. O. II nachgewiesen. Diese
Atome zeigen also ganz das Verhalten, welches die Richtungsquantelungstheorie von einquantigen Atomen oder allgemeiner
solchen Atomen mit einem scheinbaren (effektiven) Moment
von einem Magneton verlangt.

Thallium verdampft gleichfalls einatomig. Wenn auch
vorerst davon abgesehen wurde, quantitative Messungen aus-
zuführen, so steht doch qualitativ die geringe magnetische
Beeinflussung mit den Aussagen der erweiterten Richtungsquantelungstheorie und dem spektroskopisch bekannten Normalzustand in Übereinstimmung.

*Blei*dampf ist gleichfalls einatomig und von *Zinn*dampf
kann dasselbe angenommen werden. Beide erleiden mit Sicherheit keine Beeinflussung durch das Magnetfeld. Die Blei- und
Zinnatome im Normalzustand sind also unmagnetisch. Auch
bei stark exponierten Aufnahmen, besonders mit Zinn ausgeführt, sind keine abgelenkten Atome zu sehen, die Konturen
des Niederschlags sind im Bereich stärkster Inhomogenität
vollkommen glatt ohne eine Andeutung eines Auslaufens oder
einer Intensitätsverminderung oder einer Verbreiterung. Der
Nachweis der Unbeeinflußtheit der Pb-Atome ist besonders
dadurch recht sicher, daß die Atome bei viel niederer Temperatur
als Silber und Kupferatome verdampft werden. Die Größe
der Ablenkung ist nämlich cet. par. der Verdampfungstemperatur umgekehrt proportional. Bei Sn hätte $\pm \frac{1}{2}$ Magneton

---

1) Zur Diskussion der Einatomigkeit im folgenden siehe
H. v. Wartenberg, Zeitschr. f. anorgan. Chem. 56. S. 320. 1908.

196   *W. Gerlach.*

sicher nachgewiesen werden können, dagegen würde $\pm$ $^1/_3$ M.
wohl vorläufig der Wahrnehmung entzogen.

Wismut- und *Antimon*dampf enthält zweifellos auch Moleküle. Dies folgt aus Messungen der Dampfdichte (Molekular-
gewichtsbestimmungen) von Biltz und von v. Wartenberg[1]
mit Antimon und von Crafts und von v. Wartenberg mit
Wismut. Wismutdampf enthält neben Mehrfachmolekülen[2]
auch Atome, während Antimondampf offenbar keine oder nur
wenige Atome und kompliziertere Moleküle als Doppelmoleküle
enthält. Das ist in Übereinstimmung mit Grotrians[3] Untersuchungen über die Linien- und Bandenabsorption von Wismut
und Antimon. Aus diesen Gründen ist eine endgültige theoretische Deutung der Bi- und Sb-Versuche unmöglich. Man
muß versuchen, überhitzten Wismut- und Antimondampf herzustellen, da oberhalb 2000° C. die Dämpfe einatomig sind. Bei
Antimon ist wieder auf die Sicherheit des Ergebnisses hin-
zuweisen, da es bei sehr niedriger Temperatur verdampft.

*Nickel*dampf wird ebenfalls als einatomig angesehen. Das
Nickelatom im Normalzustand hat ein magnetisches Moment
von mehreren Einheiten. Sicher nachgewiesen sind Ein-
stellungen, welchen 0 und $\pm i$ Magnetonen (i etwa gleich 2)
entsprechen, wahrscheinlich — wie oben schon an Hand der
Aufnahmen diskutiert — ist das Gesamtmoment des Nickel-
atomes größer als 2 oder sind auch Atome noch höheren
Moments da. Dieses Ergebnis bringt zwei neue Bestätigungen
der Richtungsquantelungstheorie: Einmal ist auch hier eine
Aufspaltung in einen angezogenen und einen abgelenkten Teil
vorhanden und zweitens ist die bei geradzahligen Moment-
zahlen verlangte „Nullstellung" vorhanden. Außerdem ist das
Auftreten der Nullinie aus den Aussagen des spektroskopischen
Wechselsatzes zu erwarten. Nickel ist das erste Beispiel, in
dem ein „Multiplett" direkt durch den Atomstrahlversuch nach-

---

1) Lit. und Näheres s. H. v. Wartenberg, a. a. O. Molekulargewicht des Antimon bei 1640° C. 284 (statt 120), des Wismuts bei 1650° C.
350 (statt 208).

2) Man kann schätzen. daß etwa 20 Moleküle im Atomdampf (oder
umgekehrt) sich in unserem Bild noch *nicht* als Niederschlag bemerkbar
machen würden.

3) W. Grotrian, Zeitschr. f. Physik 18. S. 169. 1923.

Über die Richtungsquantelung im Magnetfeld II.   197

gewiesen ist. Es ist zu hoffen, mit etwas geänderter Methodik
ein vollständigeres Aufspaltungsbild zu erhalten.

*Eisen*dampf wird als einatomig angesehen. Da eine Beeinflussung durch das Magnetfeld nicht gefunden werden konnte,
ist das Eisenatom im Normalzustand unmagnetisch. Besonders
auffallend scheint, daß von den nach der optischen Analyse
des Spektrums[1]) zu erwartenden magnetischen Zuständen,
welche dem Normalzustand energisch außerordentlich nahe
benachbart sind, im Atomstrahlversuch nichts wahrgenommen
wird. Wenn auch diese Versuche noch weiterer Vervoll-
kommnung bedürfen, so scheint doch auch der Hinweis erlaubt,
daß die Spektrumanalyse und die Absorptionsmessungen deshalb
einstweilen unvollkommen sind, weil sich letztere Messungen
nur bis etwa 2500^0 A. erstrecken, bedeutend stärkere Ab-
sorptionen aber unterhalb 2200^0 A. liegen.[2])

Verfasser möchte auch an dieser Stelle in aufrichtiger
Dankbarkeit der Stifter gedenken, welche die Ausführung
dieser Untersuchung ermöglichten: Der Notgemeinschaft
Deutscher Wissenschaft und ihrer beiden Ausschüsse, dem
Hoshi- und dem Elektrophysikausschuß, dem K-W-Institut für
Physik, Hrn. Kommerzienrat E. Zentz in München, der Firma
Messer & Co. in Frankfurt a. M.

Besonderer Dank gebührt Hrn. A. C. Cilliers aus Stellen-
bosch (Südafrika) für seine erfolgreiche Mitarbeit bei den Vor-
versuchen und dem Institutsmechanikermeister Hrn. Adolf
Schmidt für seine stete Hilfe.

Frankfurt a. M., Physikal. Institut, September 1924.

1) W. Grotrian, H. Gieseler u. W. Grotrian, O. Laporte.
2) Noch unveröffentlichte Untersuchungen des Verfassers.

(Eingegangen 7. Oktober 1924.)

M1. Immanuel Estermann, Über die Bildung von Niederschlägen durch Molekularstrahlen, Z. f. Elektrochem. u. angewandte Phys. Chem., 8, 441–447 (1925)

Nr. 8] UND ANGEWANDTE PHYSIKALISCHE CHEMIE. 441

Herr I. Estermann-Hamburg:

ÜBER DIE BILDUNG VON NIEDERSCHLÄGEN DURCH MOLEKULARSTRAHLEN.

© Springer-Verlag Berlin Heidelberg 2016
H. Schmidt-Böcking, K. Reich, A. Templeton, W. Trageser, V. Vill (Hrsg.), *Otto Sterns Veröffentlichungen – Band 4*, DOI 10.1007/978-3-662-46964-4_25

Herr I. Estermann-Hamburg:

ÜBER DIE BILDUNG VON NIEDERSCHLÄGEN DURCH MOLEKULARSTRAHLEN.

1. Allgemeines.

Bei Versuchen über die Verdichtung von Metall-dämpfen an gekühlten Flächen hat Knudsen[1]) gefunden, daß die Metallatome nur dann auf der Auffangfläche hängen bleiben, wenn deren Tem-peratur unterhalb eines kritischen Wertes liegt. Ist die Temperatur auch nur wenig höher, so werden die auftreffenden Moleküle mit außerordent-lich großer Wahrscheinlichkeit wieder reflektiert werden. Diese kritische Kondensationstemperatur fand Knudsen für Quecksilber bei — 140°, für Cadmium und Zink zwischen — 140° und — 75°.

Nach den Anschauungen von Langmuir[2]), sowie nach neueren Versuchen[3]) läßt sich diese von Knudsen und auch von Wood[4]) beobachtete Erscheinung jedoch nicht mehr einfach so deuten, daß eine Auffangfläche, deren Temperatur ober-halb der kritischen liegt, alle auftretenden Mole-küle reflektiert, während bei tieferer Temperatur alle kondensiert werden. Es ist vielmehr anzu-nehmen, daß bei jeder Temperatur zunächst alle Moleküle adsorbiert werden und nach einer ge-wissen Zeit wieder verdampfen. Nur wenn die Wiederverdampfung, die natürlich von der Tem-peratur der Auffangfläche abhängig ist, so gering ist, daß die Zahl der wieder verdampfenden Moleküle kleiner ist als die der auftreffenden, bildet sich ein bleibender Niederschlag aus und wir haben die Er-scheinung der Kondensation; übersteigt sie jedoch diesen Grenzwert, so kann sich kein Niederschlag mehr ausbilden und wir haben die Erscheinung, die Knudsen als Reflexion bezeichnet. Die Temperatur der Auffangfläche, die diesem Grenz-wert entspricht, ist die Knudsensche kritische Temperatur.

Nach dieser neuen Auffassung des Konden-sationsvorgangs sollte diese kritische Temperatur abhängig sein von der Zahl der pro Zeiteinheit auf-treffenden Moleküle und von der Wiederverdamp-fungsgeschwindigkeit, also einerseits von der Inten-sität des auftreffenden Molekularstrahls und anderer-seits von der Natur und der Temperatur der Auf-fangplatte. Von diesen Gesichtspunkten ausgehend, haben inzwischen Chariton und Semenoff[5]) diese kritische Temperatur untersucht und fest-gestellt, daß sie für die Kondensation von Cad-mium auf Glimmer bei — 77° bis — 80° C, für Cadmium auf Paraffin bei — 67° bis — 70° C liegt. Eine Abhängigkeit der Temperatur von der Konzentration der auftreffenden Moleküle wurde

ebenfalls beobachtet, jedoch konnten die Absolut-werte der Intensitäten nicht gemessen werden. Die nachstehende Arbeit, die unabhängig von den genannten Forschern, jedoch von den gleichen Gesichtspunkten ausgehend, bereits im Jahre 1923 begonnen wurde[1]), verfolgte nun den Zweck, die kritische Temperatur in ihrer Abhängigkeit von der Konzentration der auftretenden Moleküle, sowie von der Natur der Auffangfläche möglichst genau zu verfolgen, um daraus Schlüsse auf die Natur des Kondensationsvorganges ziehen zu können.

2. Apparatur und Versuchsmethode.

Da es dem Zweck der Untersuchung nach darauf ankam, die Konzentration der auftreffenden Atome möglichst genau messen zu können, wurde die Molekularstrahlmethode benutzt. In einem hoch-evakuierten Gefäß — das Vakuum muß so gut sein, daß die freie Weglänge ein Mehrfaches der Gefäßdimensionen beträgt — befindet sich er-hitztes Metall. Von den durch eine Öffnung nach allen Seiten austretenden Metalldampfatomen wird durch Blenden ein gewisser Teil ausgesondert, der schließlich die Auffangplatte trifft. Kennt man die Temperatur des Ofenraumes, so kann man aus dem Dampfdruck und den geometrischen Dimensionen des Apparates die Zahl der pro Zeit-einheit die Auffangfläche treffenden Moleküle oder Atome berechnen.

Als Versuchsanordnung wurde die im hiesigen Institut für Molekularstrahluntersuchungen aus-gearbeitete Apparatur, die für den vorliegenden

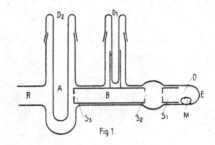

Fig 1.

Zweck entsprechend modifiziert wurde, benutzt (Fig. 1). Im Ofenraum O befindet sich ein Stück-chen M des zn untersuchenden Metalls (Zn, Cd,

¹) M. Knudsen, Ann. d. Physik 50, 472 (1916).
²) J. Langmuir, Phys. Rev. 8, 149 (1916).
³) M. Volmer und I. Estermann, Z. Ph. 7, 13 (1921).
⁴) R. W. Wood, Phil. Mag. 32, 365 (1916).
⁵) Z. Ph. 25, 287 (1924.)

¹) Die vorläufigen Ergebnisse wurden auf der Sitzung des Gauvereins Niedersachsen der Deutschen Physikali-schen Gesellschaft am 22. Juni 1924 mitgeteilt. Verh. Phys. Ges. (3) 5, 41 (1924).

442 ZEITSCHRIFT FÜR ELEKTROCHEMIE [Bd. 31, 1925

Hg), etwa 1 g schwer. Der Ofenraum ist durch einen Deckel aus Eisen, der in der Mitte bei den ersten Versuchen eine Lochblende, bei den späteren einen verschiebbaren Spalt trug, gegen den übrigen Teil des Apparates abgeschlossen. Die aus dem Spalt S_1 nach dem Cosinusgesetz austretenden Moleküle müssen zwei weitere Loch- oder Spaltblenden passieren, um an die Auffangfläche A zu gelangen. Damit nur diejenigen Moleküle, deren Bewegungsrichtung in die Verbindungslinie der drei Blenden fällt, auf die Auffangfläche treffen, waren die beiden Spalte S_2 und S_3 an einem Messingrohr B als Blendenträger befestigt, das mit flüssiger Luft gekühlt werden konnte. Zu diesem Zweck wurde auf das Dewargefäß D_1 ein Messingröhrchen mit Woodscher Legierung aufgekittet, an dem der Blendenträger befestigt war. Um Streustrahlung abzublenden, trug der Blendenträger an seinem vorderen Ende einen Wulst, der dicht an der Glaswand des Apparates anlag. Als Auffangfläche diente ein Dewargefäß D_2, das mit flüssiger Luft oder mit tiefschmelzenden organischen Flüssigkeiten gekühlt wurde. Durch das Rohr R wurde über eine Quecksilberfalle F mit einem zweistufigen Aggregat von Quecksilberdampfstrahlpumpen evakuiert. Das Vakuum wurde entweder mit einem McLeod-Manometer oder mit einem Geißler-Rohr mit 8 bis 10 cm Parallelfunkenstrecke kon rolliert und war bei den Versuchen von der Größenordnung 10^{-5} bis 10^{-6} mm Hg. Damit auch der vordere Raum des Apparates zwischen den Spalten S_1 und S_2 gut evakuiert werden konnte, waren an den Blendenträger B mehrere seitliche Löcher angebracht. Der Ofenraum wurde purch einen elektrischen Ofen aus Aluminium geheizt; die Temperatur durch ein in diesen hineingestecktes Quecksilberthermometer gemessen. Schmelzversuche mit verschiedenen Metallen im Ofenraum ergaben, daß auf diese Weise die Temperatur auf einige Grad richtig angegeben wurde. Die Temperatur der Auffangfläche wurde zuerst mit einem Pentanthermometer, bei den späteren Versuchen mit einem Kupferkonstantanthermoelement und einem Millivoltmeter gemessen. Die Anordnung der Spalte war so getroffen, daß der Spalt S_2 breiter war als der Spalt S_1. Er diente somit nicht als Abbildsspalt, sondern lediglich zum Wegfangen des größten Teils der seitlich austretenden Moleküle. Der Spalt S_3 hingegen, der nur einige Millimeter von der Auffangfläche angebracht war, diente als Schablone zur scharfen Begrenzung der Niederschläge. Die Justierung wurde, bevor der Ofenraum bei E zugeschmolzen war, durch Hindurchsehen kontrolliert. Die räumlichen Dimensionen der benutzten Apparate und der Spalte bzw. Blenden waren verschieden; sie sind bei den einzelnen Versuchen angegeben.

Die Ausführung der Versuche geschieht folgendermaßen: Zunächst wird der Apparat evakuiert. Ist nach etwa einer Stunde ein Vakuum

von etwa $^1/_{1000}$ mm erreicht, so werden zunächst der Ofenraum und das Auffangröhrchen auf 250^0 geheizt, um die an die Oberflächen absorbierten Gase auszutreiben. Nach etwa einer bis zwei weiteren Stunden wird die Quecksilberfalle mit flüssiger Luft gekühlt und in das Gefäß D_1 flüssige Luft eingefüllt und die Temperatur des Ofenraumes auf die Versuchstemperatur gesteigert. Wenn alle Teile gut entgast sind, wird die Heizung des Auffangröhrchens abgestellt und nach einiger Zeit flüssige Luft hineingefüllt. Es sollte durch diese Methode erreicht werden, daß das Auffangröhrchen erst dann kalt wurde, wenn seine Umgebung bereits die Temperatur der flüssigen Luft angenommen hatte, damit sich nur möglichst wenig Verunreinigungen darauf niederschlagen sollten. Wenn das Auffangröhrchen aus Glas bestand, wurde es vor dem Versuch sorgfältig in Kaliumbichromatschwefelsäure gekocht und dann mit destilliertem Wasser gereinigt. Ist die Temperatur des Auffangrohres genügend niedrig geworden, so schlägt sich nach einigen Minuten (die Zeitdauer hängt von der Temperatur des Ofens und von den Dimensionen des Apparates ab) ein Fleck von der Form des letzten Spaltes nieder. Durch Drehen des Auffangröhrchens mittels des oben angebrachten Schliffes wird nun eine frische Stelle vor den Spalt gebracht und zunächst festgestellt, in welcher Zeit sich bei Kühlung mit flüssiger Luft ein deutlich erkennbarer Fleck bildet. Dann wird die flüssige Luft entfernt und statt ihrer gekühlter Alkohol eingegossen (der Alkohol läßt sich, wenn er wasserfrei ist, bis etwa -150^0 unterkühlen, ohne zu kristallisieren). Nun wird bei verschiedenen Temperaturen festgestellt, ob sich noch ein Niederschlag bildet, und zwar wurde bei höheren Temperaturen mindestens 2 bis 3 mal so lange „belichtet" wie bei flüssiger Luft. Während der Bildung der Niederschläge wurde die Temperatur des Auffangröhrchens durch Zutropfen von flüssiger Luft auf etwa 2 bis 5^0 konstant gehalten.

3. Versuchergebnisse.

Zunächst wurden einige orientierende Versuche angestellt, um festzustellen, ob und in welcher Weise die kritische Temperatur von der Intensität des Molekularstrahls abhängig ist. Die schemati-

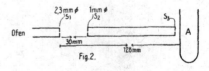

Fig. 2.

sche Anordnung und die Größe der Lochblenden sind in Fig. 2, die Ergebnisse eines solchen Versuchs als Beispiel in Tabelle 1 mitgeteilt.

Tabelle 1.

Versuch 14. Cadmium. Auffangröhrchen: Glas.

Fleck Nr.	Ofentemperatur °C	Auffangtemperatur °C	Zeit Min.	[1]	Bemerkungen
1	310	− 125	?	+	Cd fest
2	310	− 120	2	+	
3	320	− 115	2	+	
4	320	− 90	4	−	
5	322	− 112	1	+	
6	320	− 102	3	+	
7	320	− 130	1	+	
12	350	− 95	1	+	Cd geschmol-
16	350	− 90	1	+	zen
18	355	− 88	$\frac{1}{2}$	+	
20	355	− 80	$\frac{1}{2}$	+	
21	355	− 75	1	+	
22	355	− 68	4	−	

Dieser Versuch zeigt also, daß die kritische Temperatur für die Kondensation von Kadmium auf Glas bei der benutzten Anordnung bei einer Ofentemperatur von 320° zwischen − 90° und − 102° liegt. Bei einer Ofentemperatur von 350° liegt sie jedoch zwischen − 75° und − 68°. Während bei − 75° der Fleck in 1 Minute bereits deutlich sichtbar war, war bei − 68° selbst nach der 4 fachen Zeit keine Spur zu sehen. Aus der Tatsache, daß bei − 80° der Fleck bereits nach $\frac{1}{2}$ Minute, bei − 75° dagegen erst nach 1 Minute deutlich sichtbar wurde, schließen wir, daß bei − 75° die Wiederverdampfung (bei Knudsen: Reflexion) bereits merklich ist.

Nachstehende Tabelle 2 faßt die Ergebnisse der mit dieser Anordnung ausgeführten Versuche zusammen.

Tabelle 2.

Ofentemperatur °C	Auffangtemperatur °C		Zeit Min.	Versuch Nr.
270	− 110	−	8	16
	− 180	+	1	16
280	− 110	+	5	16
	− 180	+	$1\frac{1}{2}$	15
290	− 93	−	$5\frac{1}{2}$	15
	− 95	−	6	16
	− 100	+	4	15
	− 106	+	3	16
	− 130	+	$1\frac{1}{2}$	15
310	− 85	−	$5\frac{1}{2}$	15
	− 92	−	$4\frac{1}{2}$	15
	− 98	+	3	15
	− 105	+	$1\frac{1}{2}$	15
320	− 80	−	5	16
	− 95	−+	6	15
	− 102	+	2	14
355	− 68	−	4	14
	− 75	+	1	14
365	− 40	−	5	16
	− 55	+	2	16
	tiefer	+	1	16

[1] „+" bedeutet: Fleck erschienen; „−" nicht erschienen.

Die oberen und unteren Grenzwerte der kritischen Temperatur befinden sich in nachstehender Tabelle 3.

Tabelle 3.

Ofentemperatur °C	Obere	Untere kritische Temperatur °C
	°C	
270	− 110	− 180
280	?	− 110
290	− 95	− 100
310	− 92	− 98
320	− 80	− 95
355	− 68	− 75
365	− 40	− 55

Diese Versuche zeigen deutlich, daß die kritische Kondensationstemperatur in sehr weiten Grenzen von der Ofentemperatur abhängt. Es sollte nun festgestellt werden, ob lediglich die Intensität des auftreffenden Molekularstrahles (hierunter soll die Zahl der pro Zeiteinheit auf 1 cm² der Auffangfläche auftreffenden Moleküle verstanden werden) für die kritische Temperatur maßgebend ist, oder ob, wie Knudsen[1] annahm, die Temperatur der auftreffenden Moleküle, also ihre Geschwindigkeit in Frage kommt. Hierzu wurde ein neuer Versuch mit dem gleichen Apparat, aber anderen Blendendimensionen angestellt. Die Blende S_1 hatte einen Durchmesser von 1 mm, die Blende S_2 von 0,5 mm. Da bei dieser Anordnung die Intensität des auftreffenden Molekularstrahls der Fläche der Blende S_2 ungefähr proportional ist, so war bei dem neuen Apparat bei gleicher Ofentemperatur die Intensität nur etwa $\frac{1}{4}$ der früheren. Die kritische Kondensationstemperatur lag jetzt bei einer Ofentemperatur von 330° zwischen − 100° und − 95°. Dieser kritischen Temperatur entsprach bei der früheren 4 mal so großen Intensität eine Ofentemperatur von etwa 290°, und tatsächlich ist der Dampfdruck des Cadmiums bei 290° 0,03 mm, bei 330° 0,13 mm, also rund 4 mal so groß. Für die kritische Kondensationstemperatur ist somit im wesentlichen die Konzentration der auftreffenden Moleküle maßgebend, ihrer Temperatur und kinetischen Energie kommt höchstens eine untergeordnete Bedeutung zu. Einige orientierende Versuche mit Zink auf Glas zeigten, daß hier die kritische Kondensationstemperatur bei gleichen Dampfdrucken (Intensitäten) etwas tiefer liegt als beim Cadmium.

Für quantitative Versuche war die oben beschriebene Anordnung jedoch nicht geeignet, weil sie nicht gestattet, die Intensität des Molekular-strahls exakt zu berechnen. Und zwar deshalb, weil bei den benutzten Temperaturen der Dampf-druck des Cadmiums bereits so groß ist, daß die freie Weglänge im Ofenraum wesentlich kleiner ist als der Durchmesser der Ofenblende. Infolge-

[1] N. Knudsen, a. a. O. S. 484.

dessen treten beim Passieren der Ofenblende Zusammenstöße zwischen den austretenden Molekülen auf, und es ist daher nicht mehr zulässig, die Zahl der pro Zeiteinheit austretenden Moleküle nach den Gesetzen der reinen Molekularströmung[1]) zu berechnen. Da die Strömung jedoch auch nicht rein nach den hydrodynamischen Gesetzen erfolgt, ist auch die Bunsensche Formel nicht anwendbar. Für die endgültigen Versuche mußte daher die Anordnung so gewählt werden, daß die Formeln für die Molekularströmung benutzt werden konnten, und dies wurde einerseits dadurch erreicht, daß an Stelle der runden Lochblenden schmale Spalte und andererseits so niedrige Temperaturen benutzt wurden, daß die freie Weglänge größer als die Spaltbreite war. Die Dimensionen der neuen Apparatur waren die folgenden: Der Ofenspalt S_1 war 0,28 mm breit und 2,9 mm hoch. Der Spalt S_2

Fig. 3.

war 3 mm hoch und 1,5 mm breit. Der Spalt S_3 diente wieder lediglich als Schablone zur Begrenzung der Niederschläge. Der Abstand des Ofenspalts vom Spalt 2 betrug 2 cm, die gesamte Strahllänge Ofenspalt—Auffangrohr 9,5 cm. Bei dieser Anordnung ist die Intensität des Molekularstrahls an der Auffangfläche lediglich von der Fläche des Ofenspaltes und der gegenseitigen Entfernung Ofenspalt—Auffangröhrchen abhängig; der Spalt 2 dient nur zum Auffangen der Streustrahlung. Die Temperatur des Auffangröhrchens wurde bei diesen Versuchen mit dem Thermoelement gemessen; die Eichung dieses Thermoelements, dessen zweite Lötstelle sich in Wasser von 20° befand, erfolgte bei — 39° mit schmelzendem Quecksilber, bei — 63° mit schmelzendem Chloroform, bei — 95° mit Methylalkohol, bei — 118° mit Äthylalkohol und bei 183°

mit flüssigem Sauerstoff. Im übrigen wurden die Versuche genau wie früher ausgeführt.

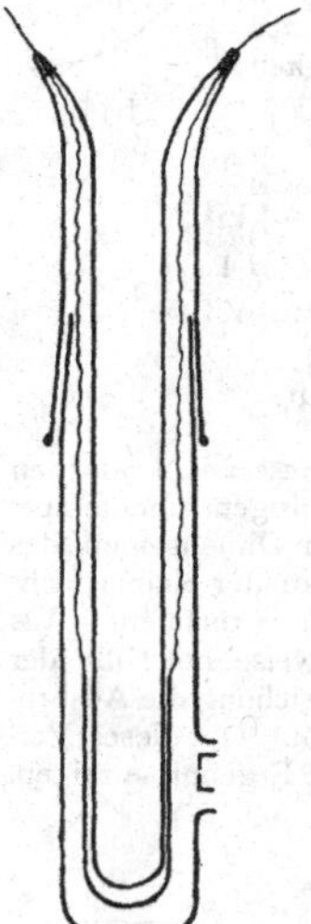

Ferner wurden einige Versuchsreihen durchgeführt, um die kritische Kondensationstemperatur auf Metalloberflächen zu bestimmen, und zwar wurden Kupfer und Silber untersucht. Hierzu wurde auf das Auffangröhrchen ein gut anschließender Zylinder aus Kupfer aufgesteckt, auf dem für die Silberversuche ein 1,5 cm breiter Ring aus Feinsilber aufgelötet war. Die Metallzylinder wurden vor jedem Versuch auf Hochglanz poliert und dann mehrmals mit absolutem Alkohol ausgekocht.

[1]) M. Knudsen, Ann. d. Physik 28, 999 (1909).

An dem Kupferzylinder waren ein Kupfer- und ein Konstantandraht angelötet, die als Thermoelement dienten und durch oben an den Schliff angesetzte Capillaren hindurchgeführt wurden. Die Dichtung geschah mit weißem Siegellack. Durch diese Anordnung konnte die Temperatur der auffangenden Metallfläche direkt gemessen werden, während bei den Versuchen mit Glas die Temperatur nur innerhalb des Auffangrohres gemessen werden konnte. Eine Überschlagsrechnung zeigte jedoch, daß unter Berücksichtigung der Wärmestrahlung sowie der Wärmeleitfähigkeit des Glases die Temperaturdifferenz zwischen der Innen- und Außenseite des Glasrohres höchstens von der Größenordnung 1° sein konnte. Bei den Auffangversuchen auf Metall war auch das Kühlverfahren etwas anders. Die Kupferhülse war etwa 20 g schwer und hielt infolge ihrer beträchtlichen Wärmekapazität sowie der guten Isolierung durch das Vakuum ihre Temperatur recht gut konstant. Daher war es überflüssig, das innere Auffangrohr noch mit einer gekühlten Flüssigkeit zu füllen, sondern wie beim dem Ausheizen und Abkühlen auf — 180° die flüssige Luft entfernt und zum Erwärmen ein langsamer Luftstrom in das Auffangröhrchen geleitet. Auf diese Weise konnte jede beliebige Temperatur erreicht und mit einigen Tropfen flüssiger Luft längere Zeit auf einige Grad konstant gehalten werde.

Die mit dieser Anordnung erhaltenen Resultate sind in nachstehender Tabelle 4 wiedergegeben. Außer den Cadmiumversuchen wurden Versuche mit Quecksilber auf Silber ausgeführt.

Tabelle 4.

Metall	Ofen-temperatur °C	Dampf-druck mm	Auffangplatte		
			Material	Millivolt	Temperatur
Cd	255	0,008	Glas	4,50	— 107°
	290	0,03	"	3,90	— 86
	(310	0,07	"	3,25	— 63)
Cd	255	0,008	Kupfer	4,60	— 111
	275	0,019	"	4,10	— 93
	290	0,03	"	3,86	— 83
	(310	0,07	"	3,60	— 74)
Cd	255	0,008	Silber	3,90	— 86
	275	0,019	"	3,60	— 74
	290	0,03	"	3,35	— 66
Hg	45	0,0083	"	4,80	— 120
	64	0,033	"	3,95	— 88

Bei den eingeklammerten Werten gelten die Gesetze der Molekularströmung nicht mehr genau. Das günstigste Auffangmaterial ist somit das Silber.

4. Berechnung des Adsorptionsdrucks und der Adsorptionswärme.

Wir gehen von dem Standpunkt aus, daß die auftreffenden Moleküle zuerst adsorbiert werden und dann wieder verdampfen. Solange die Moleküle in der Adsorptionsschicht einzeln bleiben, würden sie nach Aufhören der Bestrahlung alle wieder verdampfen. Damit sich ein bleibender Niederschlag bildet, muß sich zuerst eine „Keimschicht" bilden, und die eigentliche Kondensation erfolgt dann, wenn die Zahl der aus dieser Keimschicht verdampfenden Moleküle kleiner oder im Grenzfall gleich der Zahl der aus dem Dampfstrahl auftreffenden Moleküle ist. Die kritische Kondensationstemperatur ist also, unabhängig von jeder speziellen Hypothese über die Natur dieser Keimschicht, diejenige Temperatur, bei der die Zahl der aus der Keimschicht verdampfenden gleich der Zahl der aus dem Gasraum auftreffenden Moleküle ist. Sie ist somit keine charakteristische Konstante und wir wollen daher an ihre Stelle den Dampfdruck der Keimschicht oder den „Adsorptionsdruck" als Funktion der Temperatur einführen und die aus den oben mitgeteilten Versuchsergebnissen berechnen.

Wir berechnen hierzu die Zahl der aus dem Ofen auf die Auffangfläche gelangenden Moleküle. Nach Langmuir und Knudsen strömen aus einem Flächenelement $d\sigma$ einer Öffnung in der Zeiteinheit

$$Z_0 \cdot d\sigma = \frac{1}{4} n \bar{c} d\sigma = d\sigma \cdot \frac{1}{\sqrt{2\pi k m}} \frac{p_0}{\sqrt{T_0}}$$

Moleküle aus. Hierbei bedeuten k die Boltzmannsche Konstante $\frac{R}{N}$, p_0 den Druck im Ofenraum in absoluten Einheiten (Dyn/cm²) und T_0 die absolute Temperatur des Ofens und endlich m die Masse eines Moleküls. Die Zahl der von diesem Flächenelement $d\sigma$ der Ofenblende auf ein Flächenelement $d\sigma'$ der Auffangfläche gelangenden Moleküle läßt sich ebenfalls einfach berechnen.

Es sei $Z_0 \cdot d\sigma$ die Zahl der aus dem Flächenelement austretenden Moleküle. Dann treten im Raumwinkel $d\varkappa$, der mit der Normalen den Winkel φ bildet,

$$dZ_0 \cdot d\sigma = Z_0 \cdot d\sigma \cdot \text{konst.} \cdot \cos\varphi \cdot d\varkappa$$

Moleküle aus. Zur Bestimmung der Konstanten berechnen wir für die ganze Halbkugel unter Berücksichtigung von

$$d\varkappa = \sin\varphi \, d\varphi \, d\vartheta$$

$$Z_0 \cdot d\sigma = Z_0 \cdot d\sigma \cdot \text{konst.} \int\limits_{\varphi = -\frac{\pi}{2}}^{\varphi = \frac{\pi}{2}} \int\limits_{\vartheta = 0}^{\vartheta = \pi} \cos\varphi \, \sin\varphi \, d\varphi \, d\vartheta,$$

$$\text{oder} \quad \text{konst.} = \frac{1}{\pi}.$$

Die Zahl der aus der ganzen Ofenblende auf das Flächenelement $d\sigma'$ der Auffangplatte treffenden Moleküle ist somit

$$Z_a \cdot d\sigma' = Z_0 \cdot d\sigma' \cdot \frac{1}{\pi} \int\limits^{f_0} \cos\varphi \, d\varkappa,$$

wo

$$d\varkappa = \frac{d\sigma}{r^2}$$

ist und das Integral über die ganze Fläche der Ofenblende zu erstrecken ist. Es ist somit, da $\cos\varphi = 1$ ist,

$$Z_a \cdot d\sigma' = \frac{Z_0 \cdot f_0}{\pi r^2} d\sigma'$$

oder

$$Z_a \cdot d\sigma' = \frac{f_0}{\pi r^2} \cdot d\sigma' \cdot \frac{1}{\sqrt{2\pi k m}} \cdot \frac{p_0}{\sqrt{T_0}}.$$

Diese Zahl $Z_a \cdot d\sigma'$ ist die Zahl der bei der zur Ofentemperatur T_0 gehörenden kritischen Auffangtemperatur T_a von der Auffangplatte verdampfenden Moleküle und wir können aus ihr den Adsorptionsdruck für die Temperatur T_a in der gleichen Weise rückwärts aus der Verdampfungsgeschwindigkeit berechnen, indem wir setzen

Fig. 4.

$$Z_a \cdot d\sigma' = d\sigma' \cdot \frac{1}{\sqrt{2\pi k m}} \cdot \frac{p_a}{\sqrt{T_a}}$$

$$= \frac{f_0}{\pi r^2} \frac{d\sigma'}{\sqrt{2\pi k m}} \frac{p_0}{\sqrt{T_0}}$$

und daraus

$$p_a = \frac{f_0}{\pi r^2} \sqrt{\frac{T_a}{T_0}} \cdot p_0.$$

Wir können somit für die gemessenen kritischen Temperaturen aus den zugehörigen Ofentemperaturen und den geometrischen Dimensionen des Apparates die Adsorptionsdrucke der Keimschicht für verschiedene Temperaturen berechnen. Aus diesen berechnen wir versuchsweise mit Hilfe der Clausius-Clapeyronschen Gleichung die Adsorptionswärme für die Keimschicht. Ob dieses Verfahren zulässig ist, müssen die Ergebnisse zeigen. Wir setzen also

$$\frac{d\ln p}{dT} = \frac{L}{RT^2}$$

oder

$$L = \frac{RT_1 T_2}{T_2 - T_1} \cdot \ln\frac{p_1}{p_2} = \frac{2,3 \cdot RT_1 T_2}{T_2 - T_1} \log\frac{p_1}{p_2}.$$

5. Zahlenmäßige Ergebnisse.

Nach den angegebenen Apparatdimensionen ist $f_0 = 0,028 \cdot 0,29$ cm² und $r = 9,5$ cm, also

$$\frac{f_0}{\pi r^2} = 2,88 \cdot 10^{-5} \quad \text{und} \quad p_a = 2,88 \cdot 10^{-5} \cdot \sqrt{\frac{T_a}{T_0}} \cdot p_0.$$

Es ergibt sich demnach für Cadmium auf Glas:

Tabelle 5.

t_0 °C	T_0	p_0 mm	t_a °C	T_a	p_a mm
255	528	0,008	− 107	166	$13 \cdot 10^{-8}$
290	563	0,03	− 86	187	$48 \cdot 10^{-8}$
(310	583	0,07	− 63	210	$121 \cdot 10^{-8})$

Aus je 2 Werten von Ta und pa berechnet sich die Verdampfungswärme der Keimschicht.

$$L_{166/187} = \frac{2,3 \cdot 2 \cdot 166 \cdot 187}{21} \cdot \log \frac{49}{13}$$
$$= 3920 \text{ cal/Mol}$$

$$\left(L_{187/210} = \frac{2,3 \cdot 2 \cdot 187 \cdot 210}{23} \cdot \log \frac{121}{49}\right.$$
$$\left. = 3080 \text{ cal/Mol}\right)$$

$$\left(L_{166/210} = \frac{2,3 \cdot 2 \cdot 166 \cdot 210}{44} \cdot \log \frac{121}{13}\right.$$
$$\left. = 3540 \text{ cal/Mol}\right).$$

Die Abweichungen der eingeklammerten Werte rühren z. T. davon her, daß bei der Ofentemperatur 310° unzulässigerweise noch die Gesetze der Molekularströmung der Berechnung zugrunde gelegt sind. Für Cadmium auf Kupfer ergeben sich folgende Werte:

Tabelle 6.

t_0 °C	T_0	p_0 mm	t_a °C	T_a	p_a mm
255	528	0,008	− 111	162	$13,2 \cdot 10^{-8}$
275	548	0,019	− 93	180	$31,4 \cdot 10^{-8}$
290	563	0,03	− 83	190	$50,3 \cdot 10^{-8}$

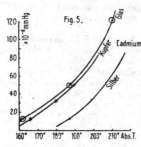

Fig. 5.

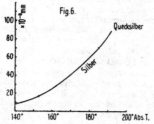

Fig. 6.

Für die Verdampfungswärme der Keimschicht von Kupfer ergibt sich somit

$$L_{162/180} = \frac{2,3 \cdot 2 \cdot 162 \cdot 180}{18} \cdot \log \frac{31,4}{13,2}$$
$$= 2910 \text{ cal/Mol}$$

$$L_{180/190} = \frac{2,3 \cdot 2 \cdot 180 \cdot 190}{10} \cdot \log \frac{50,3}{31,4}$$
$$= 3910 \text{ cal/Mol}$$

$$L_{162/190} = \frac{2,3 \cdot 2 \cdot 162 \cdot 190}{28} \cdot \log \frac{50,3}{13,2}$$
$$= 2940 \text{ cal/Mol}.$$

Die Werte für Cadmium auf Silber sind in Tabelle 7 enthalten.

Tabelle 7.

t_0 °C	T_0 °C	p_0 mm	t_a °C	T_a °C	p_a mm
255	528	0,008	− 86	187	$13,7 \cdot 10^{-8}$
275	548	0,019	− 74	199	$33,0 \cdot 10^{-8}$
290	563	0,03	− 66	207	$52,4 \cdot 10^{-8}$

Daraus:

$$L_{187/199} = \frac{2,3 \cdot 2 \cdot 187 \cdot 199}{12} \cdot \log \frac{33,0}{13,7}$$
$$= 5450 \text{ cal/Mol}$$

$$L_{199/207} = \frac{2,3 \cdot 2 \cdot 199 \cdot 207}{8} \cdot \log \frac{52,4}{33,0}$$
$$= 4790 \text{ cal/Mol}$$

$$L_{187/207} = \frac{2,2 \cdot 2 \cdot 187 \cdot 207}{20} \cdot \log \frac{52,4}{13,7}$$
$$= 5200 \text{ cal/Mol}.$$

Schließlich seien noch die Dampfdrucke der Keimschicht von Quecksilber auf Silber mitgeteilt:

Tabelle 8.

t_0 °C	T_0 °C	p_0 mm	t_a °C	T_a °C	p_a mm
45	318	0,0083	− 120	155	$16,6 \cdot 10^{-8}$
64	337	0,033	− 88	183	$70,5 \cdot 10^{-8}$

und für

$$L_{153/185} = \frac{2,3 \cdot 2 \cdot 185 \cdot 153}{32} \cdot \log \frac{70,5}{16,6}$$
$$= 2560 \text{ cal/Mol}.$$

Die Adsorptionsdruckkurven für Cadmium und Quecksilber sind in Fig. 5 und 6 dargestellt.

6. Diskussion der Resultate.

Nach der von Frenkel entwickelten Theorie[1], die von der gleichen Auffassung der Reflexion als Kondensation und Wiederverdampfung ausgeht, erfolgt der Kondensationsvorgang folgendermaßen: Jedes auftreffende Atom wird zunächst adsorbiert. Bei dünnen Schichten ist die Zahl der Teilchen der Adsorptionsschicht proportional der Zahl der auftreffenden Teilchen. Die mittlere Verweilzeit der Teilchen an der Oberfläche ist

$$\tau = \tau_0 \cdot e^{\frac{u_0}{kT}},$$

[1] J. Frenkel, Z.Ph. 26, 117 (1924).

wo τ_0 die Schwingungsperiode senkrecht zur Oberfläche und u_0 die Ablösearbeit bedeuten. Es gibt
nun eine „kritische Dichte" ν_k, wo die Teilchen
mit erheblicher Wahrscheinlichkeit während ihrer
mittleren Verweilzeit mit einem anderen zusammen-
stoßen. Ist die Affinität der Atome zueinander
größer als zu den Atomen der adsorbierenden
Unterlage, so bildet sich dann ein „Zwilling". Da
die mittlere Verweilzeit eines Atoms in einem
Zwilling infolge der größeren Ablösearbeit wesentlich größer ist als die von einem Einzelatom, so
beginnt bei dieser kritischen Dichte, die mit abnehmender Temperatur um so kleiner wird, die
Bildung eines bleibenden Niederschlags[1]). Bei der
quantitativen Behandlung nimmt Frenkel an, daß
für die Verdampfungswahrscheinlichkeit eines
Atoms aus einem Zwilling nur die gegenseitige
Bindung der beiden Atome berücksichtigt werden
muß, daß somit die reine Adsorptionsarbeit eines
isolierten Atoms dagegen vernachlässigt werden kann.

Beim Vergleich unserer Ergebnisse mit dieser
Theorie ergibt sich, daß die Theorie in großen
Zügen bestätigt wird. Denn die gefundenen Verdampfungswärmen aus der Keimschicht betragen
etwa $^1/_5$ bis $^1/_7$ der Verdampfungswärmen des festen
Metalls (Cd 26000 cal/Mol, Hg 12400 cal/Mol).
Diese Zahlen sprechen für den Zwilling als wesent-
liches Glied der Keimschicht, da die Arbeit, die
erforderlich ist, um ein Atom von einem zweiten
loszureißen, überschlagsmäßig etwa $^1/_5$ bis $^1/_7$ der
Arbeit sein wird, die man braucht, um ein Atom
aus der Oberfläche eines festen Kristalls zu entfernen.

Dagegen ist die Vereinfachung, die durch die
Nichtberücksichtigung der Ablösearbeit von der
Unterlage bei der Frenkelschen Theorie gemacht
wird, nach unseren Resultaten nicht zulässig, denn
die beim Cadmium gemessenen Verdampfungswärmen von den drei Unterlagen Glas, Kupfer
und Silber zeigen erheblich verschiedene Werte.
Wie der Vergleich der gemessenen Werte zeigt,
ist beim Silber die Ablösearbeit von der Unterlage
ungefähr von der gleichen Größenordnung wie die
Dissoziationsarbeit eines Zwillings. Schließlich sei
noch bemerkt, daß nach unseren Versuchen, die
von Frenkel angenommene Beschränkung, daß
die Unterlage ein Dielektrikum sein müsse, nicht
notwendig ist, da bei metallischen Unterlagen
ganz analoge Erscheinungen auftreten. Die Versuche bestätigen ferner die in der Fußnote erwähnte Voraussetzung, daß die Bewegungsgeschwindigkeit der Atome in der Adsorptionsschicht unter
den hier vorliegenden Bedingungen sehr groß
gegenüber der mittleren Verweilzeit ist[2]).

---

[1]) Herr O. Stern machte mich freundlich darauf
aufmerksam, daß bei diesen Annahmen implizite vorausgesetzt wird, daß die Bewegungsgeschwindigkeit eines
Teilchens in der Adsorptionsschicht sehr groß gegenüber der mittleren Verweilzeit ist.

[2]) Vgl. hierzu I. Estermann, Z.Ph.Ch. 106, 403
(1923), sowie eine demnächst in der Z.Ph. erscheinende
Mitteilung.

Zum Schluß seien noch einige Worte über
Genauigkeit der Versuchsmethode gesagt. Die
Messungen der kritischen Kondensationstemperatur
sind bei den zur Berechnung der Verdampfungswärmen benutzten Versuche aus 1 bis 2° richtig
anzunehmen. Daraus ergibt sich, daß für die Verdampfungswärmen in den ungünstigsten Fällen,
wo nur ein kleines Δt von 8 bis 12° benutzt
wurde, nur auf etwa 10 bis 15% richtig sind.
Den Abweichungen unter den einzelnen Werten
von diesem Betrage kommt somit keine weitere
Bedeutung zu. Es scheint demnach, daß sich der
Adsorptionsdruck von Metallen auf festen Unterlagen wenigstens in einem gewissen Bereich als
exponentiell mit der Temperatur ansteigende Funktion darstellen läßt, oder mit anderen Worten,
daß sich die Clausius-Clapeyronsche Gleichung
auch im Falle der Adsorption anwenden läßt.

7. Zusammenfassung.

1. Die Abhängigkeit der kritischen Kondensationstemperatur von der Dichte und der Temperatur der auftreffenden Moleküle wird mittels
der Molekularstrahlmethode untersucht. Es zeigt
sich, daß diese Temperatur in sehr weiten Grenzen
von der Dichte der auftreffenden Moleküle abhängig ist. Bei Cadmium auf Glas konnte sie
zwischen — 50° und — 110° variiert werden.
Eine Abhängigkeit von der Temperatur (kinetische
Energie) der Moleküle konnte nicht festgestellt
werden.

2. Die kritische Kondensationstemperatur hängt
vom Material der Unterlage ab. Gemessen wurde
sie für Cadmium auf Silber, Kupfer und Glas und
für Quecksilber auf Silber.

3. An Stelle der kritischen Temperatur wird
der Dampfdruck der Keimschicht (Adsorptionsdruck) eingeführt und in Abhängigkeit von der
Temperatur gemessen. Er ist etwa 10 Zehnerpotenzen größer als der Dampfdruck des festen
Metalls bei der gleichen Temperatur.

4. Aus den Adsorptionsdrucken werden die
Adsorptionswärmen (Verdampfungswärmen der
Keimschicht) mittels der Clausiusschen Gleichungen berechnet. Sie betragen Cadmium auf
Glas ca. 3500 cal/Mol, für Cadmium auf Kupfer
ca. 3000 cal/Mol, Cadmium auf Silber ca. 5000
cal/Mol und Quecksilber auf Silber ca. 2500 cal/Mol.

5. Diese Werte stützen die von Frenkel ver-
tretene Auffassung, daß der maßgebende Faktor
bei der Kondensation die Bildung eines Zwillings
darstellt, und daß die ersten Keime solche zwei-
atomige Aggregate sind.

Institut für Physikalische Chemie der Hamburgischen Universität, Mai 1925.

M2

M2. Alfred Leu, Versuche über die Ablenkung von Molekularstrahlen im Magnetfeld, Z. Phys. 41, 551–562 (1927)

[Untersuchungen zur Molekularstrahlmethode aus dem Institut für physikalische Chemie der Hamburgischen Universität. Nr. 4] [1]).

Versuche über die Ablenkung von Molekularstrahlen im Magnetfeld.

Von Alfred Leu in Hamburg.

[Untersuchungen zur Molekularstrahlmethode aus dem Institut für physikalische Chemie der Hamburgischen Universität. Nr. 4][1]).

Versuche über die Ablenkung von Molekularstrahlen im Magnetfeld.

Von **Alfred Leu** in Hamburg.

Mit 8 Abbildungen. (Eingegangen am 22. Dezember 1926.)

Es wurde die Gerlach-Sternsche Methode weiter ausgearbeitet und die magnetischen Momente von K, Na und Tl damit bestimmt.

Aufgabe der vorliegenden Arbeit ist die Ausarbeitung der Gerlach-Sternschen Methode zur Bestimmung magnetischer Momente durch Ablenkung von Molekularstrahlen im inhomogenen Magnetfeld unter Berücksichtigung der in den vorhergehenden Arbeiten [U. z. M. 1,2][2]) als wesentlich hervorgehobenen Gesichtspunkte.

1. Ausbildung des Ofenloches als schmalen Spalt.
2. Starre Verbindung von Ofenspalt und Abbildespalt.
3. Beobachtung der Aufspaltungsbilder im Vakuum.

Da höher siedende Stoffe wie Kalium, Natrium und Thallium untersucht werden sollten, mußte die Apparatur gegenüber der in den oben erwähnten Arbeiten beschriebenen Apparatur abgeändert werden. Von mehreren ausgeführten Konstruktionen hat die folgende sich als besonders brauchbar erwiesen.

1. Beschreibung der Apparatur.

Fig. 1 gibt die Skizze des endgültigen Apparates. Die Strahlen gehen vom Ofenspalt (4) aus. Durch den starr mit dem Ofen verbundenen Abbildespalt (5) wird ein schmaler Strahl ausgeblendet. Dieser läuft durch das enge Glasrohr (7), an dem außen die Polschuhe des Elektromagneten anliegen, so daß der Strahl auf dieser Strecke durch ein inhomogenes Magnetfeld läuft. Der aufgespaltene Strahl wird dann auf der mit flüssiger Luft gekühlten Auffangefläche (8) aufgefangen und das so entstandene Bild mit Hilfe des Prismas (9) durch das Fenster (10) von außen mit dem Mikroskop beobachtet.

---

[1]) Hamburger Dissertation 1925.
[2]) O. Stern, ZS. f. Phys. **39**, 751 ff., 1926; F. Knauer und O. Stern, ebenda, S. 764 ff.

552   Alfred Leu,

Im folgenden seien die Einzelheiten der Apparatur etwas näher beschrieben.

a) Ofen. Der Ofen besteht aus dem Kupferblock (3) und sitzt auf
dem Konstantanrohr (2), das durch eine von außen in das Konstantanrohr
eingeschobene Spirale (1) geheizt wird. Fig. 2 gibt eine genauere Skizze
des Ofens. Der in der Mitte ins Konstantan eingelassene Kupferzapfen

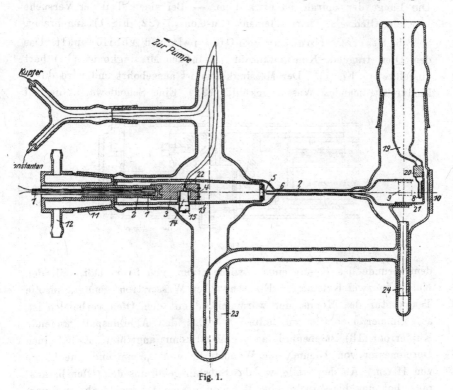

Fig. 1.

sorgt dafür, daß auch bei Erwärmung der Kupferblock fest auf dem
Konstantan sitzt. Die zu verdampfende Substanz befindet sich im
Substanzgefäß (15) und verdampft von dort in das Ofenansatzrohr (14).
Der Dampf strömt dann durch die Bohrungen (16) zum Ofenspalt (4).
Wie aus der Figur ersichtlich, ist die Wärmezuführung zum Ofenspalt (4)
größer als die zum Substanzgefäß (15); denn der Ofenspalt bekommt
von der Heizung durch den gut wärmeleitenden Kupferblock die Wärme
zugeführt, während das Substanzgefäß nur Wärme durch das dünnwandige
Ofenansatzrohr erhält. Der Ofenspalt muß eine höhere Temperatur
haben als der Substanzraum, weil sonst durch Kondensation der Metall-

Versuche über die Ablenkung von Molekularstrahlen im Magnetfeld.   553

dämpfe der Ofenspalt zuwächst.   Der größeren Haltbarkeit wegen sind
der Ofenspalt und die Schrauben, die zum Befestigen des Ofenspaltes
dienen, aus Phosphorbronze hergestellt. — Die zur Heizung des Ofens
benutzte Spirale, die in das Konstantanrohr eingeschoben wird, besteht
aus Platindraht von 0,2 mm Durchmesser und 40 cm Länge. Der Platindraht ist auf ein dünnes Quarzrohr aufgewickelt und mit Asbest isoliert.
Die Länge der Spirale ist etwa 1 cm. — Bei einem Teil der Versuche
war am Ofen ein Thermoelement (Cu-Konst.) (22, Fig. 1) angebracht.

b) Starre Verbindung von Ofenspalt und Abbildespalt. Das
den Ofen tragende Konstantanrohr ist in den Messingkonus (11) hart
eingelötet (s. Fig. 1). Der Messingkonus ist ausgebohrt und wird durch
hindurchströmendes Wasser gekühlt (12). Eine Scheidewand, die auf

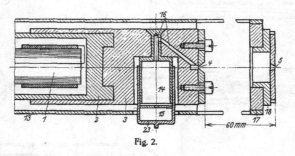

Fig. 2.

dem Grunde des Konus einen Zwischenraum von 5 mm läßt, teilt den
Kühler in zwei Kammern. Ein schwacher Wasserstrom genügt, um die
Temperatur des Konus, der wärmeleitend mit dem Ofen verbunden ist,
auf Zimmertemperatur zu halten. — Das den Abbildespalt tragende
Kupferrohr (13) ist ebenfalls an den Metallkonus angelötet. Es hat einen
Durchmesser von 15 mm, eine Wandstärke von 0,5 mm und eine Länge
von 12 cm. An der Stelle, wo das Substanzgefäß aus dem Ofen heraus-
ragt, hat das Kupferrohr eine Bohrung. Vom Ofenspalt ab sind vom
Kupferrohr nur zwei sich gegenüberstehende Lappen von 5 mm Breite
stehengeblieben. Diese werden am Ende durch einen angelöteten Metall-
ring (17, Fig. 2), in dem der Abbildespalt drehbar angebracht ist, zu-
sammengehalten. Der Abstand von Ofenspalt und Abbildespalt ist
somit festgelegt auf 6 cm.

c) Glasapparat. Der Glasapparat ist aus gewöhnlichem Thüringer
Glas angefertigt, nur das Dewargefäß (19) ist aus Felsenglas. Der untere
Teil ist flachgedrückt und dient als Auffangefläche (8). Ferner sitzt
auf diesem Dewargefäß die Hülse (20). Das Glasrohr ist an dieser Stelle

36*

wegen des besseren Wärmekontaktes verkupfert. [Vgl. U. z. M. 2][1]). Die Hülse kühlt durch Vermittlung der Federn (21) das enge Kupferrohr (6), das in dem Glasrohr (7) sitzt. Dieses Kupferrohr dient dazu, die Streustrahlung abzufangen.

2. Versuchsvorbereitungen.

a) **Justierung der Spalte.** Zunächst wird der Ofenspalt eingestellt. Eine Spaltbacke wird festgeschraubt und die andere Spaltbacke durch Zwischenlegen von Platinblech auf die richtige Spaltbreite eingestellt. Ein Fadenkreuzokular im Ablesemikroskop wird verwendet, um Ofenspalt und eine Spaltbacke des Abbildespaltes parallel zu stellen. Man stellt zunächst das Fadenkreuz parallel mit dem Ofenspalt, stellt dann das Mikroskop auf die Spaltbacke ein und verdreht nun den Messingteller (18, Fig. 2), bis Spaltbacke und Fadenkreuz parallel sind. Einige Übung in der Einstellung und mikroskopischen Ablesung gewährleistet bald eine Spaltparallelität von annähernd 5 μ. Dann wird die zweite Spaltbacke des Abbildespaltes bis zur Versuchsbreite herangeschoben.

b) **Einfüllen der Substanz.** Die zu untersuchende Substanz wird in das Substanzgefäß (15) gefüllt. Bei den Versuchen mit Kalium und Natrium wurden anfangs kleine Glasgefäße im Vakuum gefüllt und zugeschmolzen. Vor jedem Versuch wurde ein Gefäß aufgeschnitten und schnell in das Substanzgefäß gebracht. Da bei dieser Methode die Bildung einer störenden Hydroxydschicht unvermeidlich war, wurde später folgendermaßen verfahren. Die Substanz (K, Na) wurde unter Xylol zu kleinen Kugeln geschmolzen, dann in reinem Benzin gewaschen und so in das Substanzgefäß gebracht. Die Flüssigkeitshaut schützt die reine Substanz vor Oxydierung. Andererseits schadet das leichtflüchtige Benzin nicht, denn es verdampft im Vakuum rasch und ohne Rückstand.

c) **Auffangefläche.** Die Auffangefläche (8) wurde meistens chemisch versilbert. Einige Versuche wurden auch mit unversilberter oder platinierter Auffangefläche gemacht.

3. Verlauf des Versuchs.

Während des Evakuierens wird der Ofen nahezu auf Versuchstemperatur gehalten. Erst wenn das Vakuum der Größenordnung nach eine Höhe von 10^{-4} mm erreicht hat, werden die beiden Absorptionsgefäße (23, 24, Fig. 1) gekühlt. Auf diese Weise wird der Druck im Apparat während des Versuchs kleiner als 10^{-5} mm gehalten. Das

---

[1]) ZS. f. Phys. **39**, 768, 1926.

Versuche über die Ablenkung von Molekularstrahlen im Magnetfeld.   555

Vakuum wurde mit einem Geißlerrohr geprüft. Das Absorptionsgefäß (24) sorgt dafür, daß die Metallteile in der Nähe der Auffangefläche vorgekühlt werden, denn sonst schlagen sich bei Beginn der Kühlung der Auffangefläche die aus den Metallteilen austretenden Dämpfe auf der kälteren Auffangefläche nieder. Nach Kühlung der Auffangefläche erscheint der aufgespaltene Strich nach einer von Aufspaltung und Entfernung von Ofenspalt und Auffangefläche abhängigen Zeit (5 Min. bis 2 Stdn., s. Tabelle 3 auf S. 560). Strichbreite und Abstand der Striche wurden mit Hilfe eines Mikroskops mit Okularskale ausgemessen.

4. Versuchsergebnisse bei Zink, Cadmium, Kalium, Natrium[1]) und Thallium[2]).

Mit dieser Versuchsanordnung wurden Zink, Cadmium, Kalium, Natrium und Thallium untersucht. Ofenspalt bzw. Abbildespalt hatten eine Breite von 10 bzw. 20 μ. Versuche ohne Feld gaben den geometrischen Dimensionen entsprechende Striche. Versuche im Felde gaben bei Zink und Cadmium Striche von genau der Breite wie bei Versuchen ohne Feld. Zink- und Cadmiumatom haben kein magnetisches Moment.

Bei den Versuchen mit Kalium und Natrium lag der Verdacht vor, daß das seitliche Abrutschen der Moleküle die Ergebnisse fälschen könnte. Da der Einfluß dieses Effektes, falls er vorhanden ist, bei genügend großer Aufspaltung unmerklich werden muß, wurde zu immer größeren Aufspaltungen über-

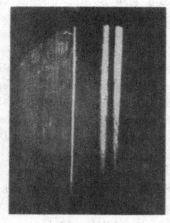

a   b
Fig. 3.

gegangen (s. Tabelle 3 auf S. 560). Die Übereinstimmung der für verschieden große Aufspaltungen erhaltenen Meßresultate zeigt, daß dieser Effekt bei unseren Versuchen keine Rolle spielt. Doch wird zurzeit am hiesigen Institut dieser Effekt noch genauer untersucht. Fig. 3 zeigt ein

---

[1]) Bereits roh von K. Riggert und O. Stern untersucht, siehe A. Sommerfeld, Atombau, 4. Auflage, S. 633, sowie von J. B. Taylor, Phys. Rev. **28**, 576, 1926, s. U. z. M. 5.

[2]) Von Gerlach untersucht, aber nicht aufgespalten. Phys. ZS. **25**, 618, 1924.

*

556   Alfred Leu,

Versuchsergebnis mit Natrium.   a) Ein Niederschlag ohne Feld, b) ein Niederschlag mit Feld.

Die Versuche mit Thallium stießen lange Zeit auf große Schwierigkeiten. Während des Versuchs kam zwischen äußerer Hülse (23) und Ofen mehr Thalliumdampf hindurch als durch die Bohrungen, die vom Ofen zu dem Spalt führen. Dieser seitlich ausgestrahlte Thalliumdampf verursacht Streustrahlung, die sich in der Abbildung auf der Auffangfläche sehr störend bemerkbar macht. Schließlich wurde die äußere Hülse (23) aus Eisen angefertigt und leicht über das Ofenansatzrohr geschoben. Bei Erwärmung wurde der Ofen durch die stärkere Ausdehnung des Kupfers fest verschlossen. Nach dem Versuch ließ sich die Hülse leicht entfernen. Es zeigte sich, daß das flüssige Thallium mit der Eisenhülse nicht in Berührung kommen darf, da es sich dann mit einer Haut überzieht, die das weitere Verdampfen des Thalliums stark beeinträchtigt. Das Thallium wurde deshalb in ein Gefäß aus Phosphorbronze gefüllt. Nachdem das Phosphorbronzegefäß in die Hülse gesteckt war, wurde ein Deckel mit einem 2 mm großen Loch in die Hülse eingepaßt. Er bewirkte die Aufhebung des lästigen Heraufkriechens des Thalliums an der Gefäßwandung. Fig. 4 zeigt ein Versuchsergebnis Thallium mit Feld.

Fig. 4.

5. Ausmessung der Inhomogenität des Magnetfeldes.

Bevor Näheres über die Auswertung der Versuchsergebnisse gesagt wird, soll zunächst noch einiges über die Ausmessung des Magnetfeldes $\mathfrak{H}$ angegeben werden. Fig. 5 zeigt die Polschuhanordnung Schneide gegen Spalt zur Erzeugung des inhomogenen Feldes. Zur quantitativen Auswertung der Versuchsergebnisse ist die Kenntnis der Inhomogenität des Magnetfeldes in Richtung z der Ablenkung erforderlich. Sie wurde bestimmt aus Messungen von $|\mathfrak{H}|$ und $\mathfrak{H} \cdot \dfrac{\partial \mathfrak{H}}{\partial z} = \dfrac{\partial \mathfrak{H}^2}{\partial z} \cdot$ $\mathfrak{H} \dfrac{\partial \mathfrak{H}}{\partial z}$ wurde ermittelt aus der Abstoßungskraft, die ein diamagnetischer Körper (Wismut) im inhomogenen Felde erfährt. Bezeichnet man die auf den Wismutkörper wirkende Abstoßungskraft, gemessen in Dyn, mit $\mathfrak{K}_z$, so ist

$$\mathfrak{K}_z = v \cdot \varkappa \cdot \mathfrak{H} \cdot \frac{\partial \mathfrak{H}}{\partial z}; \text{ also } \frac{\mathfrak{H} \partial \mathfrak{H}}{|\mathfrak{H}| \partial z} = \frac{\mathfrak{K}_z}{v \cdot \varkappa \cdot |\mathfrak{H}|}, \text{ worin } v = \text{ Volumen des}$$

Versuche über die Ablenkung von Molekularstrahlen im Magnetfeld.   557

Wismutkörpers, $\varkappa =$ Suszeptibilität pro Volumeneinheit, $\mathfrak{H} =$ Feldstärke in Gauß ist. Zur Messung der Abstoßungskraft wurde nicht wie bei Gerlach und Stern [1]) eine Drehwage benutzt, bei der die Schwerkraft der magnetischen Kraft das Gleichgewicht hält, sondern ein Quarzfaden, dessen Elastizität als Maß für die magnetische Abstoßungskraft benutzt wurde. Diese Methode wurde früher im hiesigen Institut von K. Riggert und O. Stern ausgearbeitet. Sie besitzt außer ihrer Einfachheit den Vorteil, daß die Anordnung viel unempfindlicher gegen äußere Erschütterungen ist. Ein dünner Wismutdraht von etwa 3,5 mm Länge und 0,06 bis 0,15 mm Durchmesser ist mit etwas Schellack an einem aufrecht stehenden Quarzfaden von etwa 5 cm Länge und etwa 0,06 mm Durchmesser

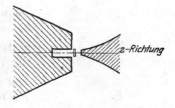

Fig. 5.

befestigt und wird parallel zur Schneide gestellt. Der Quarzfaden selbst ist an einem auf einer Skale verschiebbaren Reiter angeklebt. Der Polschuhabstand von 4 bzw. 2,5 mm erlaubt eine leichte Messung der Abstoßungskraft von Punkt zu Punkt. Durch Okularmikrometer wurde der Ausschlag ermittelt, den der Wismutdraht an den verschiedenen Punkten des inhomogenen Feldes erhielt. Die Einwirkung der Schwerkraft wurde dadurch berücksichtigt, daß die Messung einmal bei aufrecht stehendem Faden, dann bei hängendem Faden ausgeführt und dann das Mittel genommen wurde. Die Eichung erfolgte dadurch, daß der Probekörper horizontal an einem Stativ befestigt wurde, und dann durch Auf-

Beispiel einer Messung.

Quarzfaden . . . . 5 cm lang, Durchmesser 0,06 mm
Wismutdraht . . . 3,5 mm lang, Durchmesser 0,15 mm

Ausschlag des Probekörpers $\begin{cases}\text{hängend} & \text{.........} \quad 4,9 \text{ Skt.} \\ \text{stehend} & \text{.........} \quad 5,1 \text{ „} \\ \text{im Mittel} & \text{.........} \quad 5,0 \text{ „}\end{cases}$

Empfindlichkeit 8,2 Skt. $=$ 1 mg . . . . 0,120 Dyn/Skt.

Kraft . . . . 0,600 Dyn

$\varkappa$ . . . . $13{,}5 \cdot 10^{-6}$

Volumen des Probekörpers aus Gewichtsbestimmung . . . . $0{,}063 \cdot 10^{-3}$ cm³

$\varkappa \cdot v$ . . . . $8{,}51 \cdot 10^{-10}$

$\mathfrak{H} \cdot \dfrac{\partial \mathfrak{H}}{\partial z} = \dfrac{\text{Kraft}}{\varkappa \cdot v}$ . . . . $7{,}05 \cdot 10^8$

$\mathfrak{H}$ (aus Widerstandsänderung eines Wismutdrahtes) . . . . . 17 000 Gauß

$\dfrac{\partial \mathfrak{H}}{\partial z}$ . . . . $4{,}15 \cdot 10^4$ Gauß/cm

---

[1]) Ann. d. Phys. (4) **74**, 673, 1924.

legen von Milligramm-Gewichten festgestellt wurde, wieviel Milligramm
1 Skt.-Ausschlag bewirkten. So war es möglich, die Abstoßungskraft in
Dyn zu berechnen. Die Feldstärke wurde bestimmt aus der Widerstands-
änderung eines Wismutdrahtes, der mit einer Hartmann & Braunschen
Wismutspirale geeicht wurde. Die Messungen wurden mit verschiedener
Spalt- und Schneidenbreite ausgeführt (s. Beispiel).

Die nachfolgenden Tabellen geben die Feldstärke und Inhomo-
genitätsverteilung bei verschiedener Spaltbreite.

Tabelle 1. Inhomogenitätsausmessung. Spaltbreite 8 mm. Polschuhabstand 4 mm. z Abstand von der Oberflächenebene des Furchenpolschuhes.
y Abstand von der durch Schneide und Mitte der Furche gehenden Symmetrieebene
in Millimetern (s. Figur).

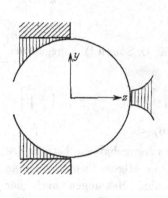

z	y	Feldstärke in Gauß	Inhomogenität $\frac{\partial \mathfrak{H}}{\partial z} \cdot 10^{-4}$ Gauß/cm
0	0	10 200	2,71
0	1	10 900	2,53
0	2	11 450	2,24
0	3	11 750	2,40
$^1/_2$	0	11 600	2,60
$^1/_2$	1	12 150	2,48
$^1/_2$	2	13 050	2,19
$^1/_2$	3	13 100	1,75
1	0	13 000	2,51
1	1	13 900	2,56
1	2	14 600	2,17
1	3	15 800	1,70

Tabelle 2.
Spaltbreite 4 mm. Polschuhabstand 2,5 mm.

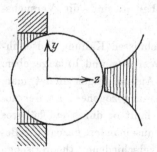

z	y	Feldstärke in Gauß	Inhomogenität $\frac{\partial \mathfrak{H}}{\partial z} \cdot 10^{-4}$ Gauß/cm
$^1/_2$	0	17 000	4,15
$^1/_2$	$^1/_2$	17 000	3,98
$^1/_2$	1	17 900	2,36
1	0	19 100	4,10
1	$^1/_2$	19 300	3,84
1	1	20 200	2,31

Aus den Tabellen ist zu ersehen, daß in der Symmetrieebene die aus
den direkten Messungen der Feldstärke gewonnenen Inhomogenitäten mit
den aus der Abstoßungskraft gewonnenen bis auf 2 bis 3 Proz. (bei Tabelle 2) übereinstimmen. Bei Tabelle 1 sind die Abweichungen etwas
größer, weil die kleineren Feldstärken und Inhomogenitäten nicht so
genau gemessen werden konnten.

Versuche über die Ablenkung von Molekularstrahlen im Magnetfeld. 559

6. Auswertung der Versuchsergebnisse.

Bezeichnet man mit μ das magnetische Moment, mit m die Masse und mit v die Geschwindigkeit eines Atoms, so ist seine Ablenkung:

$$s = \frac{\mu}{m} \cdot \frac{\mathfrak{H} \, \partial \mathfrak{H}}{|\mathfrak{H}| \, \partial z} \cdot \frac{l_1^2}{v^2} \left(1 + \frac{2\,l_1}{l_2} \right),$$

worin

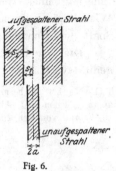

Fig. 6.

$l_1 = $ Länge des Weges im inhomogenen Felde,

$l_2 = $ Abstand der Auffangfläche vom Feldende

ist. Wählt man nun für v die wahrscheinlichste Geschwindigkeit α, so ergibt sich:

$$s_{\alpha_{\text{theor.}}} = \frac{M}{4\,R\,T} \cdot \frac{\mathfrak{H}}{|\mathfrak{H}|} \frac{\partial \mathfrak{H}}{\partial z} \cdot l_1^2 \left(1 + \frac{2\,l_1}{l_2} \right).$$

Aus der in der nachfolgenden Arbeit von O. Stern [1]) angegebenen Näherungsformel

$$s_\alpha = 3 \cdot \frac{s_1 \cdot s_2}{s_2 - s_1} \left(\ln \frac{s_2}{s_1} + \varepsilon \right), \quad \varepsilon = \frac{1}{3} \frac{a^2}{s_1^2} \cdot \left[2 - \frac{4}{3} \frac{s_\alpha}{s_1} + \frac{1}{6} \left(\frac{s_\alpha}{s_1} \right)^2 \right]$$

wird das experimentelle s_α errechnet (s. Fig. 6).

Bei den weiter unten angegebenen Versuchsergebnissen beträgt das Korrektionsglied ε höchstens einige Prozent, im allgemeinen nur einige Promille. Zur Kontrolle wurden auch einige Messungen nach der strengen Formel errechnet. Bei den Versuchen mit Thallium war dies durchweg der Fall. In den folgenden Tabellen sind die Versuchsergebnisse zusammengestellt.

In der Tabelle sind bei den Versuchsergebnissen Kalium, Polschuhfurche 4 mm, bei jedem Versuch für s_2 zwei Werte (a und b) angegeben. Das hat folgenden Grund: Bei den großen Aufspaltungen findet man, daß der abgestoßene Strahl breiter ist als der angezogene. Da der abgestoßene Strahl näher an den Spalt kommt, läuft er durch ein höheres inhomogenes Feld und wird daher stärker auseinander gezogen. Berücksichtigt man dieses, so kommt man zu verschiedenen theoretischen s_α-Werten und durch Einsetzen der Werte für s_2 zu den dazugehörigen experimentellen s_α-Werten. Bei den Versuchen mit Natrium war dieser Unterschied in den Strichbreiten nicht festzustellen, da diese Versuche im allgemeinen unter Unsauberkeit der Auffangfläche zu leiden hatten.

---

[1]) U. z. M. Nr. 5.

560   Alfred Leu,

Ver- suchs- nummer	l_2 in cm	Erscheinungs- zeit	Ablesungszeit	a in μ	s_1 in μ	s_2 in μ
						Kalium
1	2,9	6′	1ʰ	25	88	273
2	2,9	5	35′	25	94	311
			45		90	311
			55		87	320
			65		80	350
			75		80	360
			95		80	370
						Kalium
1	2,7	20′	2ʰ	30	142	382
2 a	2,7	19	2 30′	30	140	390
b						370
3 a	5,7	1ʰ 30	3	32	195	645
b						620
4 a	5,7	1 10	2 30	32	195	645
b						620
5 a	5,7	1 40	2 30	32	190	635
b						590
						Natrium
1	2,9	20′	1ʰ 30′	25	65	225
2	3,5	105	2 30	13	83	318
3	3,6	50	2 30	26	84	330
4	4,7	25	2	27	105	325
5	2,4	30	2	24	75	225
6	4,7	40	75	28	120	320
			100		110	330
			110		105	340
			120		103	348
			130		103	348
			140		103	353
7	2,4	10	24	24	60	203
			34		54	328
			44		53	340
			64		53	355
			84		53	380
			104		53	380
			120		53	421
						Natrium
1	2,7	18′	1ʰ 30′	27	135	385
2	5,1	50	2	30	190	600
3	5,1	40	2	30	185	550
						Thallium
1	5,7	75′	3ʰ 30′	42	3—6	325
2	5,7	70	3	42	8	340
3	5,7	75	3 30	42	8	340

Versuche über die Ablenkung von Molekularstrahlen im Magnetfeld. 561

3.

$s\alpha_{exp.}$ in μ	$s\alpha_{theor.}$ in μ	Differenz Proz.	Aufgefangen auf	Bemerkungen
(Polschuhfurche 8 mm breit, $l_1 = 6$ cm).				
440	452	− 2,7	Silberblech	
473	452	+ 4,6 *)	Silberblech	*) Diese Werte sind unsicher,
470		+ 4,0		weil bei erscheinendem Strich
463		+ 2,4		die Breite noch nicht genau
458		+ 1,3		ablesbar ist
460		+ 1,8		
465		+ 2,9		
(Polschuhfurche 4 mm breit).				
670	653	+ 2,6	vers. Glas	
670	659	+ 1,7	vers. Glas	
657	648	+ 1,4		
1000	1000	0	vers. Glas	
986	988	− 0,2		
1000	1000	0	vers. Glas	
986	988	− 0,2		
981	1000	− 1,9	vers. Glas	
951	988	− 3,7		
(Polschuhfurche 8 mm breit).				
336	409	− 18,3	vers. Glas	Auffangefläche unsauber
447	450	− 0,7	plat. Glas	
456	458	− 0,4	plat. Glas	
523	534	− 2,5	vers. Glas	
372	373	− 0,2	vers. Glas	
561	534	+ 5,5 *)	Silberblech	
542		+ 1,5		
536		+ 0,4		
534		0		
534		0		
532		− 0,4		
311	373	− 16,5 *)	Silberblech	
350		− 6,2		
350		− 6,2		
354		− 5,1		
360		− 3,5		
360		− 3,5		
373		0		
(Polschuhfurche 4 mm breit).				
648	623	+ 3,8	vers. Glas	
950	905	+ 5,0	vers. Glas	
902	905	− 0,3	vers. Glas	
(Polschuhfurche 4 mm breit).				
215−232	226	− 4,9 + 2,7	vers. Glas	
235	244	− 3,7	vers. Glas	
235	244	− 3,7	vers. Glas	

562   Alfred Leu, Versuche über die Ablenkung von Molekularstrahlen usw.

Die Genauigkeit der Methode hängt bei den obigen Messungen wesentlich von der Genauigkeit der Inhomogenitätsmessung ab. Die Abweichungen zwischen den zu verschiedenen Zeiten mit verschiedenen Drähten und Quarzfäden gewonnenen Zahlenwerten betragen weniger als 1 Proz. Da bei unserer Methode das magnetische Moment der Atome direkt mit dem magnetischen Moment, das ein Wismutdraht in demselben Felde hat, verglichen wird, so gibt jeder Fehler in der Suszeptibilitätsbestimmung des Wismuts den gleichen Fehler im Zahlenwert des Magnetons. Die oben erwähnten Kontrollmessungen in der Symmetrieebene des Feldes, die zugleich eine Neubestimmung der Suszeptibilität des Wismuts darstellen, zeigen, daß der hier verwendete Zahlenwert von $13,5 \cdot 10^{-6}$ mindestens auf 2 bis 3 Proz. genau ist. Der Fehler in der Ortsbestimmung ist etwa 0,1 mm, was einer Änderung der Inhomogenität von 0,3 Proz. entspricht. Der durch die Messung der Strichdimensionen (s_1 und s_2) bedingte Fehler ist bei den großen Aufspaltungen höchstens 1 bis 2 Proz.

Die unangenehmste Fehlerquelle, deren Einfluß am schwersten zu kontrollieren ist, ist das oben erwähnte Abrutschen der Moleküle. Doch zeigt die Übereinstimmung der für verschieden große Aufspaltungen erhaltenen Resultate auf einige Prozent, daß der hierdurch bedingte Fehler jedenfalls diesen Betrag nicht übersteigt.

Das magnetische Moment von Kalium und Natrium ergab sich zu 1 Bohrschem Magneton ($\pm$ 2 bzw. 3 bis 4 Proz.) und von Thallium zu $^1/_3$ Bohrschem Magneton ($\pm$ 4 Proz.).

Zum Schluß möchte ich auch an dieser Stelle meinem hochverehrten Lehrer, Herrn Prof. Otto Stern, meinen Dank aussprechen für die Anregung zur Ausführung der Arbeit und sein dauerndes Interesse an dem Fortgang derselben. Ferner ist es mir eine angenehme Pflicht, der Notgemeinschaft der Deutschen Wissenschaft zu danken für die Mittel, die sie für die Durchführung der Arbeit zur Verfügung gestellt hat.

M3. Erwin Wrede, Über die magnetische Ablenkung von Wasserstoffatomstrahlen, Z. Phys. 41, 569–575 (1927)

(Untersuchungen zur Molekularstrahlmethode aus dem Institut für physikalische Chemie der Hamburgischen Universität. Nr. 6.)

Über die magnetische Ablenkung von Wasserstoffatomstrahlen [1]).

Von **Erwin Wrede** in Hamburg [2]).

569

(Untersuchungen zur Molekularstrahlmethode aus dem Institut für physikalische Chemie der Hamburgischen Universität. Nr. 6.)

Über die magnetische Ablenkung von Wasserstoffatomstrahlen [1]).

Von **Erwin Wrede** in Hamburg [2]).

Mit 3 Abbildungen. (Eingegangen am 22. Dezember 1926.)

Es wurden Wasserstoffatomstrahlen hergestellt und durch ein inhomogenes Magnetfeld aufgespalten. Das magnetische Moment des H-Atoms ergab sich zu einem Bohrschen Magneton.

In dieser Arbeit handelt es sich darum, die Gerlach-Sternsche Methode der magnetischen Ablenkung von Molekularstrahlen [3]) auf Wasserstoffatome anzuwenden. Wasserstoffgas wurde in einem Entladungsrohr nach Wood [4]), in der Art, wie es in den Arbeiten von Bonhoeffer [5]) beschrieben wurde, in Atome aufgespalten. Diese wurden durch einen Spalt in einen hochevakuierten Raum ausgestrahlt. Ein durch einen zweiten Spalt ausgeblendetes Strahlenbündel wurde durch ein inhomogenes Magnetfeld geschickt und abgelenkt. Aufgefangen wurde der Atomstrahl dann auf einem Auffangeplättchen, auf dem sich eine Substanz befand, die mit atomarem Wasserstoff eine leicht sichtbare farbige Reaktion gab.

Während in den früheren Arbeiten mit Atom- oder Molekularstrahlen hochsiedende Stoffe verdampft wurden, die durch Kondensation an kälteren Wänden schnell wieder aus dem Vakuum verschwanden, mußte bei dieser Arbeit die gesamte aus dem Ofenspalt austretende Menge Wasserstoff durch die Pumpe fortgeschafft werden. Eine einfache Überschlagsrechnung zeigt, daß dadurch die Bedingungen für das Vakuum sehr ungünstig werden. Durch unseren nicht idealen Spalt von $0,05 \times 3$ mm strömen bei einem

---

[1]) Vorgetragen in der Gauvereinssitzung der Deutschen Physikalischen Gesellschaft in Göttingen am 17. Juli 1926.

[2]) Teil 2 der Hamburger Dissertation, 1926.

[3]) O. Stern, ZS. f. Phys. **7**, 249, 1921; W. Gerlach und O. Stern, ebenda **8**, 110, 1921; **9**, 343; **9**, 353, 1922.

[4]) Phil. Mag. (6) **42**, 729, 1921; **44**, 538, 1922; Proc. Roy. Soc. (A) **97**, 455, 1920; **102**, 1, 1923.

[5]) ZS. f. phys. Chemie **113**, 199, 1924; **116**, 391, 1925; **119**, 385, 1926; ZS. f. Elektrochem. **31**, 521, 1925.

570 Erwin Wrede,

dafür günstigen Druck (vgl. U. z. M 1)[1]) von $^1/_{10}$ mm Hg etwa 40 bis
45 ccm Wasserstoff pro Sekunde aus. Wenn die zur Verfügung stehende
Gaedesche Stahlpumpe durch eine weite Pumpleitung ebenso viele Liter
pro Sekunde absaugt, so ergibt das günstigenfalls im Strahlraum einen
Druck von 10^{-4} mm. Vorversuche ergaben bei einer Pumpleitung von
42 mm lichter Weite noch Drucke von 3 bis 4×10^{-4} mm, die aber für
eine Strahlbildung bei den verhältnismäßig weiten (0,05 bzw. 0,03 mm)
Spalten noch genügten.

Die endgültige Gestalt der Apparatur unter Weglassung prinzipiell
unwichtiger Einzelheiten zeigt Fig. 1. Der einem Kippschen Apparat
entnommene Wasserstoff strömt, nach Reinigung in einer Waschflasche W
mit konzentrierter Kalilauge, durch ein Kapillarrohr K_1, dessen Strömungs-
widerstand durch Hineinschieben eines gut eingepaßten Drahtes so weit wie
möglich vergrößert war, in ein Vorratsgefäß V, in welchem der Druck auf

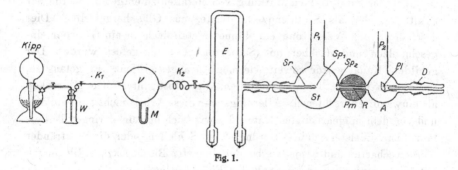

Fig. 1.

einigen Millimetern gehalten wurde. Die Ablesung geschah durch das
Quecksilbermanometer M. Vom Vorratsgefäß V stellt eine zweite Kapillare K_2 die Verbindung mit dem Entladungsrohr E her. Durch Druckregulierung im Vorratsgefäß V konnte so der Druck im Entladungsrohr E
eingestellt werden. Vom Entladungsrohr E führt ein Rohr Sr, das in
einem Glasspalt Sp_1 endet, in den Strahlraum St. Dieser ist eine Glas-
kugel von 10 cm Durchmesser, von der ein 42 mm weites Rohr P_1 zur
Gaedeschen Stahlpumpe führt. Ein zweiter Spalt Sp_2 blendet den ab-
zulenkenden Atomstrahl aus. Dieser geht dann durch ein Rohr R, an
das die Polschuhe des Magneten Pm angelegt wurden, in den Auffangeraum A. In diesem ist ein Auffangeplättchen Pl an einem Drehschliff D
so befestigt, daß es im Vakuum in seiner eigenen Ebene gedreht werden
kann. Ein Pumpansatz P_2 führt zu einer zweiten Hochvakuumpumpe.

---

[1]) O. Stern, ZS. f. Phys. **39**, 755, 1926.

Über die magnetische Ablenkung von Wasserstoffatomstrahlen.   571

Leitungen zur Druckmessung und Pumpleitungen zur Druckregulierung im Vorratsgefäß sind der Übersichtlichkeit wegen weggelassen, ebenfalls die in den beiden Pumpleitungen P_1 und P_2 vorhandenen Quecksilberfallen.

Das Entladungsrohr wurde im engen Anschluß an die Beschreibung in den Arbeiten von Bonhoeffer gebaut. Das Rohr aus Jenaer Glas hatte eine Länge von etwa 2 m bei einem Durchmesser von 22 mm. Es wurde der Raumersparnis halber dreimal U-förmig in drei aufeinander senkrechten Ebenen gebogen. Als Elektroden dienten Zylinder aus Aluminiumblech mit einer Grundplatte von 30 mm Durchmesser und einer Mantellänge bei der Kathode von 10 bis 11 cm und bei der Anode von etwa 6 cm. Da der meistbenutzte Druck von etwa 0,1 mm in der Nähe des kleinsten Entladungswiderstandes der Röhre lag, so erwies sich diese Bauart für unsere Zwecke als völlig ausreichend. Bei einer Stromstärke von 0,2 bis 0,3 Amp. hielt sich die Erwärmung in mäßigen Grenzen.

Um der katalytischen Wirkung von Metallen zu entgehen, wurde der Spalt Sp_1, der als Strahlenquelle diente, aus Glas hergestellt. Dies geschah in der Weise, daß ein dünnes Metallblech in ein Glasrohr eingeschmolzen und nachher mit Salpetersäure herausgelöst wurde. Der gebildete Kanal wurde soweit wie möglich abgeschliffen. Es gelang so, Spalte von 0,05 $\times$ 3 mm herzustellen, die selbst unter dem Mikroskop als einwandfrei erschienen. Allerdings war diese Arbeit nicht ganz einfach, und von dem aufgearbeiteten Material erwies sich nur ein geringer Teil als brauchbar. Meistens gab es Sprünge beim Schleifen, oder die Spaltränder wurden schartig, und besonders bei den dünnsten Blechen kamen Biegungen vor, die einen gekrümmten Spalt zur Folge hatten [1]).

Um die Streustrahlung möglichst einzuschränken, wurde es erforderlich, den Raum hinter dem Abbildespalt Sp_2 gesondert auszupumpen und so weit gegen den Strahlraum abzudichten, daß der Abbildespalt die einzige Verbindung mit dem Rohre R und dem Auffangeraum A bildete: Durch die Wahl geeigneter Formen der Metallteile und durch eine Abdichtung der entstehenden Fugen mit Gummifett ließ sich das unschwer erreichen. Nähere Einzelheiten sind in Fig. 2 zu sehen. Der Abbildespalt Sp_2 ist durch zwei Metallträger Tr mit dem Glasrohr Sr und Glasspalt Sp_1 fest verbunden. Auf Sp_2 ist eine Hülse mit Kreisring Kr aufgesetzt. Der Kreisring liegt dicht auf der Kreisfläche eines gegenüberliegenden Metallstückes Mr,

---

[1]) An dieser Stelle möchte ich nicht verfehlen, dem Glasbläser des Instituts, Herrn A. Salzmann, der durch interessiertes Eingehen auf alle Schwierigkeiten im Aufbau der Apparatur den Gang der Arbeit sehr förderte, meinen verbindlichsten Dank auszusprechen.

*

Erwin Wrede,

das den Glaswandungen und dem Rohr R möglichst gut angepaßt wurde. Die Abdichtung geschah zwischen Mr und Glaswandung und zwischen Kreisring und Kreisfläche mit Gummifett.

Die Justierung gestaltete sich einfach. Nach Parallelstellung und fester Verbindung von Spalt Sp_1 und Sp_2 wurden die Metallteile Tr, Kr und Mr durch Anheftung mit Lötmetall miteinander verbunden. Nun wurde das Spaltrohr Sr durch Hineinführen eines elektrischen Heizkörpers bis zum Erweichen erwärmt und der ganze Apparat vorsichtig zusammengeschoben. Nach dem Loslöten der Metallteile zeigte sich der Strahlengang sehr genau durch die Mitte des Rohres R gerichtet.

Für die Polschuhe des Magneten wurde dieselbe Form benutzt wie in der Dissertation von A. Leu[1]). Siehe Fig. 2 unten.

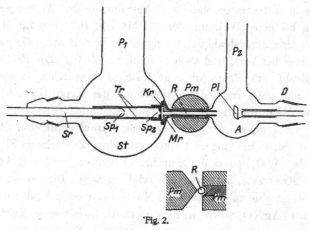

Fig. 2.

Um herauszufinden, welche Indikatoren für H-Atome dem Zwecke dieser Arbeit am besten entsprachen, wurden eine Reihe von Reaktionsversuchen angestellt. In den Strahlraum wurde ein Blech hineingehängt, auf dem eine Anzahl verschiedener Substanzen in kleinen Häufchen aufgeklebt waren. So hatte man sie alle sichtbar nebeneinander und konnte die Zeit deutlich wahrnehmbarer Veränderungen bequem vergleichen. Es wurden zunächst ziemlich wahllos alle möglichen Chemikalien auf das Blech gebracht und die Zeitdauer bis zum Eintritt sichtbarer Veränderungen gemessen. Die meisten Stoffe schieden wegen zu langsamer oder zu geringer Veränderung aus. Am günstigsten zeigten sich WO_3, MoO_3, $AgNO_3$ mit deutlicher Farbänderung nach je etwa $^1/_4$ Minute Expositionszeit, Wismutnitrat nach drei Minuten und Zinnchlorür nach fünf Minuten.

---

[1]) ZS. f. Phys. **41**, 551, 1927. U. z. M. Nr. 4.

Über die magnetische Ablenkung von Wasserstoffatomstrahlen.   573

Letzteres gab die besten Kontraste, doch war die Reaktion zu langsam. Manche Stoffe ließen sich durch Erwärmen oder Ausglühen um Zehnerpotenzen empfindlicher machen. Dies zeigte sich besonders bei PbO und einer Sendung MoO_3 von Kahlbaum. Die Zahlenverhältnisse der Reaktionszeiten für die verschiedenen Stoffe waren reproduzierbar. Eine Art Entwicklung oder Verstärkung des Effekts wurde bei an einer Flamme oxydiertem Kupferblech und ebenfalls bei Silbernitrat bemerkbar, indem die von der Pumpe her vorhandenen Quecksilberdämpfe anscheinend mit dem reduzierten Metall Amalgam bildeten. Nicht erhitztes, für das Auge blankes Kupferblech zeigte dagegen keinerlei Effekt. An einem durch Ausblendung mit dem Abbildespalt erhaltenen Strahlenbündel wurden diese Reaktionsversuche erheblich verfeinert. Trotz der oben beschriebenen Abdichtung und trotz gesondertem Auspumpen des Auffangeraumes A machte sich bei einem Vakuum von 2,5 bis 3×10^{-4} mm im Strahlraum immer noch eine Streustrahlung unangenehm bemerkbar. Sie zeigte sich ganz besonders bei WO_3 und auch deutlich bei MoO_3. Die Farbänderung, die der Strahl auf dem Auffangeplättchen hervorruft, summiert sich nicht, oder nur ganz im Anfang, linear mit der Expositionszeit. Daher kam es, daß die durch die Streustrahlung allmählich einsetzende Färbung des Untergrunds gegen die des durch den Strahl gebildeten Striches so sehr aufholte, daß eine längere Exposition keinen Zuwachs an Sichtbarkeit mehr brachte. WO_3, sonst das empfindlichste Reagens für H-Atome, gab sehr kleine Kontraste, arbeitete also viel zu weich (um einen Ausdruck aus der Photographie zu gebrauchen); MoO_3 war günstiger, aber unempfindlicher. Reines $AgNO_3$ wurde nicht verwandt, da es wegen Kristallisation keine homogenen Oberflächen gab. WO_3 und MoO_3 hatten noch den Nachteil, daß die Färbungen an der Luft schnell zurückgingen. Durch nachträgliches Betupfen mit einer Silbernitratlösung konnte eine gleichzeitig als Verstärkung wirkende Fixierung erreicht werden, die jedoch leicht fleckig wurde Es wurden Mischungen aus den drei Substanzen versucht. Ein mit Silbernitrat angerührter und auf das Auffangeplättchen aufgetragener Brei von MoO_3 gab keinen besonderen Erfolg. Merkwürdigerweise zeigte es sich, daß eine nur mit Wasser angerührte Schicht von MoO_3, die nach dem Trocknen mit einem Tröpfchen Silbernitratlösung betupft wurde, alle Wünsche erfüllte. Dieses Material war empfindlich, sehr hart arbeitend, d. h. es bildete noch bei langer Exposition scharfe Kontraste, sodann blieben die Striche an der Luft wochenlang sichtbar, und außerdem trat durch die Berührung mit der Luft in den ersten Tagen noch eine Verstärkung auf. Es mußte allerdings im

574   Erwin Wrede,

Vakuum vor der Berührung mit Quecksilberdampf geschützt werden, weil
sonst eine Schwärzung erfolgte.

Im folgenden wird der Gang eines Versuchs beschrieben. Nachdem
die ganze Apparatur (Vorratsgefäß V und Entladungsrohr E wurden wegen
der Strömungswiderstände von Kapillare K_2 und Spalt Sp_1 durch besondere
Leitungen mit der Pumpe verbunden) evakuiert worden war, konnte nach
Einfüllung von flüssiger Luft in die Quecksilberfallen und Auffüllung des
Vorratsgefäßes V mit Wasserstoff bis auf 35 bis 36 mm Druck der Versuch beginnen. Die Kapillare K_2 wurde geöffnet, und es stellte sich im
Entladungsrohr E im stationären Gleichgewicht ein Druck von etwa
0,1 mm ein. Die anzulegende Hochspannung lieferte die Hochspannungs-
maschine des Instituts. Bei ein und demselben Druck zeigte das Entladungsrohr zwei jeweils verschiedene, jedoch stabile Entladungsarten,
eine mit hohem Widerstand: bei etwa 3000 Volt etwa 0,03 Amp., die
andere mit geringerem Widerstand: bei 1100 Volt 0,2 bis 0,3 Amp.
Da letztere Entladungsart eine viel intensivere Balmerserie zeigte, wurde
mit ihr das Rohr zur Zündung gebracht und der Strom des Magneten
mit 2,4 Amp. eingeschaltet. Nach 20 Minuten waren die ersten Andeu-
tungen eines Striches zu erkennen. Der Strich wurde immer deutlicher
und schließlich als Doppelstrich erkennbar. Inzwischen wurde von Zeit
zu Zeit, d. h. etwa halbstündlich, der langsam im Vorratsgefäß absinkende
Druck des Wasserstoffs durch Öffnung der Kapillare K_1 wieder erhöht
und die in den Quecksilberfallen verdampfende flüssige Luft nachgefüllt.
Nach einer Exposition von $2^1/_2$ bis 3 Stunden hatte der durch das Magnetfeld in zwei Komponenten aufgespaltene Strich genügende Intensität er-
langt. Jetzt wurde der Magnet ausgeschaltet und das Auffangeplättchen
Pl im Vakuum durch den Drehschliff D so in seiner eigenen Ebene gedreht,
daß ein zweiter Strich in einem entsprechenden Winkel daneben, und
zwar diesmal ohne Magnetfeld, erzeugt werden konnte. Dieser wurde
schon nach wenigen Minuten sichtbar und hatte in einer Viertelstunde
etwa die Intensität erreicht, für die der Strich mit Magnetfeld etwa 2 bis
3 Stunden brauchte. Der Versuch konnte nun abgebrochen werden. Das
Auffangeplättchen wurde in etwa dreifacher Vergrößerung photographiert.
Eine solche Aufnahme mit der Vergrößerung 2,9 : 1 zeigt Fig. 3. Wir
sehen einen einfachen schmalen Strich, der ohne Feld erzeugt wurde, und
in einem Winkel dazu einen breiten Doppelstrich, der durch das inhomogene Magnetfeld in zwei Komponenten aufgespalten ist.

Die Daten des Versuchs sind folgende: Glasspalt 0,05 mm, Abbildespalt 0,03 mm, ganze Länge des Strahlenweges 15 cm, Länge des Magnet-

Über die magnetische Ablenkung von Wasserstoffatomstrahlen. 575

feldes 40 mm, Weg hinter dem Felde bis zur Auffangeplatte 57 mm. Eine Feldstärkemessung durch Widerstandsänderung eines Wismutdrahtes ergab in der Mitte des Magnetfeldes im Orte des wahrscheinlichsten Strahlendurchgangs eine Feldstärke von 5100 Gauß.

Eine Messung der Inhomogenität mit einem an einem Quarzfaden befestigten Wismutdraht (vgl. U. z. M. 4)[1] ergab aus dessen diamagnetischer Ablenkung für denselben Ort eine Inhomogenität von 9800 Gauß pro Zentimeter. Die Ausmessung des Aufspaltungsbildes (der Abstand der Mitten der beiden Komponenten des aufgespaltenen Striches beträgt etwa 0,40 mm) ergibt nach Stern (U. z. M. 5)[2] für das magnetische Moment des Wasserstoffatoms ein Bohrsches Magneton.

Fig. 3.

Für die Anregung zu dieser Arbeit und sein stets förderndes Interesse bin ich meinem hochverehrten Lehrer, Herrn Prof. O. Stern, zu großem Dank verpflichtet. Ebenfalls zu danken habe ich der Notgemeinschaft der Deutschen Wissenschaft für die Unterstützung dieser Arbeit durch Überlassung eines Elektromagneten.

[1] ZS. f. Phys. **41**, 551, 1927.
[2] Ebenda, S. 563.

M4. Erwin Wrede, Über die Ablenkung von Molekularstrahlen elektrischer Dipolmoleküle im inhomogenen elektrischen Feld, Z. Phys. 44, 261–268 (1927)

(Untersuchungen zur Molekularstrahlmethode aus dem Institut für
physikalische Chemie der Hamburgischen Universität. Nr. 7.)

Über die Ablenkung von Molekularstrahlen elektrischer Dipolmoleküle im inhomogenen elektrischen Feld[1].

Von **Erwin Wrede** in Hamburg[2].

© Springer-Verlag Berlin Heidelberg 2016   217
H. Schmidt-Böcking, K. Reich, A. Templeton, W. Trageser, V. Vill (Hrsg.), *Otto Sterns*
Veröffentlichungen – Band 4, DOI 10.1007/978-3-662-46964-4_28

261

(Untersuchungen zur Molekularstrahlmethode aus dem Institut für physikalische Chemie der Hamburgischen Universität. Nr. 7.)

Über die Ablenkung von Molekularstrahlen elektrischer Dipolmoleküle im inhomogenen elektrischen Feld[1].

Von **Erwin Wrede** in Hamburg[2].

Mit 6 Abbildungen. (Eingegangen am 4. Juni 1927.)

Es wurden Molekularstrahlen von binären Salzen erzeugt und in einem inhomogenen elektrischen Feld abgelenkt. In Übereinstimmung mit der Theorie ergaben sich angezogene und abgestoßene Moleküle. Das aus der Größe der Ablenkung folgende Dipolmoment hatte die erwartete Größenordnung.

Das Molekül eines binären heteropolaren Salzes, z. B. KCl, ist ein elektrischer Dipol, auf den in einem inhomogenen elektrischen Feld eine Kraft wirkt. Ein Molekularstrahl aus solchen Dipolmolekülen wird daher in einem derartigen Felde eine Ablenkung erfahren. Die Theorie dieses Effekts, die zuerst von **Kallmann** und **Reiche**[3] entwickelt wurde, zeigt allerdings, daß infolge der Wärmerotation das Molekül ohne Feld nur als Quadrupel wirkt und erst durch die Wirkung des Feldes ein der elektrischen Feldstärke proportionales Dipolmoment entsteht. Infolgedessen bleibt die praktisch erreichbare Ablenkung klein, ist jedoch infolge der Empfindlichkeit der Molekularstrahlmethode durchaus meßbar. Den Nachweis derselben erbrachten die im folgenden beschriebenen Versuche.

Das zu untersuchende Salz wurde in einem Ofen verdampft und ins Hochvakuum ausgestrahlt. Ein ausgeblendetes Strahlenbündel wurde dann in einem inhomogenen elektrischen Feld, das durch Draht und Platte als einander gegenüberstehende Elektroden gebildet wurde, abgelenkt. Der Strahl wurde aufgefangen auf einem mit flüssiger Luft gekühlten Auffangeplättchen, der Niederschlag zur besseren Sichtbarmachung mit Quecksilberdampf entwickelt.

---

[1] Die wesentlichen Resultate der vorliegenden Arbeit wurden bereits auf der Gauvereinssitzung der Dtsch. Phys. Ges. in Braunschweig am 14. Februar 1926 von O. Stern anläßlich eines allgemeineren Vortrages zur Molekularstrahlmethode mitgeteilt, während die endgültige Publikation sich aus äußeren Gründen verzögert hat.

[2] Teil 1 der Hamburger Dissertation, 1926.

[3] A. Kallmann und F. Reiche, ZS. f. Phys. **6**, 352, 1921, vgl. auch O. Stern, U. z. M. 1, ZS. f. Phys. **39**, 761, 1926.

262   Erwin Wrede,

Die Versuchsanordnung ist in Fig. 1 zu sehen. Das Ofenröhrchen *Or* mit dem gläsernen Behälter *Sr*, das die zu verdampfenden
Salze enthielt, befand sich in einem von außen zu heizenden Glasrohr *Hr*
aus Felsenglas von Schott, Jena, über das ein elektrischer Heizkörper
geschoben werden konnte. Dieses Glasrohr ging, wie in der Figur zu
sehen ist, in ein weiteres Zylinderrohr *Zr* über, das in einem Konus-
schliff endete. Der Fortsatz des Rohres am Mantelschliff, der wegen der
hier angebrachten Leitungsdurchführungen aus gewöhnlichem Glas hergestellt war, schloß ab mit einem nach innen eingezogenen gabelförmig
auslaufenden Dewargefäß. Dieses Gabelrohr *Gr* ragte also ins Vakuum
hinein und konnte von außen mit flüssiger Luft gefüllt werden. An ihm
waren sämtliche Metallteile, abgesehen vom Ofen und vom Auffangeplättchen, angebracht: Die Elektroden (Draht *D* und Platte *P*) mit hülsen-
förmigen Haltern H_D und H_P, je auf beiden Gabelarmen aufgesteckt und

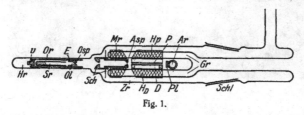

Fig. 1.

so sich isoliert gegenüberstehend, dahinter ein Messingröhrchen *Mr*, an
zwei Aufsteckhülsen von beiden Gabelarmen getragen, auf dem, dem
Felde zugekehrt, der Abbildespalt *Asp* und auf der Ofenseite eine Vor-
richtung zur Abschirmung des Salzdampfes *Sch* angebracht war. Weiter
befand sich an dem Röhrchen *Mr* noch ein von außen durch einen Stab-
magneten zu betätigender Schieber zur zeitweiligen Unterbrechung des
Strahles (in der Figur nicht eingezeichnet). Das Auffangeplättchen *Pl*
saß mit einer Aufsteckhülse an einem Auffangeröhrchen *Ar*, das an
einem Drehschliff angebracht senkrecht durch die beiden Arme des Gabel-
rohres *Gr* hindurchragte. Eine schräge Aufstellung des Apparats (Fig. 2)
ermöglichte es, daß sowohl das Auffangeröhrchen *Ar* als auch das senkrecht dazu stehende Gabelrohr mit flüssiger Luft gefüllt werden konnte.
Durch die Anordnung fast aller Einzelteile auf einem innen mit flüssiger
Luft gefüllten Gabelrohr erreichte der Verfasser, daß alle Schwierigkeiten mit dem Vakuum und mit der Aufrechterhaltung des Feldes so
gut wie ausgeschaltet waren, denn alle Metallteile, mit Ausnahme des
Ofens, waren gut gekühlt. Diese Vorteile wurden jedoch um den Preis
einer langwierigen Justierung erkauft, da der Ofen einerseits und der

Über die Ablenkung von Molekularstrahlen elektrischer Dipolmoleküle usw.   263

Abbildespalt mit Feldstrecke andererseits durch den Schliff in zwei Teile getrennt wurden. Ein besonderer Nachteil des Apparats war der, daß die erforderlichen Verdampfungstemperaturen der untersuchten Salze (etwa 700⁰ C) nahezu an der Erweichungsgrenze des hier verwendeten Felsenglases lagen. Bei jedem Versuch legte sich das Glas dem hinein-

Auffangeröhrchen   Einguß für flüssige Luft

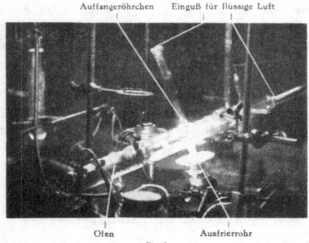

Ofen   Ausfrierrohr

Fig. 2.

gesteckten und allerdings gut eingepaßten eisernen Ofenröhrchen dicht an. Der Durchmesser des von außen geheizten Glasrohres Hr wurde bei mehrstündigem Versuch oft um 0,1 bis 0,2 mm zusammengedrückt. Es mußte daher für nachfolgende Versuche sehr oft erneuert werden.

Justierung. Zur Justierung wurde eine indirekte Methode angewandt. Der Ofenspalt Osp wurde zu einem Visierungsschlitz Vs des Ofenröhrchens und die Plattenelektrode P zum Abbildespalt Asp parallel gemacht (Fig. 1 und 2). Durch Drehen des Ofenröhrchens Or im zusammengesetzten Apparat

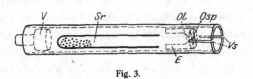

Fig. 3.

wurden Plattenelektrode und Visierungsschlitz in eine Ebene gebracht, womit dann die Spalte parallel standen. Um zu zeigen, daß der Strahlengang trotzdem mit verhältnismäßiger Genauigkeit sichergestellt werden konnte, beschreiben wir die Durchführung der Justierung, die in sieben Stufen vor sich ging, etwas ausführlicher.

Erwin Wrede,

Da schon eine kleine Drehung des Schliffes *Schl* zur Folge hatte, daß der Strahlengang aus der Richtung kam und daß nach Einsetzung des Ofenspalts die Parallelität der Spalte verloren ging, so wurden, damit der Schliff immer genau in dieselbe Lage gedreht werden konnte, feine Tintenstriche als Markierungen auf den rauhen Schliffflächen angebracht. Es wurde nun zunächst das fast bei jedem Versuch neu anzuschmelzende Heizrohr *Hr* hinten geöffnet oder entsprechend offen gelassen, aus dem hineinzusetzenden Ofenröhrchen *Or* das Salzröhrchen *Sr* und der hintere Verschluß *V* entfernt und das Ofenloch *Ol* von 0,4 mm Durchmesser durch Zurückschieben der darüber liegenden kleinen Spaltbacken *Osp* zur Durchsicht frei gemacht. Ebenfalls wurde der Abbildespalt *Asp* ganz geöffnet oder gegebenenfalls durch Abziehen der mit ihm zusammenhängenden Metallteile vom Gabelrohr ganz entfernt. Das Ofenloch war bei 0,4 mm Durchmesser klein genug, um als Dioptervisier genügende Genauigkeit zu gewährleisten, zumal der Draht, der als die eine Elektrode diente, bei 0,6 mm Durchmesser etwa von derselben Größenordnung war.

Als erste Stufe der Justierung mußte der Draht *D* parallel zu einer Visierlinie eingestellt werden, die vom Ofenloch her durch die Mitte der Spaltlänge des Abbildespaltes *Asp* ging. Dazu wurde am hinteren Ende des Drahtes ein kleines Kreuz aus dünnen Drähtchen angeheftet, so daß man durch das Ofenloch visierend die Lage des Drahtendes hinter der Projektion seines Anfangs feststellen konnte. Durch Biegen und Umlöten konnte der Draht in die gewünschte Lage gebracht werden. Die hierbei zu erzielende Genauigkeit war hinreichend, denn der Strahlengang konnte nach dem Versuch auf folgende Weise festgelegt werden. Durch Streustrahlung bildeten sich Draht und Platte auf dem Auffangeplättchen in der Projektion mit ab (vgl. Fig. 6). Damit war festgelegt, in welchem Abstande der Strahl am hinteren Ende des Drahtes vorbeilief. Indem man durch den Abbildespalt *Asp* ein dünnes Platinbändchen zog, konnte man den Strahlengang am Draht entlang genau nachbilden.

Als zweites mußte die andere Elektrode in ihre Lage gebracht werden. Es war dies eine ebene Messingplatte, die einem als Halter und Aufsteckhülse aus einem Stück gebogenen Kupferblech aufgelötet wurde. Die Platte mußte sowohl zur Achse des Drahtes als auch zur Spaltebene parallel stehen. Sie wurde durch Drehung der Hülse und Biegung am Halter gerichtet. Da ihre Grenzen unter dem kleinen Winkel nicht gut zu sehen waren, wurde als Hilfsmittel ein feiner Draht quer über die Platte gespannt. So konnte die Parallelität zum Abbildespalt mit Hilfe eines Mikroskops einmal durch Einstellung eines Fadens auf den Hilfsdraht, das anderemal durch Einstellung auf die Kante einer Spaltbacke kontrolliert werden. Die Genauigkeit der Parallelität zwischen Plattenelektrode und Abbildespalt war deshalb wichtig, weil später der Ofenspalt, oder vielmehr der zu ihm parallel gerichtete Visierungsschlitz *Vs* des Ofenröhrchens *Or* (Fig. 3), zur Platte parallel gestellt werden mußte. Eine direkte Methode zur Parallelstellung von Ofenspalt *Osp* und Abbildespalt *Asp* war wegen der Kleinheit des Ofenloches und der Länge des Rohres nicht angängig. Der Abstand zwischen Draht und Platte wurde mit kalibrierten Drähten ausgemessen.

Als drittes wurde nun der Abbildespalt in eine solche Lage gebracht, daß der Weg des Strahles in 0,1 bis 0,2 mm Abstand am Draht entlang führte. Die eine Spaltbacke wurde entsprechend weit vorgeschoben. Die Kontrolle dafür gab ein an ihre Schneide angelegtes und am Draht entlanggeführtes dünnes Platinbändchen.

Die nun folgende Einstellung der Spaltbreite auf 0,05 mm geschah nach Abziehung des ganzen Metallstücks unter dem Mikroskop.

Über die Ablenkung von Molekularstrahlen elektrischer Dipolmoleküle usw.   265

Der Verdampfungsraum (Fig. 2) bestand aus einem eisernen Röhrchen *Or*, in das vorn ein Einsatz *E* mit Ofenloch *Ol* und davorgesetzten Spaltbacken *Osp* hineingeschoben wurde, und zwar mit einer Versenkung von 8 mm; am hinteren Ende bildete ein deckelförmiges Stück *V* den Verschluß. Der Ofenspalt wurde unter dem Mikroskop über die Mitte des Ofenloches gesetzt und seine Breite auf 0,05 mm eingestellt.

Das Ofenröhrchen *Or* war vorn durch einen Sägeschnitt *Vs* (Visierungsschlitz) von 8 mm Länge aufgeschnitten. Durch Drehen des Einsatzes *E* wurde der Ofenspalt mit diesem Schlitz in eine Ebene gebracht. Als Hilfsmittel zur mikroskopischen Kontrolle wurde in dem Schlitz *Vs* quer durch das Ofenröhrchen ein Faden gespannt, der zum Ofenspalt des Einsatzes parallel stehen mußte, wenn Spalt und Schlitz in einer Ebene lagen.

Jetzt konnte der ganze Apparat zusammengesetzt werden. In das Ofenröhrchen wurde ein mit dem zu untersuchenden Salz gefülltes Glasröhrchen (*Sr*) hineingebracht und der hintere Verschluß *V* eingesetzt. Dann wurde, nachdem der große Schliff *Schl* in seine durch Markierungen kenntlich gemachte Normallage gebracht war, das Ofenröhrchen *Or* in das von außen zu heizende Glasrohr *Hr* hineingeschoben. Den so zusammengesetzten Apparat hielt man nun in seiner Länge quer zum Auge, und durch die Glaswände hindurchvisierend drehte man das Ofenröhrchen mit geeigneten Hilfswerkzeugen so, daß die Plattenelektrode *P* und der Schlitz des Ofenröhrchens *Vs* in derselben Ebene lagen. Mit Hilfe von helldunklen Grenzen (z. B. Fensterrahmen) hinter dem Apparat ließ sich diese Einstellung so genau ausführen, daß auch bei längerem Ofenspalt noch eine ausreichende Parallelität zu erreichen wäre. Nach vollendeter Justierung konnte das zu heizende Glasrohr *Hr* hinten zugeschmolzen werden, nachdem noch ein gläserner Halter, der ein Gleiten des Ofenröhrchens nach dem ersten Ausheizen verhindern sollte, hineingesetzt war.

Hochspannung. Als Generator für die anzulegende Hochspannung wurde eine gewöhnliche Influenzmaschine kleineren Formats mit Motorantrieb benutzt. Als Spannungsmesser dienten ein bzw. zwei Braunsche Elektrometer mit einem Meßbereich von je 10 000 Volt. Bei höheren Spannungen wurden beide Instrumente hintereinander geschaltet, und zwar so, daß die beiden Gehäuse geerdet wurden. Ein Vergleich mit einem später eingestellten statischen Voltmeter von Hartmann und Braun mit einem Meßbereich von 15 000 Volt ergab genügende Übereinstimmung, so daß die Fehlergrenze etwa 10 % betragen dürfte. Zur Konstanthaltung der Hochspannung dienten neben Kapazitäten verschiebbare Büschel aus dünnen Drähten, die alle überschüssigen Ladungen absaugten und außerdem so eingestellt wurden, daß die Nullspannung möglichst in der Mitte der positiven und negativen Elektrometerspannungen lag. Die erreichte Konstanz der Spannung bei einem mehrstündigen Versuch betrug etwa 3 bis 5 %.

Auffangeplatte. Das silberne Auffangeplättchen (*Pl*) wurde wie in früheren Arbeiten des hiesigen Instituts fein poliert und durch Auskochen in absolutem Alkohol gereinigt.

266   Erwin Wrede,

Versuchsausführung. Die Ausführung eines Versuchs ging etwa folgendermaßen vor sich. Nach dem Leerpumpen des Apparats wurde zunächst der Ofen zur Entgasung bei 600° C längere Zeit ausgeheizt. In der Regel wurde dann die Apparatur über Nacht im Vakuum stehen gelassen. Um das Auffangeplättchen *Pl* vor dem Quecksilberdampf und sonstigen Niederschlägen zu schützen, wurde es geheizt, indem in das Dewargefäß *Ar*, an dem es mit seiner Aufsteckhülse saß, Anilin eingeführt und mit einer Heizspirale auf Siedetemperatur gehalten wurde. Nachdem nun am anderen Tage ein genügendes Vakuum erreicht war, wurde zunächst ein dem Auffangeröhrchen *Ar* gegenüber nach unten hängender Rohransatz in flüssige Luft getaucht. Dieses Rohr (siehe Fig. 2) verhinderte, daß beim Entwickeln ein zu hoher Quecksilberdampfdruck im Apparat entstand. Dann wurde das Gabelrohr *Gr* mit flüssiger Luft gefüllt, die Ofentemperatur bis nahe an die Versuchstemperatur gebracht und die gewünschte Hochspannung angelegt. Wenn im Apparat keinerlei Leuchterscheinungen mehr auftraten, wurde die Heizung aus dem Auffangeröhrchen *Ar* herausgenommen, das Anilin entfernt und statt dessen flüssige Luft eingefüllt. Die Exposition konnte nun beginnen. Die Ofentemperatur wurde auf ihren richtigen Wert gebracht und der Strahlengang durch Betätigung eines magnetischen Schiebers freigegeben. Nach einer Bestrahlung von etwa $3^1/_2$ Stunden, in welcher Zeit jedoch die Striche der meisten Salze außer TlJ, dessen Erscheinungszeit ähnlich so kurz wie bei Metallen war, noch nicht sichtbar wurden, konnte der Versuch abgebrochen werden. Für die jetzt vorzunehmende Entwicklung des Salzniederschlages mußte sich das Gabelrohr *Gr* mit seinen Metallteilen bis auf Zimmertemperatur erwärmen, wobei das untere Kühlrohr und das Auffangeplättchen gekühlt blieben. Dann wurde die Leitung zur Pumpe abgesperrt, die Kühlkugel über der Pumpe entleert und ebenfalls auf Zimmertemperatur erwärmt. Alsdann konnte man durch Öffnen der Pumpleitung von jeweils $1/_2$ bis 2 Minuten Quecksilberdampf in den Apparat einströmen lassen, womit eine genügende Entwicklung erreicht war. Die Sichtbarkeit der Striche kam in der Hauptsache erst während des Anwärmens des Auffangeplättchens heraus.

Versuchsergebnisse. Es wurden an Salzen untersucht: KJ, TlJ, NaJ, CsCl und RbBr. Von KJ bringen wir eine Aufnahme (Fig. 4), die ein und denselben Strich in seinen verschiedenen Veränderungen an der Luft zeigt. Man sieht von links nach rechts eine Wanderung der Niveaulinien gleicher Intensität und schließlich bei der fünften Aufnahme, die am folgenden Tage gemacht wurde, eine Umkehr von hell und dunkel.

Über die Ablenkung von Molekularstrahlen elektrischer Dipolmoleküle usw.　267

Die Daten dieses Versuchs sind: Ofenspalt 0,4 × 0,05 mm, Abbildespalt
4 × 0,05 mm, ganze Länge des Strahlweges etwa 10,5 cm, Weg vom
Abbildespalt bis zum Auffangeplättchen etwa 5 cm, Länge des Feldes
40 mm, Weg hinter dem Felde etwa 3,5 mm, Abstand zwischen Draht
und Platte etwa 0,82 mm, Gang des Strahles im Feld etwas schräg zum
Draht mit schätzungsweise 0,15 mm Abstand vom Draht beginnend und
sich am anderen Ende des Drahtes auf 0,28 bis 0,30 mm entfernend;

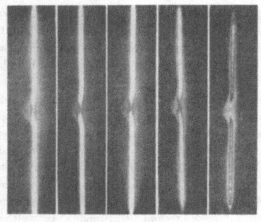

Fig. 4.

Fig. 5.

Temperatur etwa 655⁰ C, angelegte Spannung 10 800 Volt. Die Auswertung der Ablenkung, die in einer demnächst erscheinenden Arbeit
von O. Stern mitgeteilt werden soll, ergibt für das elektrische Moment
einige 10^{-17} in CGS-Einheiten in größenordnungsmäßiger Übereinstimmung mit den von M. Born und W. Heisenberg[1] theoretisch gefundenen Werten.

　　　Fig. 5 gibt eine ähnliche Aufnahme von TlJ. Hier sehen wir
außerdem einen Strich ohne Feld mit kürzerer Bestrahlungszeit. Bei

---

[1] ZS. f. Phys. **23**, 407, 1924.

diesem Versuch waren die Spalte 0,04 mm, Abstand zwischen Draht und
Platte etwa 0,9 mm, Entfernung des Strahles vom Draht am Anfang
0,05 mm und am Ende des Drahtes 0,4 mm, Temperatur 400⁰ C, angelegte
Spannung 16 000 Volt.   Das Moment ist also wesentlich kleiner.

In Fig. 6 sehen wir einen Strich mit NaJ. Da die Streustrahlung
Draht und Platte besonders deutlich abgebildet hat, geben wir diese Aufnahme als Beispiel. Der zu breite Strich deutet an, daß die Spalte nicht
parallel standen, da das nach dem Ausheizen lose sitzende Ofenröhrchen
sich durch geringe Erschütterungen gedreht hatte.   Es ist nur eine
Intensitätsschwächung in der Mitte zu erkennen.   Spalte 0,03 mm,
Strahlengang hier parallel zum Draht in 0,15 mm Entfernung, Temperatur 640⁰ C, Spannung 16 500 Volt: Ähnliche Bilder unter ähnlichen

Fig. 6.

Bedingungen gaben CsCl und RbBr.   Es hat den Anschein, als ob die
letzteren drei Stoffe relativ zum KJ ziemlich kleine Momente hätten.
Wir möchten aber, da die Intensitäten auf der Auffangeplatte durch
Verunreinigungen, durch Zufälle bei der Entwicklung und nicht zuletzt
durch Zersetzungsprodukte aus dem Ofen sehr entstellt und somit die
Effekte als zu klein vorgetäuscht werden könnten, von einer quantitativen Auswertung dieser Versuche absehen und eine solche einer mit
verbesserten Hilfsmitteln ausgeführten Arbeit überlassen.

Meinem hochverehrten Lehrer Herrn Prof. O. Stern habe ich für
die Anregung zu der vorliegenden Arbeit und sein förderndes Interesse
zu danken.   Die Arbeit wurde unterstützt durch Mittel vom Japan-
ausschuß und Elektrophysikausschuß, wofür ich ebenfalls meinen verbindlichsten Dank ausspreche.

M5

M5. Alfred Leu, Untersuchungen an Wismut nach der magnetischen Molekularstrahlmethode, Z. Phys. 49, 498–506 (1928)

(Untersuchungen zur Molekularstrahlmethode aus dem Institut
für physikalische Chemie der Hamburgischen Universität. Nr. 8.)

Untersuchungen an Wismut nach der magnetischen Molekularstrahlmethode.

Von Alfred Leu in Hamburg.

498

(Untersuchungen zur Molekularstrahlmethode aus dem Institut
für physikalische Chemie der Hamburgischen Universität. Nr. 8.)

Untersuchungen an Wismut nach der magnetischen Molekularstrahlmethode.

Von **Alfred Leu** in Hamburg.

Mit 6 Abbildungen.   (Eingegangen am 3. Mai 1928.)

Die Untersuchung von Wismutmolekularstrahlen nach der Gerlach-Sternschen
Methode ergab zwei symmetrische abgelenkte Strahlen, die dem Wismutatom zugeschrieben wurden.   Die Größe der Ablenkung steht in Übereinstimmung mit der
Theorie.   Ferner ergab sich ein mit wachsender Temperatur schwächer werdender
unabgelenkter Strahl, der dem Bi_2-Molekül zugeschrieben wurde.   Die Untersuchung der Temperaturabhängigkeit der Intensität dieses Strahles erlaubte eine
rohe Berechnung der Dissoziationswärme, die sich in annähernder Übereinstimmung
mit der aus dem Nernstschen Theorem berechneten ergab.

I. Teil.   (Mit Ronald G. J. Fraser [*].)

Die Ablenkung der Molekularstrahlen von Wismut im inhomogenen
Magnetfeld wurde schon von W. Gerlach [**] untersucht.   Er fand außer
einem unabgelenkten Strahl einen sehr stark angezogenen Strahl.

Im Hinblick auf dieses merkwürdige Resultat lag es nahe, mit der
schon für Kalium, Natrium, Thallium usw. hier benutzten Apparatur
auch Wismut zu untersuchen   Da die Arbeit aus äußeren Gründen abgebrochen werden mußte, werden hier die bisher erreichten Resultate
publiziert, obwohl (siehe S. 503) weitere Untersuchungen noch wünschens-
wert wären.

1. **Apparatur.** Vorversuche zeigten, daß für die höheren für die
Verdampfung von Wismut erforderlichen Temperaturen Ofenmaterial und
Heizung der früheren Versuchsanordnung (siehe U. z. M. Nr. 4; ZS. f.
Phys. **41**, 551 ff., 1927) nicht ausreichten.   Als Ofenmaterial wurde, statt
wie bisher Kupfer, Wolframstahl (Schnelldrehstahl Super Rapid Extra)
verwendet.   Ferner wurde die Heizung durch Elektronenbombardement
bewirkt.   Fig. 1 zeigt die neue Anordnung, die mit der alten (Fig. 1,
U. z. M. Nr. 4) bis auf die Ofenanordnung identisch ist.   Der Ofen (3)
sitzt mittels der Schraube (25) und des Bolzens (26) auf der V 2 A-
Stange (2), die an das Kupferrohr (13) angenietet ist. (Siehe auch Fig. 2).

---

[*] Exhibition of 1851 Senior Student.
[**] Ann. d. Phys. **76**, 163, 1925.

Fig. 2 gibt eine genauere Skizze des Ofens. Der Bolzen (26) verhindert eine Drehung des Ofens beim Einschalten des Magnetfeldes. Die

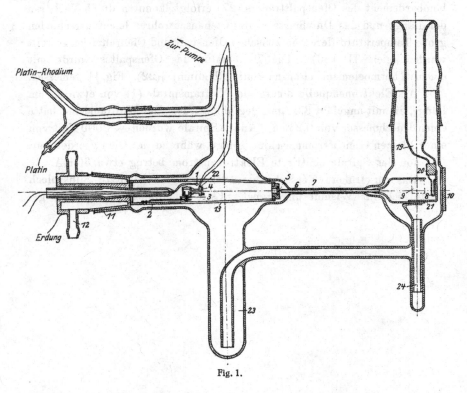

Fig. 1.

Substanz befindet sich im Substanzgefäß (15), und der Wismutdampf strömt dann durch das Ofenansatzstück (14) zum Ofenspalt (4). Der Ofenraum wird durch den Deckel (16) abgeschlossen. Als Material für den Ofen dient der schon erwähnte Wolframstahl, der nach einmaligem Ausglühen glashart wird, aber trotzdem zähe bleibt. Zum Beispiel kann man die kleinen Schrauben, die zum Befestigen der Ofenspaltbacken dienen, nach dem Versuch abschrauben, ohne daß sie abbrechen. Das Material ist also für diese Zwecke außerordent-

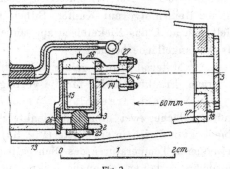

Fig. 2.

lich geeignet. Das Ofenansatzstück (14) ist in den Ofenraum eingeschraubt und kann leicht ausgewechselt werden. Da die Heizung durch Elektronenbombardement des Ofenspaltträgers (27) erfolgt, konnten durch Variieren der Länge und des Durchmessers des Ofenansatzrohres leicht verschieden große Temperaturdifferenzen zwischen Ofenspalt und Ofenraum hergestellt werden (siehe II. Teil). Die Temperatur des Ofenspaltes wurde mit einem Thermoelement (Platin : Platin-Rhodium) [(22), Fig. 1] gemessen.

Als Elektronenquelle diente die Wolframspirale (1) von etwa 0,7 cm Länge, die mit ungefähr 3,2 Amp. geglüht wurde. Der Wolframdraht hatte einen Durchmesser von 0,2 mm. An die Spirale wurden — 2000 Volt von einer kleinen Gleichstrommaschine gelegt, während der Ofen geerdet war. Der von der Spirale emittierte Elektronenstrom betrug etwa 30 mA.

Das für frühere Versuche als Auffangfläche benutzte Silberblech zeigte sich für Wismut ungeeignet. Es wurde daher ein Versuch ge-

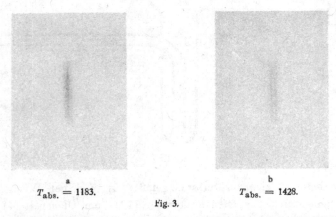

a   b
$T_{abs.} = 1183.$ $T_{abs.} = 1428.$
Fig. 3.

macht mit einem Blech aus verschiedenen Metallstreifen (Gold, Kupfer, Nickel, Silber). Der Wismutstrich erschien zunächst auf Nickel, dann in der Reihenfolge auf Kupfer, Silber, Gold. Während des Versuches hielt sich auch das Nickelblech am saubersten. Es wurde deswegen stets als Auffangfläche benutzt.

Als Material wurde reiner Wismutdraht von der Firma Hartmann & Braun, Frankfurt a. M., für die vorliegenden Versuche benutzt.

2. Versuchsergebnisse. Versuche mit Wismut ergaben auf der Auffangfläche zwei breite abgelenkte Striche und einen schmalen unabgelenkten Strich in der Mitte (Fig. 3a). Der Mittelstrich verschwindet bei höheren Temperaturen des Ofenspaltes (Fig. 3b). Es liegt daher nahe, anzunehmen, daß er von unabgelenkten Molekülen herrührt (siehe II. Teil).

Untersuchungen an Wismut nach der magnetischen Molekularstrahlmethode. 501

Von der von Gerlach gefundenen Unsymmetrie war keine Spur zu bemerken. Das abweichende Resultat von Gerlach ist vielleicht so zu erklären, daß sein Strahl viel näher an der Polschuhschneide vorbeiging. Dadurch wurden die Moleküle im angezogenen Strahl zusammengedrängt und seine Intensität vergrößert, die des abgestoßenen Strahles umgekehrt verkleinert. Dieser ist ihm daher möglicherweise entgangen.

Es soll nun zunächst gezeigt werden, daß die beobachtete Aufspaltung auch bezüglich ihrer Dimensionen mit den aus den spektroskopischen Beobachtungen und der Theorie zu erwartenden Resultaten übereinstimmt *. Hiernach sollte es nach jeder Seite zwei abgelenkte Strahlen gleicher Intensität geben, die von Wismutatomen herrühren,

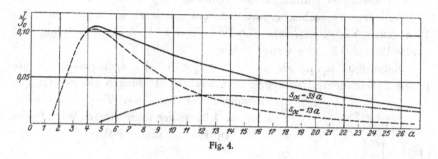

Fig. 4.

deren magnetische Momente (μ_1, μ_2) in Richtung der Feldstärke im Verhältnis 1 : 3 stehen. Bei einem Molekularstrahl von einheitlicher Geschwindigkeit müßte man also zwei Striche auf jeder Seite statt des einen beobachteten sehen. Berechnet man jedoch nach den obigen Annahmen unter Berücksichtigung der Maxwellschen Verteilung die genaue Intensitätskurve (siehe O. Stern, U. z. M. Nr. 5)**, so sieht man, daß tatsächlich nur ein Maximum da ist, also auch nur ein Strich auf jeder Seite zu erwarten ist (siehe Fig. 4, die beispielsweise für den Fall $s_\alpha = 13\,a$ wiedergegeben ist, wo s_α die der wahrscheinlichsten Geschwindigkeit α entsprechende Ablenkung, und a die halbe Strichbreite sind).

Nimmt man wie früher an, daß die Grenzen der beobachteten Striche Stellen gleicher Intensität J sind, so kann man daraus die beiden s_α ($s_{\alpha\,(\mu_1)}$, $s_{\alpha\,(\mu_2)}$), die ja im Verhältnis 1 : 3 stehen sollen, für die beiden zusammen-

---

* F. Hund, Linienspektren, S. 196, Berlin 1927; V. Thorsen, ZS. f. Phys. **40**, 642, 1926; G. R. Toshniwal, Phil. Mag. 4, 774, 1927; S. Goudsmit und E. Back, ZS. f. Phys. **43**, 321, 1927.
** ZS. f. Phys. **41**, 563, 1927.

setzenden Kurven berechnen. Setzt man $J_1 = J_2$, so ergibt sich, falls $s \gg a$ ist:

$$\frac{s_\alpha^2}{s_1^3}\left(e^{-\frac{s_\alpha}{s_1}} + 9\,e^{-\frac{3\,s_\alpha}{s_1}}\right) = \frac{s_\alpha^2}{s_2^3}\left(e^{-\frac{s_\alpha}{s_2}} + 9\,e^{-\frac{3\,s_\alpha}{s_2}}\right), \tag{1}$$

worin s_α die Bedeutung $s_{\alpha\,(\mu_1)}$ hat (vgl. auch Fig. 5).

Aus dem aus der Formel (1) errechneten $s_{\alpha\,(\mu_1)}$-Wert findet man aus Formel (2) den zugehörigen μ_1-Wert in Bohrschen Einheiten.

$$s_{\alpha\,(\mu_1)} = \frac{\mu_1}{4\,R\,T} \cdot \frac{\mathfrak{H}}{|\mathfrak{H}|} \cdot \frac{\partial \mathfrak{H}}{\partial z} \cdot l_1^2 \left(1 + \frac{2\,l_2}{l_1}\right)^*. \tag{2}$$

Hierin ist $l_1 =$ Länge des Weges im inhomogenen Felde $= 5{,}9$ cm, $l_2 =$ Abstand der Auffangfläche vom Feldende $= 5{,}0$ cm.

Aus den Versuchen ergibt sich ein mittlerer μ_1-Wert von $0{,}72_3$ Bohrschen Einheiten (siehe Tabelle 1, Spalte 11). Die Bedeutung von Spalte 12 und 13 siehe weiter unten.

Setzt man μ_1, μ_2 gleich $\frac{1}{2}\,g$ bzw. $\frac{3}{2}\,g$ (in der spektroskopisch üblichen Terminologie), so ergibt sich aus den Messungen ein g-Wert von 1,45, während er nach der Theorie zwischen 2 und $\frac{4}{3} = 1{,}33$ näher an letzterem Wert liegen sollte [**]. Optisch ist dieser g-Wert bisher nicht bestimmt [***].

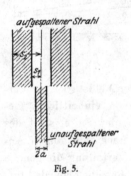

aufgespaltener Strahl

unaufgespaltener Strahl

Fig. 5.

Die Beobachtungen stehen also im Einklang mit der Theorie, es muß aber mit allem Nachdruck betont werden, daß die vorliegenden experimentellen Ergebnisse auch durch sehr viele andere Annahmen dargestellt werden könnten. Zum Beispiel könnte man entsprechend wie bei Kalium und Natrium die beobachteten Striche als einfach deuten, und unter dieser Annahme berechnet man s_α nach der Formel

$$s_\alpha = 3 \cdot \frac{s_1 \cdot s_2}{s_2 - s_1} \cdot \ln \frac{s_2}{s_1} \cdot \tag{3}$$

Danach würde sich dann ein magnetisches Moment von $0{,}85_4$ Bohrschen Einheiten ergeben (siehe Tabelle 1, Spalte 13).

---

    * In der Arbeit U. z. M. Nr. 4, S. 559 sind versehentlich in der Formel l_2 und l_1 verwechselt.
    ** Nach freundlicher Auskunft von Herrn W. Pauli.
    *** Allgemein sind die g-Werte des Normalzustandes optisch wegen Selbstumkehr oft schwer bestimmbar. Dagegen ist die Molekularstrahlmethode gerade nur auf den Normalzustand bequem anwendbar.

Untersuchungen an Wismut nach der magnetischen Molekularstrahlmethode.   503

Tabelle 1.

1	2	3	4	5	6	7
Versuchs- nummer	Erschei- nungszeit	Ablesungs- zeit in Stunden	a in μ	s_1 in μ	s_2 in μ	$s_\alpha'(\mu_1)$ in μ
1	75′	4,5	35	75	280	350
2	60	3,5	30	69	280	329
3	60	4,5	50	56	392	315
4	55	4,5	35	70	275	330
5	70	4,5	35	54	340	294
6	75	4,5	35	55	370	305
7	60	4,5	30	69	280	329
8	70	4,5	35	69	240	312
9	70	4,5	30	58	280	291
10	50	4,0	30	38	225	202

1	8	9	10	11	12	13
Versuchs- nummer	Temperatur T abs.	Feldstärke $\mathfrak{H}$ in Gauß	Inhomogenität $\frac{\partial \mathfrak{H}}{\partial z} \cdot 10^{-4}$ Gauß/cm*	μ_1	s_α in μ	μ
1	1350	17 000	4,10	0,73₅	406	0,85₂
2	1360	12 400	3,82	0,74₆	385	0,87₄
3	1360	12 400	3,82	0,71₄	382	0,86₅
4	1350	12 400	3,82	0,74₂	384	0,86₄
5	1428	12 400	3,82	0,70₀	354	0,84₂
6	1423	12 400	3,82	0,72₄	368	0,87₄
7	1350	12 400	3,82	0,74₀	385	0,86₆
8	1328	12 600	3,70	0,71₂	362	0,82₆
9	1383	12 600	3,70	0,69₃	345	0,82₁
10	1328	7 700	2,60	0,65₆	250	0,81₂

Rein experimentell würde man eindeutige Resultate nur dann be- kommen, wenn man entweder Intensitäten quantitativ messen oder einen Monochromator anwenden würde.

Um festzustellen, ob die Hyperfeinstruktur des Wismutbogenspek- trums bzw. ihr Paschen-Back-Effekt** bei den vorliegenden Versuchen eine Rolle spielt, wurden Messungen bei drei verschiedenen Feldstärken (7700, 12 500, 17 000 Gauß) durchgeführt. Aus der Tabelle 1, Spalte 9 und 11 ist zu ersehen, daß ein solcher Einfluß nicht beobachtet wurde, da die gefundenen μ-Werte innerhalb der Versuchsgenauigkeit konstant sind. Allerdings ist der bei der kleinsten Feldstärke gemessene μ-Wert etwas kleiner, was auch zu erwarten ist, falls die Hyperfeinstruktur hier schon eine Rolle spielt. Es ist aber nicht sicher, ob diese Abweichung

---

* An der Stelle des Strahles siehe U. z. M. Nr. 4, S. 556 ff.
** S. Goudsmit und E. Back, ZS. f. Phys. **43**, 321, 1927; E. Back und S. Goudsmit, ebenda **47**, 174, 1928.

reell ist, weil die Messungen bei diesem schwachen Felde nicht mehr so genau sind. Aus diesem Grunde wurde Versuch 10 bei der Mittelbildung der μ-Werte nicht berücksichtigt.

II. Teil.

Falls die Hypothese, daß der unabgelenkte Mittelstrich von Wismutmolekülen herrührt, zutrifft, muß ein Vergleich der Intensität dieses Striches mit der Intensität eines ohne Magnetfeld erzeugten Striches den Prozentsatz der bei der betreffenden Temperatur vorhandenen Wismutmoleküle bzw. den Dissoziationsgrad des Wismutdampfes ergeben. Durch Variation der Temperatur sollte es dann möglich sein, aus der Temperaturabhängigkeit des Dissoziationsgrades die Dissoziationswärme zu bestimmen. Die Untersuchung der Unabhängigkeit der so erhaltenen Dissoziationswärme von der Temperatur sowie die Berechnung ihres Absolutwertes aus dem Dissoziationsgrad mit Hilfe des Nernstschen Wärmetheorems ermöglicht dann eine Prüfung der zugrunde gelegten Hypothese.

Leider ist die Messung der Intensität der Molekularstrahlen im Falle des Wismuts zurzeit nur sehr roh durch Bestimmung der Erscheinungszeit der Striche möglich. Trotzdem soll über einige entsprechend dem oben dargelegten Programm durchgeführte Versuche hier kurz berichtet werden, da sie, obwohl noch sehr ungenau, immerhin die prinzipielle Möglichkeit der Bestimmung chemischer Gleichgewichte mit Hilfe der Molekularstrahlmethode zeigen.

Die Versuche wurden so ausgeführt, daß bei verschiedenen mit Hilfe eines Thermoelements gemessenen Temperaturen des Ofenspaltes die Erscheinungszeiten, einerseits des Mittelstriches mit Magnetfeld, andererseits des Striches ohne Magnetfeld, bei sonst gleichen Bedingungen, gemessen wurden. Es wurden bei einem Versuch bei konstanter Temperatur immer möglichst mehrere Striche, abwechselnd mit und ohne Magnetfeld, erzeugt. Die Resultate sind in der Tabelle 2 zusammengestellt. Falls die Erscheinungszeiten umgekehrt proportional der Intensität des Strahles sind, ist ihr Verhältnis gleich dem Bruchteil $1 - \alpha$ der undissoziierten Moleküle (siehe Spalte 4). Nehmen wir weiter an, daß es sich um Bi_2-Moleküle handelt, so sollte nach dem Massenwirkungsgesetz $\dfrac{4\,\alpha^2}{1 - \alpha^2} \cdot P = K_p$ gleich der Gleichgewichtskonstanten sein. P bedeutet den Totaldruck, der aus der gesamten verdampften Menge, die durch Wägung bestimmt wurde, und der Größe des Ofenspaltes (f) nach der Formel von Knudsen:

Untersuchungen an Wismut nach der magnetischen Molekularstrahlmethode. 505

Tabelle 2.

1	2	3	4	5	6	7	8	9
Temperatur T abs.	Erscheinungszeit des Striches ohne Feld	Erscheinungszeit des Mittelstriches mit Feld	$1 - \alpha$	α	$\dfrac{P}{mm}$	K_p	$\dfrac{1}{T} \cdot 10^3$	$\log K_p$
1093	13′	25′	0,52	0,48	0,57	0,683	0,915	− 0,1656
1093	11	18	0,61	0,39	0,57	0,409	0,915	− 0,3883
1098	15	30	0,50	0,50	0,55	0,733	0,912	− 0,1349
1098	11	18	0,61	0,39	0,55	0,390	0,912	− 0,4034
1148	4	12	0,33	0,67	0,96	3,137	0,873	0,4965
1153	11	45	0,245	0,755	0,53	2,815	0,867	0,4495
1173	9	60	0,15	0,85	0,50	5,204	0,851	0,7163
1263	6	110	0,055	0,945	0,68	23,038	0,792	1,3625
1263	7	120	0,058	0,942	0,59	18,532	0,792	1,2679

$$q = \frac{5,83 \cdot 10^{-2}}{\sqrt{MT}} \cdot f \cdot P \; \text{Mol/sec}$$ (siehe U. z. M. Nr. 1, ZS. f. Phys. **39**, S. 755), berechnet wurde (siehe Spalte 6). Von einer Korrektion wegen der endlichen Dicke der Spaltbacken wurde abgesehen. Die so ermittelten Werte von K_p sind in der Spalte 7 angegeben. In Fig. 6 ist in der üblichen Weise $\log K_p$ als Funktion von $1/T$ aufgetragen. Wie man

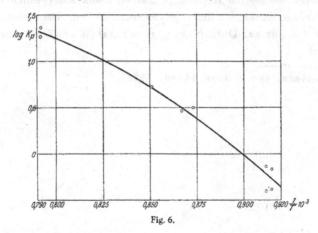

Fig. 6.

sieht, ist die Kurve nicht geradlinig, sondern nach der Abszissenachse zu konkav gekrümmt. Es war nicht möglich, zu entscheiden, ob diese Krümmung reell ist, d. h. ob z. B. höheratomige Wismutmoleküle eine Rolle spielen, oder ob sie von der Unvollkommenheit der Intensitätsmeßmethode herrührt. Bei Vernachlässigung der Krümmung ergibt sich eine ungefähre Dissoziationswärme von 60 000 (+ 15 000) cal.

33*

Alfred Leu, Untersuchungen an Wismut usw.

Die Berechnung nach dem Nernstschen Wärmetheorem erfolgte nach der Formel *:

$$\frac{n_{Bi}^2}{n_{Bi_2}\, V} = \frac{e^{-\frac{U_0}{RT}}}{\sqrt{RT}} \cdot \frac{\nu\sqrt{M}}{4\sqrt{\pi}\, d^2} \cdot \vartheta^2. \tag{4}$$

Nach kurzer Entwicklung erhält man

$$\frac{U_0}{4{,}57\, T} = \log \frac{\sqrt{RT}}{K_p\, N} \cdot \frac{\nu\sqrt{M}}{4\sqrt{\pi}\, d^2} \cdot \vartheta^2. \tag{5}$$

Die Werte von d und ν schätzen wir durch Vergleich mit dem Jodmolekül zu

$d = 5 \cdot 10^{-8}$, $\nu = 1{,}0 \cdot 10^{13}$ (Jod, $d = 4{,}52 \cdot 10^{-8}$, $\nu = 1{,}57 \cdot 10^{13}$) *.

Ein etwaiger Fehler in diesen Werten spielt für die Berechnung der Wärmetönung nur eine geringe Rolle. Das statistische Gewicht des Wismutatoms $a \cdot h \cdot \vartheta$ setzen wir gleich 4, das des Moleküls gleich 1.

Hieraus ergibt sich eine Dissoziationswärme von 56 000 cal.

Herrn Prof. Stern möchte ich für die Anregung zu dieser Arbeit und für seine wertvollen Ratschläge meinen Dank aussprechen.

Außerdem danke ich der Notgemeinschaft der Deutschen Wissenschaft für das mir zur Durchführung dieser Arbeit gewährte Forschungsstipendium.

---

* O. Stern, Ann. d. Phys. **44**, 497, 1914.

M6. John B. Taylor, Das magnetische Moment des Lithiumatoms, Z. Phys. 52, 846–852 (1929)

(Untersuchungen zur Molekularstrahlmethode aus dem Institut für physikalische Chemie der Hamburgischen Universität, Nr. 9.)

Das magnetische Moment des Lithiumatoms.

Von **John B. Taylor***, zurzeit in Hamburg.

© Springer-Verlag Berlin Heidelberg 2016
H. Schmidt-Böcking, K. Reich, A. Templeton, W. Trageser, V. Vill (Hrsg.), *Otto Sterns Veröffentlichungen – Band 4*, DOI 10.1007/978-3-662-46964-4_30

846

(Untersuchungen zur Molekularstrahlmethode aus dem Institut für
physikalische Chemie der Hamburgischen Universität, Nr. 9.)

Das magnetische Moment des Lithiumatoms.

Von **John B. Taylor**[*], zurzeit in Hamburg.

Mit 8 Abbildungen.   (Eingegangen am 17. November 1928.)

Es wird das magnetische Moment des Lithiumatoms mit Hilfe der Molekularstrahlmethode gemessen. Die Diskussion der Versuchsergebnisse zeigt, daß ein etwa vor-
handenes Kernmoment wohl kleiner als ein Drittel Bohrsches Magneton sein müßte.

Die magnetischen Momente der Alkalimetalle, Natrium und Kalium,
sind schon nach der Molekularstrahlenmethode untersucht worden[**]. Beide
Metalle zeigten eine Ablenkung im homogenen Magnetfeld, entsprechend
einem Bohrschen Magneton in Übereinstimmung mit der Theorie. Man
sollte dasselbe Resultat für Lithium erwarten. Aber in letzter Zeit sind
spektroskopische Beobachtungen gemacht worden, die ein anderes Resultat
möglich erscheinen lassen. Schüler[***] hat eine Hyperfeinstruktur im
Li[+]-Spektrum gefunden, die durch die bisherigen Theorien nicht gedeutet
werden kann. Heisenberg[****] hat vorgeschlagen, dies Ergebnis durch
ein Kernmoment von der Größenordnung eines Bohrschen Magnetons zu
erklären.

Ein solches Moment braucht sich beim Zeemaneffekt nicht bemerkbar
zu machen, falls seine Lage bei der Aussendung der Linie unverändert
bleibt. Dagegen müßte sich ein solches Moment beim Molekularstrahl-
versuch in jedem Falle zeigen. Falls z. B. das Kernmoment zwei Lagen
zum Felde haben kann, so wird im starken Magnetfeld das Kernmoment
entweder dem Elektronenmoment hinzuzuaddieren oder davon zu sub-
trahieren sein.

A p p a r a t u r. Weil Lithium oberhalb seines Schmelzpunktes Glas
stark angreift, wurde die Apparatur ganz aus Metall (Messing) konstruiert.
Sonst ist sie der von Leu[**] (U. z. M. Nr. 4) gebrauchten sehr ähnlich.

---

[*] National Research Fellow in Chemistry.
[**] J. B. Taylor. Phys. Rev. **28**, 576, 1926; A. Leu, ZS. f. Phys. **41**,
551, 1927.
[***] H. Schüler, Ann. d. Phys. **76**, 292, 1925; ZS. f. Phys. **42**, 487, 1927.
Neuerdings hat Schüler allerdings eine analoge Hyperfeinstruktur bei Natrium
gefunden. Naturw. **25**, 512, 1928.
[****] W. Heisenberg, ZS. f. Phys. **39**, 516, 1926.

John B. Taylor, Das magnetische Moment des Lithiumatoms.   847

Ein metallischer Aufbau ist auch wegen seiner soliden Konstruktion vorteilhaft.

Wie man aus Fig. 1 sieht, besteht die Apparatur aus zwei Teilen, dem Ofenraum A und dem Auffangeraum B, die durch getrennte Quecksilberpumpen evakuiert wurden. In dieser Metallapparatur, mit heißem Ofen, konnte man ein Vakuum $< 10^{-6}$ mm im Auffangeraum und $< 10^{-5}$ mm im Ofenraum erreichen. Die Ansatzstellen wurden entweder hart oder mit reinem Zinn gelötet.

Der Ofen (1) aus Wolframstahl sitzt mit einer schlechtleitenden Stange (2) aus Konstantan auf einer Messingplatte (3), die in den

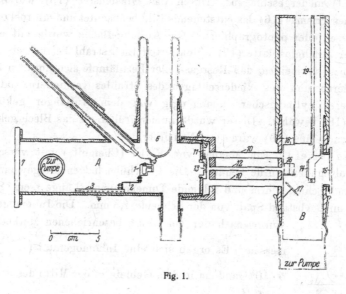

Fig. 1.

Schwalbenschwanz (4) gut paßt. Mittels eines Stabes konnte der Ofen herausgezogen und hineingeschoben werden. Der Schwalbenschwanz sicherte immer dieselbe Lage des Ofenspaltes. Für Temperaturen bis 450^0 C wurde der Ofen durch Wärmestrahlung von der Wolframspirale (5) erhitzt. Für höhere Temperatur wurde außerdem Elektronenbombardement benutzt.

Der Ofenraum wurde von einem eng anliegenden Bleirohr mit durchfließendem Wasser gekühlt. Das Gefäß (6) mit flüssiger Luft diente zur Verbesserung des Vakuums. Das offene Ende des Ofenraumes war durch eine Glasplatte (7) geschlossen. Durch diese Platte konnte man den Verlauf der Verdampfung und die Lage der Spirale gut sehen.

848 John B. Taylor,

Der Metallschliff (8) sitzt mit Fett gedichtet auf dem Ofenraum-
konus (9) und trägt Röhren, die zum Auffangeraum führen. Die beiden
größeren Röhren (10) dienen zum besseren Auspumpen des Zwischen-
raumes (11); das kleine Rohr (12), durch das der Strahl läuft, liegt
zwischen den Polschuhen eines Elektromagneten. Weil der Auffangeraum und der Ofenraum nur durch den engen Abbildespalt (13) Verbindung hatten und getrennt ausgepumpt wurden, konnten irgendwelche
im Ofenraum abgegebene Gase nicht in das Strahlrohr und in den Auffangeraum mit dem empfindlichen Auffangeblech hineingelangen.

Der Strahl wurde auf einem mit flüssiger Luft gekühlten Nickelblech (14) niedergeschlagen. Durch das Glasfenster (15) wurde mit
Hilfe eines Prismas (16) das entstehende Bild beobachtet und mikroskopisch
ausgemessen oder photographiert. Die Auffangefläche wurde mit einem
von einer Milchglasplatte (17) reflektierten Lichtstrahl beleuchtet.

Um zu vermeiden, daß Restgase oder Fettdämpfe sich auf dem Blech
kondensieren und das Niederschlagen des Strahles verhindern, hat sich
ein äußerer zylindrischer, unabhängig von dem Auffänger gekühlter
Schirm (18) bewährt. Dieser wurde immer früher als das Blech gekühlt.
Die Dewargefäße (19) waren aus Neusilber.

Magnetfeld. Ein Magnet von Kohl (Chemnitz) mit verschiebbaren Polschuhen wurde benutzt. Die Polschuhe hatten die gewöhnliche
Spalt- und Schneideform und folgende Dimensionen: Länge 6 cm, Spaltbreite 3 mm, Abstand Spalt von der Schneide 1,8 mm. Die Inhomogenität
wurde nach der bei Leu* beschriebenen Methode ge-

messen. Es ergab sich eine Inhomogenität $\left(\dfrac{\partial H}{\partial S}\right)$ von

$5 . 10^4$ Gauß/cm in dem Gebiete in der Mitte des Spaltes,
wo $\dfrac{\partial H}{\partial S}$ ziemlich konstant bleibt. Es zeigte sich aber,

Fig. 2.   daß bei den hier benutzten kleinen Spaltdimensionen
die Messung ziemlich ungenau wurde. Die Fehler-
grenze beträgt etwa 5 bis 10%. Dieser Fehler spielt insofern keine
Rolle, als in der vorliegenden Arbeit Ablenkungen von zwei verschiedenen
Substanzen (Kalium und Lithium) direkt verglichen werden. Die Lage
des kleinen Rohres und des Strahles zwischen den Polschuhen sieht man
aus Fig. 2. Der Strahl läuft durch ein Gebiet konstanter Inhomogenität
von etwa 2×2 mm² Querschnitt. Innerhalb des Spaltes ist $\dfrac{\partial H}{\partial S}$ etwa

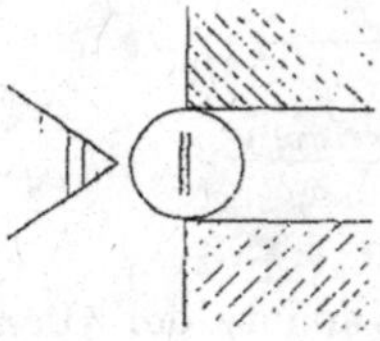

---

* Vgl. Anmerkung ** auf S. 846.

Das magnetische Moment des Lithiumatoms. 849

5 % größer als gerade außerhalb der Spaltebene. Infolgedessen wurde der von der Schneide abgestoßene Strahl etwas stärker abgelenkt als der angezogene.

Verlauf eines Versuches. Der Apparat wurde zunächst evakuiert und der Ofen zum Entgasen ausgeglüht. Dann wurde die Glasplatte weggenommen, der Ofen gefüllt, wieder hineingeschoben, und mit wieder

Fig. 3.

Fig. 4.

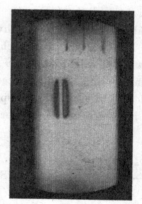

Fig. 5.

aufgesetzter Platte wurde der Apparat sofort ausgepumpt. Das Alkalimetall (Li oder K) wurde unter reinem Benzin in den Ofen gebracht. Kalium wurde bei einer Temperatur von etwa 600⁰ K und Lithium bei 1000⁰ K verdampft.

Resultate. Bei diesen Versuchen wurden Kalium und Lithium direkt verglichen. Fig. 3 bis 5 zeigen Photographien der erhaltenen Aufspaltungsbilder. Fig. 3 gibt eine Aufspaltung von Kalium und in der

850　　　　　　　　　　　John B. Taylor.

Mitte einen Strich ohne Feld; der am Anfang niedergeschlagen wurde. Fig. 4 zeigt eine Aufspaltung von Lithium, kurz nach dem Erscheinen photographiert. Später werden die Striche breiter wie in Fig. 5. Hier sind auch Kernschatten deutlich zu sehen. Der Niederschlag ist so dick geworden, daß er metallisch reflektiert. Es ist interessant, zu bemerken, daß man die Momente aus Messungen der Breite der Kernschatten ebensogut wie aus der Breite der ganzen Striche ausrechnen kann.

Tabelle 1.

Versuch mit	T^0 K	Inhomo genität Gauß/cm	l_1 cm	l_2 cm	a in μ	S_1 in μ	S_2 in μ	S_α in μ	μ
K . . .	580	5,0	6,0	3,0	95	154	975	1050	1,0
K . . .	580	5,0	6,0	3,0	95	180	770	1020	0,98
Li . . .	1020	5,0	6,0	3,0	95	103	502	625	1,04
Li . . .	1000	5,0	6,0	2,1	85	58	490	510	0,96

Tabelle 1 gibt Beispiele der Experimente. Die Versuche wurden zunächst wie früher unter der Annahme berechnet, daß alle Atome das gleiche Moment haben und die eine Hälfte parallel, die andere antiparallel zum Feld gerichtet ist. S_1, S_2 und a sind gemessene Dimensionen, nämlich die Grenzen der sichtbaren Striche, also Stellen gleicher Intensität (s. Fig. 6). S_α ist die Ablenkung der wahrscheinlichsten Geschwindigkeit und wurde durch Formel (1) ausgerechnet (U. z. M. Nr. 5)*. Weil a nicht klein gegen S ist, kann mit der einfacheren Formel nicht gerechnet werden. Nach Formel (2) wurden die entsprechenden Momente ermittelt. l_1 ist der Weg im Felde und l_2 ist der Abstand der Auffangefläche vom Feldende.

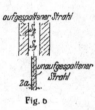

Fig. 6

$$\left[e^{-\frac{S_\alpha}{S_1 + a}}\left(\frac{S_\alpha}{S_1 + a} + 1 \right) - e^{-\frac{S_\alpha}{S_1 - a}}\left(\frac{S_\alpha}{S_1 - a} + 1 \right) \right]$$

$$= \left[e^{-\frac{S_\alpha}{S_2 + a}}\left(\frac{S_\alpha}{S_2 + a} + 1 \right) - e^{-\frac{S_\alpha}{S_2 - a}}\left(\frac{S_\alpha}{S_2 - a} + 1 \right) \right]. \qquad (1)$$

$$S_\alpha = \frac{\mu}{4\,RT} \cdot H \cdot \frac{\partial H}{\partial S} \cdot l_1^2 \left(1 + \frac{2\,l_2}{l_1} \right). \qquad (2)$$

Diskussion der Versuche im Hinblick auf den Nachweis eines Kernmomentes. Um zu einem Überblick zu gelangen, wie das Vorhandensein eines Kernmomentes die Intensitätsverteilung im Auf-

---

* O. Stern, ZS. f. Phys. **41**, 563, 1927.

Das magnetische Moment des Lithiumatoms.   851

spaltungsbild beeinflußt, wollen wir zunächst einen einfachen Spezialfall
diskutieren. Wir nehmen an, daß das Kernmoment nur zwei Lagen im
Felde haben kann, parallel und antiparallel. Da die Versuche in starken
Magnetfeldern gemacht worden sind, in denen die Aufspaltung durch den
Zeemaneffekt viel größer ist als die Aufspaltung der Hyperfeinstruktur,
werden in unserem Falle Kern und Atom bzw. Valenzelektron unabhängig
richtungsgequantelt. Jeder der beiden ohne Kernmoment entstehenden abgelenkten Strahlen wird dann nochmals in zwei aufgespalten, die den beiden
magnetischen Momenten: Elektronmoment plus und minus Kernmoment entsprechen. Im Falle einheitlicher Geschwindigkeit müßten also als Aufspaltungsbild vier Striche erscheinen, die aber in Wirklichkeit nicht auftreten werden. Dagegen wird der Intensitätsverlauf im Aufspaltungsbild

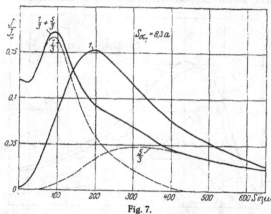

Fig. 7.

ein anderer als für den Fall von zwei Strichen (Kernmoment Null) sein.
Es handelt sich nun darum, festzustellen, wie groß das Kernmoment sein
muß, damit die Abweichung von diesem Intensitätsverlauf in den obigen
Versuchen noch hätte bemerkt werden müssen. Im folgenden soll die
Änderung des Intensitätsverlaufs mit abnehmender Größe des Kern-
moments diskutiert werden.

1. Kernmoment ein Bohrsches Magneton. In diesem Falle würden
je ein Moment 2 von gleicher Intensität und ein Moment Null von
doppelter Intensität auftreten. Dieser Fall ist, wie man ohne weiteres
sieht, nach den obigen Messungen ausgeschlossen.

2. Kernmoment zwei Drittel Magneton. Auftretende Momente:
$-\frac{5}{3}$, $+\frac{1}{3}$, $-\frac{1}{3}$, $-\frac{5}{3}$. Alle von gleicher Intensität. Der Intensitätsverlauf für diesen Fall ist in Fig. 7 zu sehen. Auch dieser Intensitäts-
verlauf ist nicht mit den Messungen vereinbar.

John B. Taylor, Das magnetische Moment des Lithiumatoms.

3. Kernmoment ein Drittel Magneton. Auftretende Momente: $+\frac{4}{3}$, $+\frac{2}{3}$, $-\frac{2}{3}$, $-\frac{4}{3}$. Der Intensitätsverlauf für diesen Fall ist in Fig. 8 dargestellt. Wie man sieht, ist er schon sehr ähnlich dem Intensitätsverlauf für den Fall Kernmoment Null. Immerhin hätte sich bei den obigen Messungen die Abweichung gerade noch bemerkbar machen müssen.

Dagegen würde für ein kleineres Kernmoment die Abweichung innerhalb der Versuchsgenauigkeit liegen.

Man kann also aus den obigen Versuchen schließen, daß das Kernmoment kleiner als ein Drittel Magneton sein muß. Dabei ist aber vorausgesetzt, daß das Kernmoment nur die beiden Lagen parallel und antiparallel zum Felde annehmen kann. Bei anderen Voraussetzungen

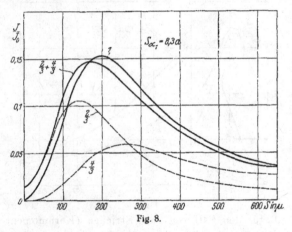

Fig. 8.

müßte natürlich eine der obigen entsprechende Diskussion eintreten. Es soll darauf verzichtet werden, solche Diskussionen für alle möglichen Fälle hier auf Vorrat durchzuführen. Sollte die Theorie Anhaltspunkte für eine bestimmte Richtungsquantelung des Kernmoments liefern, so ist diese Diskussion leicht zu liefern.

Für die experimentelle Methodik ergibt sich die Folgerung, daß zur Entscheidung der Frage nach der Zahl der vorkommenden Momente das Arbeiten mit Strahlen von nahezu einheitlicher Geschwindigkeit die wirkliche geeignete Methode ist.

Herrn Prof. Stern möchte ich an dieser Stelle für seinen wertvollen Rat und sein Interesse bei der Ausführung dieser Arbeit meinen Dank aussprechen.

Personenregister

© Springer-Verlag Berlin Heidelberg 2016
H. Schmidt-Böcking, K. Reich, A. Templeton, W. Trageser, V. Vill (Hrsg.), *Otto Sterns
Veröffentlichungen – Band 4*, DOI 10.1007/978-3-662-46964-4

Printed in the United States
By Bookmasters